KB001281

공부독립

공부독립

교집합 스튜디오 학습 멘토

주단, 권태형 지음

북북북
PUBLISHING COMPANY

들어가는 말

'공부 독립' 없이는 결코 학습에 성공할 수 없습니다

세상에 하나뿐인 내 아이를 잘 키우고 싶은 것은 모든 엄마 아빠의 소망입니다. '잘 키운다'는 것은 다양하게 해석될 수 있지만 상당수가 '잘 교육시킨다'에 가장 큰 의미를 두죠. 그 과정에서 부모도 '부모가 처음'인지라 시행착오를 많이 겪게 됩니다. 그래서 보통 다양한 방법과 강도로 '부모'로서 자녀를 잘 교육시키기 위한 공부를 시작하죠. 그중 가장 쉬운 공부는 책을 통한 것입니다. 다행히 서점에는 불변의 1위 육아서《임신 출산 육아 대백과》에 이은 다양한 분야의 교육 서적이 넘쳐납니다. 게다가 코로나19 대유행 이후 다량의 교육 정보가 유튜브나 인스타그램과 같은 온라인 채널로도 확산되면서 이제 누구나 마음만 먹으면 아이를 잘 교육시킬 수 있는 고급 교육 정보를 손쉽게 얻을 수 있는 시대가 되었습니다. 한마디로, 세상 참 교육하기 쉬워졌어요!

게다가 우리는 스스로 인지하고 있지는 못하지만 사실 아이를 잘 교육시킬 수 있는 강력한 무기를 각자가 가지고 있습니다. 우리는 부모 세대보다 훨씬 더 풍요로운 환경에서 상대적으로 많은 교육의 기회를 받고 자랐죠. 소싯적에 공부 좀 해본 사람이 많습니다. 그래서 세상에서 가장 귀중한 정보이자, 가장 경계해야 할 정보인 '경험자'로서의 경험치가 여러분에게 있습니다. 이미 직접 경험해 본 일이니 얼마나 잘 알까요? 그저 학교에, 학원에 아이를 맡기고 '잘 가르쳐주겠지.'라고 바라기만 하던 우리 부모 세대가 아니라 우리는 경험해 봤기에 공교육과 사교육의 장단점을 너무나도 잘 알고 있습니다. 그 덕에 지금까지는 꽤 성공적으로 잘하고 있는 엄마(아빠)였을 겁니다.

초등 때 잘 하던 아이가 중고등 때 무너지는 이유

"초등 (저학년) 실력은 엄마 실력이다."라는 말이 있죠? 엄마(아빠)가 얼마나 아이를 끼고 제대로 가르쳤는지에 따라 아이의 성적이 달라진다는 이야기입니다. '초등 저학년쯤이야 가르칠 수 있겠지.'라는 자신감을 가진 분들 덕에 아이는 엄마(아빠)와 편하게(?) 공부하죠. 그중 스스로가 부족하다고 생각하는 분은 아이를 더 잘 가르치기 위해 따로 과외를 받는 웃지 못할 사례도 저는 보았습니다. 매일 해야 할 것이 너무 많은 아이, 마음이 급한 부모 때문에 아이가 스스로 하기를 기다리지 못하는 경우도 많고요. 하나부터 열까지 부모의 손길이 미치지 않는 곳이 없습니다. 다행히 이런 부모의 노력이 보상이라도 받듯 초등 시기 아이들은 인풋만큼, 곧 공부를 많이 하면 한 만큼 결과물을 냅니다. 만약 이번 단원 평가의 성적이 떨어졌다면 이번의 1.5~2배로 문제를 풀게 하는 등 공부를 더 하게 하면 다음 시험에서는 원래 점수를 회복할 수 있습니다. 애초에 난도가 높지도 않고 범위도 넓지 않아서 집중 학습하면 누구나 좋은 성적을 낼 수 있는 초등 시험의 특성 때문이지요.

부모가 직접 가르쳐주지 못하는 일부 아이들은 학원에 갑니다. 학원에 다니면 '아이 실력=엄마 실력'이 '아이 실력=학원 실력'으로 바뀔 뿐이지 아이가 스스로 공부하는 것이 아닌 상황은 동일합니다. 그리고 학원에서도 시험만큼은 철저하게 대비해 주다 보니 거의 항상 만점에 가까운 성적을 받게 됩니다. 학교 시험 성적도 좋고, 선행도 나간다고 하니 부모님들 상당수는 '좋은 학원에 다니면 아이의 성적이 무조건 보장된다'는 큰 착각을 하기 쉬운 상황이죠. 아니 어쩌면 그렇게 믿고 싶은 분이 계실지도 모릅니다. 옆에 끼고 하나부터 열까지 가르쳤던 미취학, 초등 저학년을 넘어서다 보니 이제 슬슬 아이의 교육이 부담스러워졌고, 내가 우리 아이를 혹시 잘못 가르치는 것은 아닐까 하는 걱정도 들었는데, 학원이 '짜잔!' 하고 모두 해결해 주었으니까요. 그래서 큰 계기가 없는 한, 앞으로 다가올지 모르는 대재앙(?)을 대비하는 것은 현실적으로 어렵습니다.

초등 때까지 공부 잘한다는 얘기를 들어오던 아이들 중에는 중등 때 진짜 실력이 드러나는 경우가 있습니다. 폭발적인 영재성을 보이는 경우는 정말 드물고요. 대부분 기대에 못 미치거나 더 심한 경우에는 처참히 무너지죠. 지금까지 엄마표든 학원이든 각 학년의 지식 수준에 맞게 부족함 없이 공부해 왔는데, 도대체 무엇이 문제였을까요?

중고등 때도 공부 잘하는 아이가 되려면

답답한 부모들은 여러 가지 해결책을 강구합니다. 학원을 바꿔 보기도 하고 전문가에게 학습 상담을 받기도 하죠. 육아 시절부터 답을 주었던 책에서 실마리를 찾으려고도 합니다. 그럴 때 가장 눈에 띄는 것은 성공한 선배 부모들의 사례인데요. 매해 자녀 교육서를 쓰는 몇몇 '명문대생의 엄마' 작가들이 바로 그런 경우입니다. 우리는 보통 공부 잘하는 아이의 부모는 '아이에게 어떤 교육을 시켰을까?'에 관심이 많습니다. '학원에 보냈을까? 보냈다면 어떤 학원에 보냈을까? 어떤 문제집을 풀게 했을까? 선행은 어느 정도까지 어떻게 했을까? 영어 원서를 어느 단계까지 읽게 했을까?' 궁금한

게 끝도 없죠. 하지만 그런 책을 끝까지 읽고 나면 보통 그런 것들 때문에 아이가 좋은 결과를 받은 것이 아니라는 것쯤은 분명하게 알게 됩니다. (그런 정보가 일부는 담겨 있을지도 모르겠습니다.)

그것은 바로 성과도, 학습 과정도, 성향도 모두 다른 각 책의 주인공 아이들에게서 발견되는 공통점이죠.

그 아이들 대부분이 '공부 독립'을 했다는 것입니다.

물론 그 아이들이 공부 독립을 이루기까지는 부모님의 역할이 정말 컸습니다.

지금껏 여러분이 아이의 교육에서 신경 썼던 것은 대부분 '지식'을 쌓는 것이었습니다. 파닉스에서 챕터북, 리더스북을 읽도록 단계를 발전시키는 것, 연산, 사고력, 심화 문제를 풀며 수학 실력을 쌓도록 하는 것처럼 말이지요. 하지만 정작 아이들에게 필요한 것은 지식을 쌓아 견고히 자기 성장의 불쏘시개로 쓸 수 있는 방법, 즉 역량을 만드는 것이었습니다. 이 역량을 키우는 방법을 알아야 아이들은 진정한 공부 독립을 이룰 수 있죠.

내 아이의 진짜 실력이 발휘되는 '공부 독립'으로 가는 길

그 역량을 이 책에서는 '공부 마음', '집중력', '암기력', '문해력', '자기주도력'으로 규정하고 공부 독립을 위해 왜 이런 능력이 필요한지, 어떻게 그 능력을 우리 아이의 것으로 만들 수 있는지를 소개합니다. 또 지금 당장 해볼 수 있는 간단 팁들도 군데군데 담아 놓았어요.

이 능력들은 공부 독립을 넘어 아이들이 앞으로 살아가는 데 바탕이 되는 주요 역량이지만 어디서도 가르쳐주지 않습니다. 아니 배워야 한다는 사실조차 인식하지 못하고 있죠. 그저 지금까지는 타고났기를 바라거나 공부하던 중에 우연히 만들어지기를 고대할 뿐이었습니다. 하지만 분명히 말씀드릴 수 있어요. 이 능력들은 충분한 훈련을 통해 누구나 가질 수 있으며, 그 과정을 효과적으로 이끌 수 있는 사람은 부모님뿐이라는 것을요.

그러면 지금부터 공부 독립을 위한 핵심 역량 5가지에 대해 자세히 알아보도록 하겠습니다. 각 파트는 독립적으로 구성되어 있으므로 궁금한 부분부터 읽으셔도 무방합니다. 하지만 가능하다면 맨 앞에서부터 하나씩 허들을 넘는 느낌으로 정독해 주시면 좋을 것 같습니다. 아이와 함께 말이지요.

CONTENTS

Part 2

평범한 아이를 수재로 만드는 5가지 공부 독립 역량

CHAPTER1. 공부 마음

CHAPTER 3. 기억력

CONTENTS

CHAPTER 5. 자기주도력

공부
독립

Part 1

공부 독립, 도대체 무엇이길래 초등 때 꼭 해야 할 것 0순위일까?

우리 아이는 과연,
공부할 상(像)인가?

한국 영화(관상, 2013)의 명대사 가운데 "내가 왕이 될 상인가?"(수양대군 역)라는 말을 들어 보셨지요? 꽤나 흥행한 영화이고 수많은 프로그램과 영상에서 패러디가 되었기에 수양대군을 연기한 이정재 배우의 얼굴이나 장면이 바로 떠오르는 분도 계실 겁니다. 이 대사는 이정재 배우가 극 중 관상쟁이로 출연한 송강호 배우를 겁박하는 장면에서 나오는 대사예요. 저는 학부모님들이 종종 하시는 이런 질문을 들을 때 이 대사가 떠오릅니다.

"저랑 남편은 둘 다 공부를 좀 한 편이에요. 아이가 둘인데 큰 아이는 저희를 닮은 것 같은데 둘째는 누굴 닮았나 모르겠어요. 너무 산만하고 공부에 관심이 없어요. 얘 공부시키다가 제가 울화통이 터져서 먼저 죽을 것 같아요. 얘는 도부지 공부를 안 할 것 같은데… 저희가 마음을 비워야겠죠? 지금이라도 예체능을 하게 할까요?"

남의 집 일인데도 뭔가 감정이입이 되시죠? '딱 우리 집 상황인데!'라고 생각하는 분도 계실 거예요. 그래도 남들보다 가방 끈이 긴(?) 부모 밑에서 자란 아이인데, 부모의 성향을 전혀 닮지 않았다는 이야기죠. 흥미를 돋운다는 온갖 매체와 교구를 활용해 봐도 그때뿐, 차라리 뭐라도 좋아하는 게 있으면 좋으련만 그런 것도 없는 우리 아이. 당연히 부모이기 때문에 처음부터 '아, 얘는 공부 안 할 아이이다.'라고 판단하고 놓아버리지는 않으실 거예요. 이런저런 노력을 많이 해보다가 마음속에 결론을 내리고는 '답정너(답은 정해져 있어. 넌 답만 하면 돼.)'와 같은 심정으로 저런 질문을 하시는 걸 겁니다.

또 반대의 경우도 있어요.

"선생님, 저희 애는 천재인 거 같아요. (잘난 척하는 거 같아서 보통은 말을 안 하는데) 초등 저학년이 방정식을 풀어요. 가르쳐준 적도 없는데 미적분도 이해하는 것 같고요."

와! 놀라우시죠? 영재발굴단에 나올 만한 사례인 것 같고요. 저도 그 말씀을 듣고 호기심이 생겨서 그 학부모님과 아이에 대해 이런저런 이야기를 나눠봤어요. 물론, 부모님 생각에 '영재'인 것 같은 아이들 중 일부는 정말 영재일 수 있습니다. 하지만 대부분 '부모가 알지 못하는 어떤 계기로 해당 이론을 배웠거나 또는 암기했을 가능성'이 높아요. 안타깝게도 그 아이도 그런 경우였더라고요.

살면서 우리가 영재를 만날 일은 많지 않습니다. 그리고 어릴 때부터 주입식 영재교육을 받아 또래보다 조금 더 아는 아이를 영재라고 판단하는 경우도 많고요. 물론 아이의 능력치를 칭찬해 주는 것은 어릴수록 공부에 흥미를 느끼게 할 가능성이 높은 좋은 방법입니다. 또 학습 동기로 이어지는 긍정적인 효과도 있고요. 하지만 문제는 그런 착각에서 비롯된 부모님의 '과한 기대'가 오히려 아이들을 병들게 하는 경우가 훨씬 더 많다는 거예요.

내 아이를 위한 교육의 첫걸음, 객관화

특정 누군가가 어떤 일을 '꼭 해야만 할 때' 그리고 그 일을 진행하는 과정에서 '어떤 문제가 발생할 때', 우리는 올바른 진행과 문제해결을 위해 그 일과 사람과 문제를 자세히 들여다보아야 합니다. '보통 그러니까. 다들 그렇게 하라고 하니까. 그냥 그런 것 같아서'와 같은 자세로는 상황이 나아지기는커녕 시간과 에너지만 버리거나 사태가 더 악화되기도 하죠. 저 또한 보통 사람이기에 살면서

이런 일을 많이 겪어왔는데요,

그럴 때마다 그 상황을 헤쳐 나갈 수 있었던 실마리는 바로 '객관화'였습니다.

객관화란 쉽게 말해서 나를 포함한 특정인을 하나의 객체로 인식하고, 있는 그대로 바라보는 것을 말합니다. 과한 기대로 아이를 병들게 하는 학부모 대부분은 자녀에 대한 '객관화'가 되지 않은 분들이었어요. 부모님들이 자신의 자녀에게 거는 기대와 아이들의 실제 역량, 그 차이가 컸던 거죠.

부모님이 기대하고 바라는 진학 목표와 아이 실력 간의 차이가 큰 경우, 학원 반 편성에서 톱(top)반에 들어갔으면 하는 엄마의 바람과 실제 아이의 위치가 다른 경우, 작게는 최상위 문제집을 풀게 하고 싶지만 아이 수준에 맞지 않는 경우처럼 말입니다. 이런 사례는 제가 하루 종일도 얘기할 수 있을 정도로 많습니다. 그만큼 고통받는 아이도 많다는 이야기죠.

"목표는 크게 가질수록 좋다."라는 말이 있긴 합니다. 목표가 크면 그곳에 다다르기 위해 노력을 많이 할 테니, 비록 목표를 달성하지는 못하더라도 90% 정도는 근접할 것이니 결과적으론 좋다는 논리이지요. 이런 설명에 고개를 끄덕이는 분이 많을 것 같아요. 하지만 이 말에는 여러 개의 함정이 숨어 있습니다.

우선 도전하는 아이의 감정이 결여되어 있습니다. 자신감이 부족하고 자기 확신이 없는 아이일수록 다다르기 어려운 목표 앞에 지레 겁을 먹을 가능성이 높은데도 말입니다. 그런 아이는 '과연 내가 할 수 있을까?'라는 걱정으로 시작 전부터 주눅이 들어버리죠. 그리고 대부분 처음부터 "90%만 하자!"라는 계획을 세우지는 않지요. 당연히 목표는 100%입니다. 100% 목표 달성을 위해 어찌어찌 힘겹게 노력한 끝에 목표치의 80~90%에 도달하더라도 결국엔 100%를 달성하지 못했다는 패배감이 뒤따라옵니다. 부모가 과정을 봐주지 않고 결과로 판단하는 유형일수록 그동안 얼마나 애썼는지를 봐주지 않고 아쉽다는 표현만 할 가능성도 높고요. 아이는 앞으로 또다시 그런 도전을 하겠다고 할까요? 객관화란 이렇게 아이들의 심리 상처의 방패막이가 되기도 합니다.

그렇다고 객관적인 판단의 결과로 학부모님들이 아이들의 한계를 너무 일찍 재단하는 것 또한 경계해야 합니다. 공부는 어른이 되어서도 꾸준히 계속되어야 하고, 지금은 비록 공부에 흥미가 없고 두각을 나타내지 않는 아이라도 언젠가는 스스로 공부가 필요하다고 느낄 때가 올 테니까요. 그때를 위해서 어렵고 이해가 되지 않는 지식을 머릿속에 욱여넣느라 힘겹고 매 순간 포기하고만 싶어지는 아이를 거세게 몰아붙이기보다는 최소한의 공부할 수 있는 역량만 갖춘 채 훗날을 도모하는 여유를 가져보시는 것은 어떨까요? 우리 아이가 어떻게 해야 (공부뿐만 아니라) 더 잘 자랄 수 있을지를 여러 방면에서 고민하면서요.

'기본'만 갖춘다면 언제든 기회는 있다

고 1, 2까지 운동하느라 공부와는 담을 쌓고 있다가 운동을 그만 둔 후 2~3년 만에 서울대학교에 입학한 사례가 종종 보도되기도 합니다. '어릴 때부터 운동을 했다면 일반 아이들보다 공부의 기초가 부족했을 텐데 어떻게 그것이 가능했을까?'라는 궁금증을 가지신 분이 많을 거예요. 하지만 그 이유는 생각보다 쉽게 납득이 갑니다.

첫째, 그런 아이의 목표는 내신 성적이 아니라 '수능 시험' 그 자체로서 목표가 분명했고, 이 수능은 유형이 정해져 있기 때문에 집중 학습이 가능했습니다. 둘째, 그런 아이들은 노력하면 그만큼 보상해 주는 '운동'을 해 왔으므로 공부도 열심히 한 만큼 보상이 따른다는 것을 잘 압니다. (누구나 운동을 열심히 하면 건강해지고, 살도 빠지며 근육도 생긴다는 것을 알고 계시지요? 물론, 꾸준히 노력해야만 가능하지만 말입니다). 마지막으로, 그동안 기초가 너무 없었기 때문에 오히려 공부 초기에, 노력한 만큼의 성과가 팍팍 보이는 상황을 직접 경험하기 때문입니다. 잘 아시다시피 9등급에서 5등급으로 네 등급을 올리는 것보다 2등급에서 1등급으로 한 등급을 1등급을 올리는 것이 훨씬 더 어렵습니다. 9등급은 공부를 전혀 안 했을 때 나오는 등급이지만 5등급은 조금만 공부해도 나올 수 있는 등급이거든요. 하지만 2등급과 1등급 사이에는 누군가는 죽었다 깨어나도 극복할 수 없는 장벽이 있습니다.

그리고 운동하는 선수들에겐 집중력과 끈기가 매우 필요한 만큼 그런 아이들은 공부할 때 (운동했을 때만큼은 아니라도) 꽤나 강력한 집중력과 끈기가 발현되었을 겁니다. 또한 그동안 운동만 한 아이가 공부로 진로를 바꾸는 큰 결심을 했다는 것은 '공부 동기' 또한 강력하다고 볼 수 있지요. 어떻게 보면 그런 아이들은 십 수 년간 오직 운동만 해왔던 자신의 인생이 하루아침에 바뀐 상황입니다. 부상 때문이든, 재능이 탁월하지 않아서든, 자신이 좋아하고 지금껏 생활의 전부였던 운동을 하루아침에 하지 않게 되었으니까요.

하지만 그런 아이 중에 어떤 아이는 절망 속에서 그대로 무너져 내리기도 하고 어떤 아이들은 이 성공 사례의 아이들처럼 또 다른 꿈을 찾아 나아갑니다. 이 두 부류의 아이들 간에는 어떤 차별점이 있길래 이렇게 다른 결과가 생기는 걸까요?

누군가는 공부를 '해 보았다'와는 별개로 이 성공한 아이들에게는 일종의 '공부 머리'가 있기 때문이 아닐까 생각하실 수도 있습니다. 하지만 저는 확언할 수 있어요. 이 아이들은 앞서 말씀드린 공부할 수 있는 여러 가지 준비와 상황이 마련되었기 때문에 그 놀라운 기적을 만들어낼 수 있었습니다. 물론 공부를 잘하는 이유는 '공부 머리가 좋아서', 곧 아무나 따라잡을 수 없는 타고난 재능 덕분일 수 있지요. 하지만 그것보다는 후천적으로 다양하고 복잡한 이유가 얽힌 복합적인 결과일 수도 있습니다.

그러니 지금까지는 '어떻게 하면 우리 아이를 공부하게 할 수 있을까, 어떤 학원에 보낼까, 어떤 문제집을 사줄까' 등 지엽적인 고민을 하셨다면 이제부터는 좀 더 객관적인 눈으로 '공부'의 본질과 우리 아이를 '공부할 수 있게 하는 것'에 집중하셨으면 합니다. 단언컨대, 부모님께서 이 책을 따라가다 보면 다음과 같이 깨닫게 되시리라고 생각합니다.

> 우리 부모가 아이를 위해 해줄 수 있는 거의 유일한 것은 아이의 '객관화'구나. 나아가 아이 스스로 '자기 객관화'를 할 수 있도록 돕는 것이고, 그다음은 '공부할 수 있는' 준비를 해주는 것일 거다.

공부할 수 있는 준비는 '공부하는 방법'에 한정되지 않습니다. 물론, 미취학아동과 초등 저학년처럼 부모가 일일이 공부할 것을 정해 주는 것도 공부 준비라고 할 수 있지요. 하지만 포괄적으로는 앞서 설명한 운동선수 출신의 서울대생처럼 '공부하고 싶을 때, 할 수 있도록 하는 준비'입니다. 우리 아이는 초등 때부터 공부에 도무지 흥미가 없고, 공부 머리가 없는 것 같으니 안될놈(?)이라고 섣불리 판단하고 일찍 포기하지 마세요. 적어도 저도 스스로 겪어 보았고,

제가 만나 성공한 인생을 살고 있는 수많은 사람은 우리가 흔히 말하는 '공부'를 잘해서만이 아니라 공부(학문적인 공부가 아닌 무언가를 배우고 습득할 수 있는 것)할 수 있는 준비가 되어 있는 사람이었습니다. 표현이 좀 어렵게 들리실 수도 있겠지만 말입니다.

그래서 우리는 초등인 우리 아이에게 '공부'가 아니라 '공부하는 법'을 공부시켜야 합니다. 이 책에서는 그 준비 단계에 대해서 설명드릴 거고요. 이 준비가 된 아이들은 자칫 중간에 공부할 동력과 흥미를 잃고 공부보다 더 중요하게 보이는 것(아이들 시기에는 그런 것이 있을 수 있지요!)으로 한눈을 팔았다가도 다시 공부하고 싶으면 언제든 시작할 수 있을 겁니다.

아직도 막판 역전하는 아이들이 있습니다. 성공 신화의 주인공이 바로 우리 아이일 수도 있다는 꿈. 더 이상 꿈이 아닐 수도 있다는 사실을 꼭 기억하셨으면 좋겠습니다.

아이들이 공부를 잘 못했던 또는 못 하는 이유

지금 이 책을 펴신 학부모님 중, "우리 아이는 정말 공부를 잘해요!"라고 말씀하실 분이 계신가요? 별로 없으시죠? 단언컨대 어디 한 군데라도 아님 전체적으로 우리 아이가 부족하다고 느끼고 계시는 분이 아마도 이 책을 보고 계실 겁니다. 그럼 이번에는 우리 아이가 지금까지 공부를 잘 못했던 이유를 한번 같이 살펴보겠습니다.

초등 3학년인 우리 아이는 그동안 집에서 학습지를 푸는 정도의 엄마표(?) 수학을 해 왔습니다. 엄마는 이제 본격적으로 사고력, 심화 수학 공부를 시켜야겠다 싶어 학원에 상담하러 갔어요. 학원에서 아이의 실력을 진단하는 테스트를 했는데, 그 결과를 본 학원 상담 선생님이 심각하게 다음과 같이 말합니다.

"어머님, 그동안 왜 학원 안 보내셨어요? 지금 아이는 또래에 비해 엄청 늦었어요. 다른 아이들은 초등 연산 다 끝나고, 사고력도 1031 중급까지 끝낸 데다 선행은 제일 늦은 반이 초 6을 하고 있는데, 지금 저희 학원에 들어오려면 연산이랑 사고력 학원에 따로 보내셔야 할 거예요." (이는 흔한 대치동표 학원의 예시입니다.)

어떠세요? '그래, 뭐 그렇게 얘기하더라.' 하고 고개를 끄덕이고 계신 분도 있고, '네? 정말요? 저렇게 얘기하는 데가 있어요? 정말 그래요?'라고 생각하는 분들도 계실 겁니다. 상황에 놀라시라는 얘기가 아니에요. 만약 학부모님이 학원에서 상담을 받았는데, 이런 얘기를 들었고 실제로 그래야 한다고 생각하신다면 우린 아이 수학 공부는 어떻게 시켜야 할까요?

1) 이 학원을 보내고

2) 초등 연산을 위해 구몬 학습도 시키고
   (진도를 따라잡기 위해 일주일 분량X2)

3) 사고력 기르기는 학원이 시간을 너무 많이 잡아 먹으니
   과외로!

이 정도가 되겠네요. 아이는 집에서 엄마표 수학으로 학습지 몇 장 풀다가 갑자기 수학 공부를 3배, (아니 3배가 뭐예요?) 한 5배 정도

를 하게 되었습니다. 자, 그런데 이 아이, 수학 영재로 키우실 작정이신가요? 아! 니! 죠! 그냥 평범한 아이로 키우실 생각일 겁니다.

당연히 초등 때 중점적으로 해야 할 영어 공부와 독서도 남아 있죠. 이 두 개 외에도 초등 때 꼭 해야 할 것은 많습니다. 수학 공부 시간을 평소보다 5배 정도 늘려서 공부한다면 영어는 어떻게 해야 할까요? 영어도 집에서 흘려듣기, 집중듣기를 하고 챕터북을 조금 읽었는데, 이제 학교에서 교과 영어 수업도 하니까 어학원에 상담하러 또 가 봤습니다. 그랬더니? 어학원에서는 기본 수업에 영어 도서관도 같이 다녀야 한다고 하네요? 영어 독서만 할 수는 없죠? 한글 독서도 체계적으로 시키고 싶어 독서 논술 학원에 문의했더니 다행히 이 학원은 주 1회 수업이긴 한데 책을 3권 정도 읽고 써 내야 하는 것도 참 많습니다. 어떠세요? 숨가쁘게 따라오시면서 '우리 아이라면 가능할까?'라고 생각하셨다면, 여기까지 쭉 나열한 보람이 있습니다.

자, 앞에 언급한 것들을 다 한다고 해보겠습니다. 초등 3학년인 우리 아이가 독서, 영어, 수학 학원을 저렇게 여러 군데 다닌다면 복습과 과제로 개인 공부를 하는 것 외에 다른 것들, 예컨대 예체능이나 취미 활동을 할 시간이나 마음의 여유가 있을까요? 당연히 없습니다.

왜 이런 일이 발생할까요? 그런데 잠깐, 여기서 '우리 아이가 부족한 것이 많아서겠죠. 그동안 공부를 너무 안 시킨 것 같아서 너무 후회되네요.'라고 생각하며 마음 아파하신다면, 절대 그게 아니라고 말씀드릴 수 있어요. 이건 학부모님 때문에 발생한 일이 아닙니다. 우리 아이의 공부를 균형 있게 바라보지 못한 탓이에요. 그건 또 무슨 소리냐고요?

균형 잡힌 공부가 어려운 이유

자, 이렇게 설명드리면 이해가 쉬우실 것 같아요. 예를 들어 볼게요. 저희 아버님께는 평소 지병이 있으십니다. 그래서 꾸준히 복용하는 약이 있어요. 그런데 최근에 두통이 자주, 심하게 느껴져서 병원에 가서 약을 처방받아 오셨습니다. 근데 계절 비염도 있으셔서 이비인후과에 가서도 약을 지으셨어요. 그리고 최근 손을 크게 베어서 정형외과에서 받은 약도 복용합니다. 본가에 가서 아침에 아버님께서 약 드시는 모습을 봤는데 글쎄 약이 10개가 넘는 거예요. 그것도 몇 번 나눠 드시는데도 그렇다고 하세요. 뭔가 문제가 있다는 생각이 들지 않으시나요? 네, 과다 복용의 가능성을 생각해 보지 않을 수 없습니다. 제가 의사나 약사가 아니라 정확하게 설명하긴 어렵지만 일반인이 상식적으로 생각해 봐도 비염과 손 베었을 때 먹는 약에는 소염제가 중복으로 처방되었겠죠? 집안 식구 중에 의사가 있다면 또는 종합병원에서 모든 진료 학과의 약 처방을 한

번에 볼 수 있다면 지금보다 드셔야 하는 약이 훨씬 줄어들 거예요. 무슨 말인지 이해가 되시지요? 결국 종합적인 관점에서 보지 못하면 특정 약의 과다 복용으로 인해 없던 병까지 생길 수 있다는 이야깁니다. 제가 좀 장황하게 자세하게 예를 들어봤는데요, 우리 아이들의 학습도 이와 다르지 않습니다.

수학 학원에서는 아이의 '수학'만 바라보죠. 그곳에서 이 아이는 수학 공부'만' 하는 아이에요. 영어 학원에서는 영어 공부만 하는 아이고요. 우리 아이는 1명인데, 수학 학원에 가서는 수학 아이, 영어 학원에서는 영어 아이, 독서 논술 학원에서는 국어 아이가 될 겁니다. 3명 분의 공부를 1명이 처방받아 오는거예요. 그걸 다 소화할 수 있는 아이가 얼마나 될까요? 남들도 다 그렇게 한다고요? 물론, 아이들 중에는 남들이 하는 공부량의 2~3배를 소화하는 아이가 있습니다. 하지만 1명 분도 제대로 하지 못하는 아이가 더 많아요. 그럼에도 우리는 항상 그런 '성공한 아이'의 사례만을 보기 때문에 우리 아이가 못 하는 것에 대한 불안감과 답답함을 느끼는 겁니다.

그래서 앞 장에서 말씀드린 우리 아이의 객관화와 동시에 아이 공부를 큰 틀에서 바라보는 메타인지와 조망이 필요한 것이죠. 지금 아이의 시기, 학년에 어떤 공부를 더 중점적으로 해야 하는지, 그 공부를 중점적으로 하기 위해서는 다른 과목을 어느 정도로 조정해야 하는지, 그래도 문제는 없을지 등을 말입니다.

과목 담당 선생님은 각 과목의 전문가임은 분명합니다. 하지만 그 과목이 아닌 다른 과목에 대한 우리 아이의 공부에는 솔직히 관심도 없고 관심이 있더라도 잘 알지 못합니다. 그래서 선생님 입장에서는 '내가 가르치는 내 과목'이 가장 중요해요. 당연하게도 무언가를 잘하기 위해서는 상대적으로 많은 시간이 투자되어야 합니다. 그래서 저는 이런 현상을 '과목 이기주의'라고 설명해요. 이 과목 이기주의를 초등 때는 부모님만 느끼시다가 중등 이후부터는 표면적으로 드러나게 됩니다. 학교 시험 때문이죠.

중등 이후, 더욱 심화되는 과목 이기주의

아시다시피 학교 시험은 2~3일에 걸쳐 6~10과목 정도를 봅니다. 하루 2~3과목씩 시험을 보고, 때로는 국영수 같은 주요 과목이 운 없이 같은 날 보는 시험 과목으로 지정되기도 하죠. 암기 과목에 비해 국어, 영어, 수학은 직전 암기가 빛을 발하는 과목은 아닙니다만, 그래도 아이가 다니는 학원 선생님들은 직전까지 아이들의 성적 관리에 안간힘을 씁니다. 이 시험 결과가 학부모님들이 아이를 다음 시험까지 자신의 학원에 계속 맡겨도 될지를 결정하게 하는 주요 기준인 동시에, 대외적으로도 "이번 중간고사 ○○중학교 100점 ○○명! 재원생 97%가 A등급!"라고 광고할 수도 있으므로 학원에서는 좀 과장하면 목숨을 걸고 아이들 성적을 열심히 관리하죠. 그런데 모든 학원이 다 이렇다는 게 문제예요.

수학과 영어가 같은 날 시험인 경우, 시험 전날 아이는 영어 학원에 가야 할지, 수학 학원에 가야 할지 고민에 빠지게 됩니다. 두 학원 다 시험 전날까지 직전 대비 특강을 한다고 하기 때문이에요. 그걸 판단하는 당사자는 학부모님이나 아이들일 수밖에 없는데 이렇게 직전 대비 특강을 안 듣는다고 100점 받을 아이가 50점을 받는 것은 아니지만, 안 가는 학원 과목은 당연히 찜찜할 수밖에 없습니다. 보통 영어, 수학과 같은 주요 과목을 같은 날 시험 과목으로 넣는 학교가 많지는 않지만, 상상만 해봐도 심각하게 고민되겠다는 생각이 들죠.

이처럼 특정 과목의 문제를 해결하는 단순한 관점이 아니라 과목 전체, 공부 전체를 들여다보면서 1명의 아이를 위한 학습 설계를 해줄 수 있는 선생님은 어디에도 없습니다. 너무나 중요한, 어찌 보면 각 과목 공부를 하는 것보다도 훨씬 우선되어야 하는 것인데도 말이죠. 이 문제를 해결할 수 있는 유일한 길은 어릴 때는 학부모님이 전체를 조망하는 방법을 시범으로 보여주시고, 중등 이후에는 아이 스스로 직접 해보는 것입니다.

그것을 저는 '공부 독립'의 주요 결과라고 말합니다.

그리고 공부를 잘할 수밖에 없는 가장 중요한 이유 중 하나이죠.

부모님의 도움과 조언이 필요할 수는 있지만 최종적으로 자신이 직접 공부를 설계하고 실행하는 상태 말입니다. 공부 독립은 우리 부모님이 아이가 초등일 때 장기적인 목표로 삼으셔야 할 유일한 것입니다.

공부 독립을 못 한 아이, 잘한 아이, 하고 있는 아이

'공부 독립'이라는 화두가 제 속에 자리 잡은 때는 아이들을 가르치기 시작한 시기로 거슬러 올라갑니다. 처음에는 주로 고등학생을 가르쳤습니다. 고등학생은 공부하는 데 있어 부모님이 학원 선정과 같은 큰 결정을 하는 것 외에는 크게 관여하지 않지요. 그래서 순수하게 아이들의 '공부 패턴'을 관찰할 수 있는 기회가 많았습니다. 영어, 수학이라는 주요 과목을 가르쳤기 때문에 아이들이 해당 과목을 어떻게 스스로 공부하는지를 알 수 있었고, 학교 수업과 학원 수업, 과외, 과제와 자습까지 전반적인 것의 수많은 사례를 직접 볼 수 있었죠.

당연히 공부를 잘하는 아이들에게는 공부법만큼은 조언해 줄 필요가 없을 정도로 본인만의 공부법을 가지고 있는 경우가 많았고요. 2~4등급 아이들은 다양한 모습을 보였습니다. 일부는 도무지 성적이 오르지 않아 공부법 책을 들추고, 구체적으로 공부하는 방법을 질문하는 등 적극적인 아이들도 있었고요.

일부는 공부하는 방법이 궁금하지도 않을뿐더러 공부의 주체가 본인이 아닌 경우도 굉장히 많았습니다. 학교 외 수업을 받는 이유도, 공부를 잘해서 어떤 목표를 이루는 것도 본인의 의지가 아니라 부모님의 뜻인 경우가 많았죠. 한마디로 고등까지도 공부 독립을 하지 못하는 경우였습니다.

공부 독립 여부와 성적 간의 상관관계

공부 독립 여부는 아이들의 성적과 직결됩니다. 물론 공부 독립을 하지 못한 아이가 간혹 부모에 의해 '만들어져서' 1~2등급을 받는 경우도 더러 있었지만 공부 독립을 한 아이 중에는 1~2등급을 벗어나는 아이가 거의 없었어요.

아이들은 보통 공부하는 법을 배운 적이 거의 없습니다. 어릴 때야 당연히 부모님이나 (학교나 학원 등의) 선생님들이 하라는 대로 하는 것이 보통이고요. 그 과정에서 '아, 공부란 이렇게 하는 것이구나. 내가 혼자 해 봐야겠다!'라고 생각하는 아이는 정말 일부입니다. 나머지는 사실상 하라는 대로 할 뿐 아무 생각이 없죠.

공부법이라는 것은 매우 개인화된 영역이라서 저도 공부법에 대해서 강연을 하고 관련 영상도 제작하지만 항상 "100명에게는 100개의 공부법이 있다."라고 강조합니다. 하지만 그 공부법을 찾는 과정은 항상 'BACK TO THE BASIC', 곧 기본적인 방법에서 시작해야 한다고도 해요. 배우고 활용하면서 자신만의 방법을 터득해 좀 더 자신에게 익숙하도록 연습하는 과정이 누구에게나 필요하거든요.

그런데 아이들은 공부법을 제대로 배운 적이 없기 때문에 공부 결과물이 눈에 보이는 문제집 풀이에 집착하는 경우가 많습니다. 게다가 중학생이 되어 처음으로 숫자, 등급이 나오는 성적표를 받아 들게 되는 '시험'을 준비하는 과정은 말 그대로 아이들을 '시험에 들게 하는' 상황입니다. 그래서 저는 중학생을 가르칠 때는 가장 기본적으로 '공부해야 하는 이유, 시험 준비하는 방법' 등을 특강으로 진행하곤 했어요. 저 역시도 누군가가 그것들을 가르쳐준 적이 없었기 때문에 가장 막막하고 어려웠던 부분이었거든요. 제 제자들만큼은 그 이유와 방법을 알려주는 어른이 한 사람이라도 있기를 바랐습니다. 그런데 놀라운 점은 같은 특강을 들어도 받아들이는 아이들은 3가지 유형으로 분류된다는 것이었어요.

A 학생은 전형적으로 공부 독립이 되지 못한 아이였습니다. 미취학부터 중학생이 된 지금까지 엄마의 로드맵에 따라서 엄마표 영

어와 수학을 진행했던 아이로, 초 3부터는 그마저도 공부의 주도권을 학원으로 넘겨준 후 학원에서 시키는 대로, 딱 그만큼만 공부했어요. 학원 외에 따로 공부하는 시간은 전혀 없었죠. 아이도 부모님도 '학원을 다니는데 왜 공부를 따로 하느냐?'라고 생각할 정도였으니까요. 과제도 잘되지 않는 편이라서 차라리 학원에서 붙잡아두고 과제를 하도록 지도해야 했습니다. 당연히 이 아이에게는 '공부해야 하는 이유, 시험 준비하는 방법'을 얘기해 줘도, '학원에서 해주겠지. 학원만 잘 다니면 되지.'라고 생각할 뿐이었어요. 역시나 과제가 제대로 되지 않아 결국엔 학원을 그만두게 했지만(과제 3번 이상 이행이 안 됐을 경우, 권고 퇴원 조치) 아마 다른 학원에 가서도 제대로 된 실력이나 성적을 거두기 어려웠을 거라고 생각합니다.

B 학생은 A와는 완전히 반대였어요. 초등부터 고등까지 꽤 오래 가르쳤던 아이인데요, 특이한 것은 공부를 잘하는 와중에도 '자기 세계가 분명'한 아이였습니다. 처음 부모님이 상담하러 오셨을 때 아이가 조금 특이하다고 얘기하셨어요. 보통 학원 첫 상담에 테스트가 아니면 데리고 오지 않는데 아이가 먼저 와보고 싶어 해서 데려왔다고 하시더군요. 저와도 첫 만남부터 꽤 오래 얘기했는데, 대화 중에 아이가 "평소 궁금한 거, 학원에서 배우지 않은 것을 물어봐도 되나요?"라는 질문을 해서 '이 아이, 뭐라도 할 아이구나!'라고 직감했습니다.

시험을 본격적으로 보는 중 2부터 중등 내내 전교 1등이었는데 시간 관리, 목표 관리, 자기 관리가 전부 뛰어난 아이였고요. 친구들에게 가르치는 것을 즐기는 아이였어요. 특이한 것은 질문을 한 친구가 알아들을 수 있도록 한 문제의 풀이법을 2~3가지로 연구해서 알려주더라고요. 그 친구에게 설명하기 위해 다른 방법을 찾는 것이 재미있다고 말하는 아이였습니다. 물론 저에게도 엄청나게 많은 질문을 해댔죠.

아이의 그 흥미는 고등학교에 가서도 동아리 활동으로 이어졌는데요, 고 1~2인 아이들끼리 멘토-멘티가 되는 수학 연구 동아리를 만들어서 특정 주제에 대해 증명하고 토론하는 활동을 하는 동아리였습니다. 보통 연구 동아리는 교과 수준을 벗어난 영역을 다루기도 하고 바쁜 고등학생 시절이니 일부 학교에서는 형식적으로만 진행하는 경우도 많은데 이 아이는 제가 아는 한 이 동아리 활동에 진심이었어요. 그리고 제가 알려준 노트 필기 방법을 자기 스타일로 해석해서 잘 활용하는 아이였습니다.

한참 제자 자랑 아닌 자랑을 했네요. 저는 지금까지 그 아이처럼 수업-노트필기-메타인지-공부계획으로 이어지는 완벽하게 이상적인 공부법을 유지하는 아이를 보지 못했습니다. 궁금하실까 봐 살짝만 공개해 드릴게요.

공부 독립에 성공한 아이의 공부법

이 아이에게 교과서 예습은 필수입니다. 선생님이 어떤 수업을 할지 머릿속으로 시뮬레이션을 먼저 하는 거죠. 그리고 수업을 진짜 열심히 듣습니다. 이 아이는 수업 시간에 필기는 거의 하지 않는대요. 처음엔 선생님의 농담까지 다 받아 적을 정도로 필기에 열심이었다고 합니다. 그런데 연필을 눌러 쓰는 습관 때문에 팔이 아파서 수업에 집중이 되지 않았다며, 방법을 바꾸었습니다. 본인만 알아볼 정도로 교과서에 간단하게 수업의 흐름만 기록하면서 선생님 말씀을 잘 들었어요. 그리고 수업이 끝나고 쉬는 시간 5분 동안 수업 정리를 했습니다. 아주 간단한 그림으로요. 굳이 비슷한 형태를 들자면 마인드맵 같은 정리인데요, 자신만 알아보게 기억나는 걸 쏟아놓은 형식이죠. 그리고 그날 저녁 혼자 공부할 때면 그날의 6교시면 6교시, 7교시면 7교시 모든 수업 내용을 5분 메모를 바탕으로 재구성해서 정리했습니다. 그리고 혹시 기억이 나지 않는 부분은 다음 날 학교 선생님께 질문하고 보충했어요. 그리고 수업에서도 해결 못 한 궁금증은 문제집, 책 등을 통해서 공부할 계획을 세웠죠.

B 학생도 저에게 A처럼 '공부해야 하는 이유, 시험 준비하는 방법' 특강을 들었습니다. 이 아이의 반응은, '공부해야 하는 자신의 이유'를 제게 말하고서는 어떻게 생각하냐고 묻더라고요. 또 시험

을 준비하는 방법은 자기만의 공부법으로 변형해서 혹시 잘못된 것이 없는지 물었어요.

A와 정말 다르죠? 그리고 어떠신가요? 이 아이의 공부 패턴, 거의 완벽하지 않습니까? '어떻게 그렇게 할 수 있었을까? 우리 아이도 하면 좋겠다.'라는 생각이 들어 부럽기도 하실 거고요.

이 아이의 비밀은 도대체 뭘까요? 저도 그 이유가 굉장히 궁금했습니다. 그리고 실제 그 아이의 부모님에게도 여쭤본 적이 있어요. "어떻게 B 학생을 저런 아이로 키우셨나요?"라고요. 굉장히 겸손하신 분(아이와는 분위기가 매우 다르신!)이어서 아무것도 한 것이 없다고, 어릴 때부터 원래 그랬고, 한다고 하면 그저 다 하게 해줬을 뿐이라고 하셨지만 저는 이 아이의 케이스를 보면서 이 아이가 '공부 독립'을 할 수 있었던 이유를 찾았습니다. 그 이유를 일부 참고해서 이 책의 3장이 만들어졌다고 생각하시면 돼요. 궁금하셔도 조금만 참으세요!

공부 독립을 시작하려는 아이의 결심

C 학생은 A와 B의 중간 유형이었습니다. 저는 C가 중 3일 때 만났는데요, 이 아이는 저를 만나기 전에 한 번도 학원에 다닌 적이 없는 아이였어요. 어머님이 영어 강사이셨기 때문에 영어는 집에서 공

부해 왔다고 해요. 성실한 아이여서 수학도 집에서 학교 진도에 맞춰 크게 선행 안 하고 천천히 공부했다고 하더라고요. 중 2까지 영어는 항상 A등급을, 수학은 A~B등급을 왔다 갔다 했대요. 이제는 안정적인 A등급을 받고 싶고, 고등학교 수학 공부도 미리 해야 할 것 같아서 겸사겸사 학원에 왔다고 했습니다. 상담할 때 어떻게 공부해 왔냐고 묻자 우선 지금까지 부모님이 C 학생에게 공부하라고 얘기한 적이 한 번도 없었고, 영어는 그저 엄마가 영어 강사이기 때문에 자연스럽게 접했던 거라고 했어요. 수학을 포함한 다른 과목도 딱히 엄청나게 잘하거나 못하지 않았기 때문에 아이에게도 그저 네 깜냥대로 할 수 있는 만큼만 하라며, 공부에 관해서는 전혀 강요하지 않으셨다고 해요. 나중에 그 어머님이 그러시더라고요. C가 어떤 부분에서 엄청난 재능을 보였다면 오히려 엄마인 본인이 욕심을 갖고 아이에게 이런저런 잔소리를 했을 거라고요. 근데 그러지 않아서 지금까지 조용히 아이가 하고 싶은 만큼만 했기 때문에 다행히 공부를 딱히 싫어 하지않는 아이가 된 것 같다고 하셨어요.

상황이 어떻든 저와 처음으로 공부하는 아이였기 때문에 역시나 C에게도 맨 처음, '공부해야 하는 이유, 시험 준비하는 방법'을 특강해 주었습니다. C의 첫 반응은 굉장히 놀랐다고 말했어요. 제가 아이들에게 하는 특강, '공부해야 하는 이유'의 요지는 '나 자신을 찾아가는 방법', '무언가를 배우는 사람으로서의 자세'와 같은 것들이에요. C는 한 번도 자신이 무엇을 좋아하고, 무엇을 잘하며, 또 무엇을 하고 싶은지에 대해 진지하게 생각해 본 적이 없었다고 하면서, 그걸 찾고 나면 또는 찾고 싶으면 공부해야 한다는 말에 공감했다고 하더라고요. 또 제가 알려준 시험 준비법, 수학 공부법 등을 응용하면서 자신이 좋아하는 방법을 찾아가는 과정이 재미있겠다고 말하던 아이였습니다. 그러던 어느 날 C가 제게 상담하고 싶다고 진지하게 말했어요. 그리고 제게 어떤 말을 했는데, 전 웃으면서 그 아이를 보내주었습니다. 무슨 말이었을까요? 그 말을 바로 이거였어요.

"선생님, 조금 두렵기는 한데요, 저 이제 혼자서 공부해 볼래요. 지금까지 혼자 공부했다고 생각했었는데, 그건 아무것도 모르는 채로 그냥 했던 거였어요. 이제 선생님한테 공부하는 법을 배웠으니까 혼자 해볼 수 있을 것 같아요. 지금이 아니면 저 고등학생이 되어서도 선생님한테 의지할 것 같아요. 그러면 안 되는 거잖아요. 저, 혼자 해볼래요!"

사실 저는 C 학생을 만나기 전, 이 아이와 앞으로 이러저러하게 공부하면 좋겠다는 생각을 가지고, C와 그 얘기를 나누려고 준비했어요. 그런데 C가 먼저 이런 말을 해버리니 제가 준비한 말은 못하겠더라고요. 하지만 C의 말에서 결연한 의지도 느껴졌고, 얼마나 고민 끝에 이런 말을 꺼냈을까를 생각하니 제가 하려던 말을 굳이

꺼낼 필요가 없었습니다.

결론은요? 이 아이는 제게서 독립해서 진정한 공부 독립을 이루었어요. 고등학교도 자기주도로 열심히 다니고, 때때로 어려움이 있을 때 제게 메일을 보내며 상담을 요청하는 애제자로 남았습니다. 중등이 끝나가던 무렵에야 비로소 공부 독립을 이룬 제자이지만, 이 아이가 결국엔 해낼 수 있었던 이유가 있었습니다. 이 역시도 제가 이 책을 쓰는 데 하나의 중요한 자산이 되었어요. 너무 궁금하실 것 같은데요, 조금씩 이어 가도록 할게요!

공부 독립을 해야 하는 진짜 이유

개인의 독립은 신체적, 상황적, 정서적 독립 등으로 이루어져 있습니다. 사회 초년생이 부모님의 집을 떠나 자신이 번 돈으로 의식주를 책임지는 자취 라이프를 시작하면 우리는 일반적으로 '독립했다'고 말합니다. 또 결혼으로 배우자와 한 가정을 이루면 부모로부터 신체적 독립과 더불어 최종적으로는 '정서적 독립'까지 이루었다고 말하기도 하죠. 두 사례의 공통점은 독립의 주체가 '본인'이고 자신의 삶에서 스스로를 '온전하게 책임진다'는 것이죠.

같은 맥락으로 공부 독립을 한마디로 정의하자면, 공부에서만큼은 '자신의 의지로 목표와 방법, 실행, 결과를 책임지는 일련의 것'을 말합니다.

그리고 이 공부 독립은 아이의 인생에서 최초의 독립이자 앞으로의 인생에서 모든 독립을 가능케하는 출발점이라는 것이 매우 중요합니다.

앞서 소개한 A, B, C 학생의 사례에서 B, C는 시기는 다르지만 결국엔 공부 독립을 이뤄낸 아이들이었고요. A는 대학생이 되어서도 공부 독립을 하지 못했습니다. 부모님의 철저한 학습 관리로 어찌어찌 대학에 입학했지만, 학점, 동아리, 취업 등 그 나이대 아이들이 스스로 감당해야 할 모든 상황에서조차 부모의 관여를 필요로 했다고 들었습니다. 아마도 연애, 결혼 그리고 그 이후의 삶에서도 분명 혼자 결정하고 책임지는 힘이 부족한 사람으로 살게 될 가능성이 높을 거예요. 아마도 그 아이의 부모님은 20대까지는 몰라도 그 이후엔 '부모니까, 어떻게 보면 (혼자 아무것도 못 하는 아이로 만든) 내 책임이니까'라고 생각할 겁니다. (나이 들어서도 독립을 못 하는 아이를 보며) 답답하지만 책임감을 느끼실 거고요. 주변인으로서는 지켜보기가 참 안타까운 상황입니다.

아이들이 공부 독립을 해야 하는 이유는 비단, '공부를 잘하기 위해서'만이 아닙니다. 공부 독립이 앞서 언급한 아이들의 '최초의 독립'이기 때문이에요. 이 최초의 독립이 되어야 그 이후에 필요한 독립들이 자발적으로 이루어질 수 있습니다.

공부 독립이 모든 '독립'의 기본인 이유

학생 신분을 벗어난 아이들에게는 영어 수학 등의 문제에서 정답을 찾아내는 능력이 더는 필요하지 않을 겁니다. 지금의 부모 세대가 그 나이대에 겪었을 상황과 그로 인한 겪었을 문제들을 똑같이 겪을 것이고 거기에다가 현재의 우리는 짐작지도 못할 새로운 문제에 직면하게 될지도 모릅니다. 그리고 그때마다 (많이 좌절하고 헤맬지라도) 결국엔 길을 찾을 수 있는 사람이 되어야 하지요. 이는 부모만의 욕심이 아니라 아이 본인을 위해서도 당연히 그렇게 되어야만 합니다.

그런데 그 능력은 하루아침에 만들어지는 것이 아니고 어릴 때부터 어떤 역량을 갖춰 왔기 때문에 가능한 것입니다. 제가 공부 독립을 이토록 강조해 드리는 이유는 앞서 언급한 성인으로 살면서 마땅히 가져야 할 능력, 그 능력들이 모여서 처음으로 드러낸 결과가 바로 '공부'이기 때문인데요. 공부를 잘하기 위해서 준비했던 능력들이 사실은 앞으로의 삶을 원하는 대로, 성취하며 살 수 있게 하는 밑거름이 된다는 것입니다. 지금은 예전에 비해 학력의 중요성이 크게 강조되지 않습니다. 그렇다고 해도 소위 학력이 높은 사람에게는 그렇지 않은 사람들에 비해 높게 평가되는 부분이 있어요. 대표적인 것이 바로 '성실성'과 '인내심'입니다. ('머리가 아주 좋아서 공부를 거의 안 했는데도 공부를 잘했다'는 사례는 논외로 하겠습니다. 그냥 평범한 아이의 경우라고 해 볼게요.)

우리도 겪어봤지만, 공부 결과는 기본적으로 들이는 시간과 노력에 비례합니다. 똑같이 초중고 12년의 시기를 겪은 아이들 중 누군가는 공부와 숙제가 하기 싫어서 전혀 하지 않았고, 누군가는 그 시간 동안 꿋꿋하게 주어진 공부와 과제 등을 해냈습니다. 그런 성실함이 쌓여서 진학이든, 성적이든 좋은 결과물을 내는 사람은 당연히 후자일 겁니다. 그런데 그 아이들이 모두 과연, 공부가 정말 하고 싶어서 했을까요? 그 아이들 중 쉬고 놀고 싶었던 아이는 단 한 명도 없었을까요?

우리는 확실하게 말할 수 있습니다. 당연히 그 아이들도 그런 생각을 정말 많이 했을 거라고요. 하지만 그 아이들은 그런 유혹을 이겨냈죠. '이 시기만 잘 견디면 그 이후엔 자유야! 그 이후엔 하고 싶은 걸 마음대로 할 수 있어!'라는 생각이 자발적인 것이 아니라 누군가가 심어 놓고 세뇌한 생각이었다 할지라도 어쨌든 그 아이들은 참아냈고, 그 결과 남들보다 나은 결과물을 얻었습니다. 최소한 그 아이는 대학 입학 전에, 무언가를 꿋꿋하게 해내는 성실성과 하고 싶은 것을 참고 주어진 것을 해내는 인내심을 보였어요. 그리고 그 결과, 제대로 공부하지 않은 아이들보다 나은 성과를 얻어냈죠.

그것은 아이가 스스로 얻어낸 최초의 대단한 성취이자 그 인고의 시간에 대한 보상입니다. 이 아이는 그 이후 만나는 어떠한 도전 과제도 성실과 인내로 도전해 볼 수 있겠다는 자신감도 얻게 됩니다. 노력해서 성공한 자만이 누릴 수 있는 특권이지요.

나 자신을 객관적으로 바라보고(메타인지), 내가 원하는 것을 하기 위해서는 무엇을 어떻게 해야 할지 생각해서 그 과정을 설계할 줄 알며(공부법), 실행하면 되겠다는 자신감을 얻는 것은 모든 순간에 부모가 옆에 붙어서 해줄 수 있는 것이 아닙니다. 당사자로서 직접 겪어본 아이만 할 수 있는 특혜이지요. 하지만 주변 어른의 어떤 도움이나 시행 착오도 없이 모든 것을 처음부터 잘하는 아이는 없습니다. 물론 혼자 힘으로 이겨내는 과정에서 더 많은 것을 몸소 체득할 수도 있지만 우리는 부모로서 최소한 아이가 막연하게 느끼며 방황하지 않도록, 시행 착오를 겪다가 좌절하거나 무너지지 않도록 지지해 주는 역할을 해야 합니다. 학원은 각 과목의 부족한 부분을 보충해 주는 수단에 불과합니다. 부모의 최소한의 역할을 꼭 기억해 주시기 바랍니다. 그 역할을 성실히 수행해서 가야 할 최종 목표는 우리 아이의 '공부 독립'입니다.

공부 독립을 어떻게 시작하는 것이 좋을까?

공부 독립은 '지금 당장 해보자!'라는 같은 결심으로 이뤄질 수 있는 것이 아닙니다. 하루에 10개씩 단어를 암기하고, 매일 10분씩 걷기 운동을 시작하는 것처럼 결심하고 행동으로 옮기기만 하면 되는 종류의 것이 아니라는 얘기죠.

한라산에 오르고자 한다면 처음엔 충분히 걷기 연습을 하고, 동네 뒷산을 오르내리며, 청계산이나 관악산 등 단계적으로 높은 산을 오르며 정신적·신체적으로 준비된 상태에서 도전해야 합니다. 이처럼 공부 독립도 도전하기 전에 먼저 수행해야 할 필수 조건이 있어요. 일종의 기본 체력이라고 하면 이해가 쉬우실까요?

공부 독립을 시작하기 전, 하지 말아야 할 착각

보통 학부모님이 하시는 가장 큰 착각은 '공부 독립을 하려면 공부법을 잘 알아야 한다'는 것입니다. 물론 자신에게 맞는 공부법을 찾는 과정은 공부 독립에서 매우 중요합니다. 하지만 자신에게 꼭 맞는 공부법은 공부 독립 과정 중에 그리고 이루어진 후에 천천히 찾아도 됩니다. 아니 어쩌면 계속 발전시켜 나가야 하는 거예요. 그보다 더 우선적으로 갖추어야 할 것에 주목하셔야 합니다.

또한 공부 독립을 시켜야겠다고, '공부보다 더 중요한 것을 위해서 지금 우리 아이가 하던 공부는 일단 멈춰야겠다'고 하셔도 안 됩니다. 아이가 하던 공부는 지금 그대로 쭉 유지해 주시고요. 그보다는 이 책을 읽으면서 지금 하는 공부가 공부 독립에 도움이 되는지 안 되는지를 판단해 보는 것이 좋습니다. 그리고 그것을 위해 지금, 이 순간 어떤 단계의 어떤 방법들을 적용해야 할지도 고민해 보시기 바랍니다. 하지만 조바심을 내지는 마세요. 책을 끝까지 읽은 날, 그리고 하나하나 실천으로 옮기는 날, 그 방법이 훤히 보이게 될 거거든요. 수정은 그때 이뤄져도 되니까 아이의 공부는 계속 진행해 주시는 것이 좋습니다.

공부 독립을 위해 갖추어야 할 것들: 공부 마음

공부는 마음가짐에서부터 시작됩니다. 사람은 기계가 아니기 때문에 처음부터 아무런 감정의 동요나 스트레스로 인한 피로감 없이 어떤 상황에서도 공부에만 집중할 수 있는 존재는 아니죠. 하지만 누구나 쉽게 수긍할 수 있는 이 진리 명제가 이상하게도 내 아이에게는 적용이 쉽지 않습니다. 아마 자녀를 향한 사랑과 기대감 그리고 걱정 때문일 겁니다. 그러나 이런 부모의 지나친 기대와 걱정이 오히려 아이의 학습에 역효과를 불러오는 경우가 많은 것은 정말 아이러니인데요. 제가 아이들을 지도해 오면서 깨닫는 가장 큰 진리 중의 하나는 바로 다음과 같습니다.

성적이 안 좋은 학생의 근본 문제는 학습 방법이 아니라
'공부' 자체를 안 하고 있다는 것이다!

슬프게도 부모님들이 생각하시는 것보다 아이들은 공부를 더 안 하고 있습니다. 대표적인 사례가 바로 고 3 교실이에요. '고 3이 되면 그래도 철이 들겠지. 이젠 공부 좀 하겠지.'라고 생각하시겠지만 실상은 더 심각한 경우가 많습니다. 물론 학생에 따라 다르겠습니다만, 학년이 올라간다고 해서 자동으로 공부를 열심히 하는 경우는 생각보다 많지 않은 것이 현실입니다. 오히려 학년이 올라가면

서 양극화 현상이 나타나게 되죠. 열심히 하는 학생들은 더 죽어라 공부하고, '준비'가 안 된 학생들은 공부를 놓아버리는 비율이 점차 늘어납니다.

여기서 '준비'란, 단순히 선행 학습만을 의미하지 않습니다. 오히려 더 중요한 준비는 바로 '학습 안정성' 즉 '공부 마음'입니다. 공부의 효율은 둘째 치고, 공부 실행 자체가 안 된다면 백 약이 무효임은 당연히 이치입니다. 학부모님들은 아이의 공부 마음을 잘 들여다보고 계신가요? 우리 아이가 처한 환경은 편하고 안정된 마음으로 공부 자체에 집중할 수 있는 환경인가요? 아이들의 공부 독립을 위해 우선 우리는 아이들의 마음부터 들여다 보셔야 합니다.

공부 독립을 위해 갖추어야 할 것들: 집중력

학부모님들의 고민 중에는 "우리 아이가 집중을 잘 못해요. 가만히 앉아있지를 못하고 너무 산만해요. 어떻게 하죠?"라는 질문이 빠지지 않습니다. 집중력은 공부를 떠나 어떤 행위를 해낼 수 있게 하는 기본 역량이기 때문이죠. 우리 아이는 아예 집중력이 없는 아이일까요? 그렇지 않을 걸요. 우리 아이가 아주 어렸을 때, 인형을 가지고 놀거나 블록을 조립하면서 15분, 20분씩이나 앉아 있었던 것을 기억하실 겁니다. 그때는 '얘가 이제 점점 사람이 되어가는

구나!'라고 생각하며 기쁜 마음에 그 시간이 얼마가 되었든 기특하게 보였는데, 공부해야 할 나이가 되니 15분, 20분 동안 앉아 있는 것 자체에 불안함과 답답함을 느끼게 되셨지요? 그도 그럴 것이 초등학교의 수업 시간은 40분이기 때문에 수업 시간에도 이렇게 온몸을 비틀며 앉아 있을까 하는 걱정이 앞서는 것은 당연합니다.

그런데 이 집중력은 타고나는 것이라는 인식이 많은 탓에 답답함을 토로하는 대상이 될 뿐 명확한 해결책이 요구되지도 않고 또 알게 되더라도 지속적으로 훈련할 생각을 하지 못하는 것이 현실입니다. 하지만 모두 다 알고 있듯이 공부를 잘하기 위해서는 집중력이 필수입니다. 우리 아이가 왜 집중을 못 하는지 생각해 보신 적이 있나요? 원인을 정확하게 알아야 해결책도 모색할 수 있고 또 개선할 수도 있습니다. 그리고 방법을 찾는다면 지금 당장 수학 문제 하나, 영어 단어 하나를 외우는 것보다 이 집중력 훈련을 우선 해야 어떤 공부도 본격적으로 시작할 수 있겠다는 생각이 드실 거예요. 이렇게 공부 독립을 가능하게 하는 기초 역량을 아이의 공부 주머니 속에 차곡차곡 쌓아 주어야 합니다.

공부 독립을 위해 갖추어야 할 것들: 기억력

저는 기억력이 좋은 편입니다. 사실 고백하건대 남들보다 부족했던 공부 시간을 이 남다른 기억력으로 극복해 냈다고 할 수 있을 정도예요. 다행히 중등까지는 주요 과목인 영어, 수학도 어느 정도 암기의 힘으로 버틸 수 있었고 교과서만 잘 기억해도 되는 사회와 과학은 '문제집도 안 풀고, 공부도 별로 안하는 것 같은데 이상하게 성적이 나오는 아이'로 친구들의 부러움을 샀습니다. 물론 고등학교부터는 이 기억력만 믿다가 큰일 날 것을 알고 열심히 공부하긴 했지만, 이런 경험 때문에 '기억력'은 저만의 무기로서 '시간만 주어진다면 어느 정도의 성과는 거둘 수 있다'는 자신감의 원천이 되었죠. 또 '근거 없는 자신감'이 아니었기에 그 후에도 어떤 일을 하든 도전하게 만드는 일종의 부스터 역할을 하기도 했습니다. 이처럼 학습에서 좋은 기억력을 가지고 있다는 것은 그 자체로든, 그것으로부터 파생된 다른 역량이나 학습에 있어서든 크나큰 장점입니다. 하지만 당연히 모든 사람이 좋은 기억력을 타고나지는 않죠. 그래서 개인이 가진 기억력을 기반으로 훈련하거나 기억 요소를 쪼개어 활용하는 등 기억력을 학습에 활용하는 연구는 계속되어 왔습니다. 저는 기억력의 수혜자로서 이 기억력을 우리 아이들 공부 독립의 필수 기초 역량으로 삼아서 훈련해야 한다고 생각했습니다. 그리고 이 책에서 그 훈련법을 아낌 없이 공개하겠습니다.

공부 독립을 위해 갖추어야 할 것들: 문해력

최근까지도 대한민국에 문해력 열풍이 불었습니다. EBS 프로그램 <당신의 문해력>부터 <문해력 유치원>까지 전 연령대에서 나타나는 문해력 결핍 현상을 직접 눈으로 확인하니 모두 자신의 이야기를 하는 것 같아서 뜨끔했더랬죠. 어른들이야 필요성을 느끼는 분들만 의식적으로 노력하면 된다고 생각할 수 있습니다. 하지만 아이들의 학습에 어머어마한 악영향을 미친다는데 가만히 있을 학부모님은 없겠죠. 저도 주요 과목인 영어, 수학을 가르치면서 아이들의 문해력이 학습 전반에서의 진행을 가로막는 주요인이라고 생각했기 때문에 《초등 국영수 문해력》이라는 책을 썼습니다. 아이들의 문해력을 키우는 방법으로 읽고 쓰는 활동이 중요하다고 강조했고, 또 그것을 가능하게 하는 실천적인 방법을 국어, 영어, 수학의 과목적 특성에 맞게 소개해 드렸어요. 이 책 《공부 독립》에서는 모든 과목 학습의 기초 역량으로서의 문해력에 집중하려고 합니다. 《초등 국영수 문해력》이 출간된 후 받은 수많은 질문 중 가장 중요한 것 위주로 정리하여 이 책에 실었습니다.

공부 독립을 위해 갖추어야 할 것들: 자기주도력

자기주도는 궁극적으로 공부 독립의 최종 목표입니다. 앞서 언급한 공부 마음을 가지고 집중력과 암기력을 발휘하여 문해력을 바탕으로 결국 자기주도적인 학습을 가능케 해야 하죠. 그래서 가장 '자기주도력' 파트에서는 디테일한 공부 독립의 실천 과제를 제시할 예정입니다.

이런 전제 조건을 갖추고 나면 우리 아이는 스스로 책임지는 공부를 시작하게 될 것입니다. 공부 독립은 가능하면 최대한 일찍 하는 것이 좋지만, 현실적으로 가능한 시기는 초등 5~6학년 때인데요. 하지만 앞서 언급했듯이 갑자기 공부 독립을 해야겠다고 마음먹는다고 시작할 수 있는 것이 아니에요. 사전에 공부 독립을 할 수 있는 필수 요건을 갖추기 위해 꾸준한 연습을 해야 합니다. 우리 학부모님들은 아이들의 연습을 옆에서 응원하며 코칭해 주시면 됩니다. 그럼 바로 다음 2장으로 넘겨서 공부 독립을 위해 우리 아이들이 가져야 할 첫 번째인 역량인 '공부 마음'부터 함께 살펴보겠습니다.

공부
독립

Part 2

평범한 아이를 수재로 만드는 5가지 공부 독립 역량

1

공부 마음

왜 공부 마음일까?

"공부는 마음이 시킨다."

제가 온라인으로든 오프라인에서든 강의할 때면 항상 빼놓지 않고 외치는 구호입니다. 이건 초중고 아이들을 십 수 년간 지도해 오면서 아이들을 지켜보고, 때로는 속 깊은 고민을 털어놓는 아이들의 이야기를 직접 들으며 내린 결론이에요. 학부모님들이 아이들 공부에 좋다는 학원, 문제집, 프로그램, 보약, 운동, 책상, 조명 등등 그때그때 유행(?)하는 아무리 좋은 환경을 조성해 주어도 결국 아이의 마음에서 시작된 공부가 아니라면 지속되기가 어려운 것을 많이 봤습니다. 특히 공부하면서 다친 마음의 고통은 언제 터질지 모르는 시한폭탄이 되어 아이의 마음을 좀먹는 경우도 많았어요.

그런 극단적인 경우가 아니더라도 '공부할 마음을 먹는다'는 것은 사실 쉬운 일이 아닙니다. 우리도 이미 겪어봤잖아요. 학교 다닐 때 공부하기가 얼마나 싫었었나요. 우리 아이들도 비슷하지 않을까요? 오히려 어른이 되어 공부가 필요한 상황이 되니 억지로라도 하게 되고, 때로는 강제하지 않는 공부라면 재미를 느끼는 경우도 있으니 공부는 정말 마음먹기 나름인 것 같습니다.

공부에 대한 아이들의 솔직한 마음

당연히 공부를 좋아하는 아이는 거의 없습니다. 서울대생 100명을 무작위로 붙잡아서 "공부를 좋아하시나요?"라고 물어봐도 그렇다고 대답할 사람은 거의 없다고 봐요. (대외적으로는 그렇다고 대답하는 사람이 있겠지만 말이에요.) 하지만 적어도 '공부 잘하는 내 모습이 좋아서, 공부 잘하는 나를 자랑스러워하는 부모님의 모습을 보는 것이 좋아서, 친구들이 부러워하니까'처럼 원초적인 인정 욕구라도 있어야, 공부하다가 지치고 힘들 때에 주저앉지 않고 그 상황을 헤쳐 나올 수 있습니다.

아이들은 사실 공부를 '잘'하고 싶어합니다. 초등 저학년 때는 친구들과 아무것도 모르고 그냥 어울려 놀았는데 중학년 정도만 되어도 성적에 따라 '공부 잘하는 아이'와 '공부 못하는 아이'로 자연스럽게 분류됩니다. 공부 잘하는 아이에게 쏠리는 칭찬과 관심 때문에라도 공부를 잘하고 싶은 아이들이 많아요. 그리고 조금 학년이 올라가서는 공부를 잘하는 것이 여러 가지로 편리(?)하다는 생각을 하기도 합니다. 적어도 공부하라는 엄마의 잔소리를 피할 수 있고, 하고 싶은 것(시간을 투자해야 하는 일)이 있을 때 적어도 공부나 하라며 못 하게 하지는 않으니까요.

당연하게도 잘하고 싶은 마음만큼 노력이 따라가지 않는 것이 항상 문제가 됩니다. 정확하게 말하면 아이들은 '공부는 거의 하지 않지만, 그래도 공부를 잘하는 아이'가 되고 싶은 거예요. 하지만 안타깝게도 그런 아이는 한 반에 많아야 고작 1~2명(그것도 초등에 한해서)일 겁니다. 그러다가 초등 고학년이나 중학생 정도가 되면 '공부하지 않고는 공부를 잘할 수 있는 방법이 없다'는 것을 비로소 알게 되지요. 그런데 공부하려고 마음을 먹어도 그동안 공부를 너무 안 해서 기초가 없거나, 공부하는 방법을 모르거나, 생각은 있지만 의지와 몸이 따라주지 않는 상태가 되어 공부를 잘하기 힘든 환경에 이미 놓인 아이가 많습니다.

우리는 적어도 우리 아이가 이렇게 되지 않도록 하기 위해서라도 아이의 마음을 헤아리고 스스로 '공부하려는 마음'을 가질 수 있도록 도와야 합니다. 그러자면 '이렇게 지도하세요'라고 하는 것만으로는 부족해요. 우리 부모부터 '부모의 마음가짐과 역할, 자세'를 배워야만 합니다.

실패를 너무 일찍 겪는 아이들

아이들의 학력 저하 비율이 코로나19 대유행 이후로 더욱 증가되고 있다는 말과 함께 수포자(수학 포기자), 영포자(영어 포기자), 국포자(국어 포기자)에 이어 공포자(공부 포기자)라는 신조어까지 나왔습니다. 그런데 이런 추세와 비교했을 때 과연 초등 아이들 중에 '과목 포기자'의 비중은 얼마나 될까요?

수학은 주요 과목 중 하나이고, 교과 성적 전체에 영향을 미치며, 대입에서도 중요한 과목입니다. 이 수학을 포기했다고 말하는 아이들의 비율로 공포자를 한번 가늠해 보겠습니다. 2021년 사교육걱정없는세상과 강득구 국회의원실에서 공동 조사한 '2021 전국 수포자 설문조사' 결과에 따르면 전국 150개교(무작위 선정) 4,097명의 학생 및 교사들은 다음과 같이 응답했습니다.

1. 나는 스스로 수포자라고 생각한다

설문 응답	매우 그렇다	그렇다	아니다	전혀 아니다
초등학교 6학년 (총 1,495명)	4% (59명)	7.6% (114명)	48% (718명)	40.4% (604명)
	11.6%(173명)			
중학교 3학년 (총 1,010명)	9.4% (95명)	13.2% (133명)	45.4% (459명)	32% (323명)
	22.6%(228명)			
고등학교 2학년 (총 1,201명)	16% (192명)	16.3% (196명)	44.3% (532명)	23.4% (281명)
	32.3%(388명)			

2. 수학을 포기했다면, 수학을 언제 포기했나요

설문 응답	초등학교 6학년	
	인원	비율
초등학교 1~3학년 때	20	10.1%
초등학교 4학년 때	43	21.7%
초등학교 5학년 때	70	35.4%
초등학교 6학년 때	65	32.8%
합계	198	100%
설문 응답	중학교 3학년	
초등학교 때	57	23.6%
중학교 1학년 때	59	24.6%
중학교 2학년 때	70	29.3%
중학교 3학년 때	54	22.5%
합계	240	100%
설문 응답	고등학교 2학년	
초등학교 때	35	8.8%
중학교 때	92	23.2%
고등학교 1학년 때	168	42.3%
고등학교 2학년 때	102	25.7%
합계	397	100%

결과를 보면, 수학을 포기했다는 아이들의 비중은 초-중-고로 갈수록 증가하고, 수학을 가장 많이 포기한 시기는 초 5, 중 2, 고 1이라는 것을 알 수 있습니다. 이 시기는 제가 유튜브 채널 <교집합 스튜디오>를 통해서 말씀드린 그 시기와 정확히 일치하죠.

아이들이 이 시기에 수학을 포기하는 이유는 여러 가지가 있습니다. 실제로 어렵기도 하고 사춘기, 시험의 본격적인 시작, 고등학생이라는 압박감 등 상황적, 심리적인 이유가 대부분인데요. 저는 여기에 더해 그때가 '특히 어렵다'는 주변의 말이 아이들에게 학습된 이유도 있다고 봅니다. 물론 이 시기가 부모 입장에서 주의해야 할 시기인 것은 맞습니다. 하지만 적어도 아이가 해보지도 않고 지레 겁먹어서 "너무 어려워서 나는 노력해도 안 될 거야."라며 포기하는 일은 발생해서는 안 된다는 것이죠. 또 하기 싫은 마음에 '결국 나도 안 된다'며 도망갈 핑계로 여겨서도 안 됩니다.

우리는 평생 실패를 겪습니다. 어른이 된 지금의 학부모님들이 지난 시절을 되돌아보면 순탄하게만 살아온 분이 많으실까요? 내 자녀는 아직 아이이기 때문에 학부모님 입장에서는 자식이 실패를 겪지 않고 살았으면 하는 마음이 드실 수 있지만, 부모의 손길이 미치지 못하는 곳에서도 아이는 끊임없이 자라면서 작은 실패의 경험을 할 것입니다. 그때마다 주저앉거나 회피한다면 성장하지 못하겠죠. 언제까지 부모가 아이의 뒷배가 되어줄 수는 없습니다. 이것이 부모가 아이들의 실패를 차단하는 것이 아니라 실패를 이겨낼 수 있는 아이로 키워야 하는 이유이죠.

실패를 이겨내는 회복탄력성

초 5, 중 2의 시기에 비록 수학이 나를 힘들게 하더라도, '다시 해볼 거야! 누가 이기나 어디 해보자! 열심히 해보고 안 되면 그때 진짜 포기하는 한이 있어도 일단은 한다!'라는 마음을 가진 아이로 키우셔야 합니다. '회복탄력성'이 있는 아이 말입니다.

'회복탄력성'이란, '제자리로 돌아오려는 힘'인 회복력과 '아래 부분을 찍고 높은 곳으로 튀어 오르려는 힘'인 탄력을 합친 말로 힘든 일이 있어도 포기하지 않고 고난을 극복하려는 힘을 의미합니다.

우리 어른들만큼은 아니어도 아이들도 가정, 학교, 친구들 사이에서 스트레스와 어려움을 끊임없이 겪습니다. 특히 대한민국에서는 아이의 '성적'이 (가정에서 아이에게 직접적인 스트레스를 주지 않는다고 하더라도) 학교를 비롯한 사회에서 어떤 식으로든 아이를 평가하거나 남과 비교하는 잣대가 될 수 있습니다. 그러므로 낮은 성적은 아이가 활동하는 데 적잖은 장애물이 될 수도 있어요. 그럴 때마다 남들과 자신을 비교하면서 좌절하고 후회하다가 결국에는 주저앉아 버리는 아이들은 이 회복탄력성이 현저히 낮다고 볼 수 있습니다.

사실 인생에는 계속 좋은 일만 있는 게 아니잖아요. 대부분 좋은 일과 나쁜 일이 뒤섞여 있죠. 아이들 인생에서 맞이하는 좌절이란 (그 나이 아이들에게는 큰 일이겠지만) 나중에 성인이 되어서 겪는 일들과 비교하면 사소할 수도 있습니다. 그런데 어릴 때 이 회복탄력성을 발휘하거나 계발하는 연습이 되어 있지 않으면 성인이 되어서도 어려움을 극복해 내기가 어렵게 됩니다. 회복탄력성은 주로 자아 인식 그리고 환경 때문에 사라지기도 하고 또 계발되기도 하는 거예요. 우리 아이들의 회복탄력성을 계발하기 위해서 학부모님들이 우선적으로 해주셔야 할 일이 있습니다. 바로 '완벽주의 엄마에서 벗어나기'입니다.

완벽주의 엄마가 아이에게 미치는 영향

사람은 누구나 완벽하지 않습니다. 부모님도, 아이들도 마찬가지죠. 부모가 보통 아이에게 들이대는 기준 '이것만이라도', '이정도라도'가 아이에게는 충분히 버거울 수도 있다는 것을 인정하셔야 해요. 그런데 부모의 기준에 미치지 못하면 아이가 기대하는 반응을 전혀 해주지 않고 오히려 혼내시는 경우가 생각보다 많습니다. 말만 안 했다고 다가 아닙니다. 목소리 톤, 표정, 그 순간의 공기의 흐름 그 무엇이든 아이가 느낄 수 있는 것은 많습니다. 게다가, '더 열심히, 더 높은 곳, 지금 이 정도에 만족하고 사는 것보다는…'이라는 부모님의 완벽주의적 인생 철학이 아이에게 그대로 전해지도 합니다.

그러니 아이에게 그리고 부모님 자신에게 조금은 관대하셔야 합니다. 회복탄력성을 높이기 위해서라도 모든 것을 완벽하게 해낼 필요는 없어요. 하고 있는 일이나 공부의 결과가 노력한 만큼 완벽하지 않았다고 실망하는 부모의 모습을 통해 아이들이 느끼는 좌절감은 회복탄력성을 가장 빨리 무너뜨리는 범인이기 때문입니다. 또한 완벽주의는 아이를 불안으로 내모는 가장 큰 원인이기도 해서 각별한 주의가 필요합니다.

불안한 부모가 불안한 아이를 만든다

이번 생은 모두에게 처음이죠. 여러분도 부모 역할은 처음이실 겁니다. 그리고 세상에 둘도 없는 우리 아이를 적어도 나보다는 나은 인생을 살도록 키우고 싶으시지요? 당연합니다. 세상에 어떤 부모가 아이를 위해 최선이 아닌 차선을 택할까요? 하지만 때로는 그 마음이, 그 결심이 아이들을 힘들게 하거나 모두를 불행하게 만들 수도 있다는 것은 알고 계셔야 합니다.

아이가 학교에 들어가기 시작하면, 부모는 교육에 대해 조금씩 고민하기 시작합니다. 그 전까지는 그저 건강하게 밝게만 자라면 된다는 생각을 하셨던 분도 아이가 학교에 가기 시작하면 혹여 다른 아이들과 비교되지 않을까, 치이지 않을까, 무시당하거나 잘 어울리지 못하는 건 아닐까 하며 물가에 내 놓은 아이를 보듯 참 여러 방향으로 걱정을 하십니다. 하지만 경험해 보셨듯이 우리 아이는 부모의 걱정보다 훨씬 더 학교에 잘 적응합니다. 학교는 때로는 친구들과 경쟁하는 곳이지만 사실은 함께 성장하는 공간이기 때문이죠.

그렇게 아이들도, 부모도 모두 학교 생활의 적응에 대한 걱정이 사라질 때쯤 초 3, 초 5를 중심으로 학교의 수업 양이 늘고 난도가 높아지며 '공부와 성적'이 부모와 아이들 사이에서 주요 관심거리가 되기 시작합니다. 물론 일부 학군지에서는 한참 전부터 일어나는 일입니다만, 일반 지역에서도 이 시기부터는 거의 한 명도 빠짐없이 '공부'를 하기 시작합니다. 그러다 초 5, 6학년이 되면 '학원', '선행' 같은 것도 현실이 되죠. 그래서 이 시기 '다른 아이들은 다 하는데 우리 아이만 안 하면 나중에 후회하는 것은 아닐까?' 하고 많이들 걱정하세요. 그리고 그와 함께 엄마의 불안이 시작됩니다.

평범한 엄마도 불안해지는 바로 '이 시기'

평소 자기 불안이 있으신 분들도 있죠. 하지만 이때는 불안이 심하지 않은 분들까지도 불안한 시기입니다. '아이의 이 시기는 평생에서 단 한 번뿐인데, 내가 우리 아이의 미래에 걸림돌을 놓고 있는 거라면 어떻게 하지?'라는 생각이 꼬리에 꼬리를 물죠. 하지만 그 시기에 혹여 나중에 후회하는 선택을 하셨더라도 그 선택이 아닌 다른 선택이 반드시 좋은 결과를 가져왔으리라고 단정할 수는 없습니다. 또는 아무것도 하지 않아서 아무 일도 일어나지 않았을 수도 있겠죠. 모두 처음이기 때문에 생길 수 있는 감정이고 사고의 흐름인 겁니다.

저는 부모의 이 불안이 아이들에게도 전염된다고 생각합니다. 수업을 하다 보면 유독 집중하지 못하고 수업 내내 기분이 좋지 않아 보이는 아이들이 있습니다. 열심히 하고 싶어 하는데 집중이 되지 않으니 제대로 지식이 쌓이기 어려워집니다. 그래서 책상에 앉아 있는 시간은 긴데, 효율은 굉장히 떨어지게 되죠. 자꾸 다른 친구들 성적을 묻고 진도를 물으며 스트레스를 받는 아이도 있습니다. 청소년기 아이들에게 라이벌은 성향에 따라서 나를 성장하게 하는 중요한 존재이기도 하지만 하지 않아도 될 걱정과 불안, 스트레스를 유발하는 원인이 되기도 합니다. 모든 아이에게 라이벌이라는 존재가 항상 좋지만은 않죠.

부모님이 불안해하시면 아이도 불안합니다. 그러니 이런 마음으로 조금은 여유를 가지세요. 행여 어떤 걸 꼭 배워야 한다는 골든타임을 놓쳤다고 하더라도, 우리 아이가 성장하는 한 언젠가는 만회할 기회가 올 거고요. 오히려 아이 스스로 더 절실함을 느껴 훨씬 빨리 배움을 흡수하는 경우도 많습니다. 조금은 느긋해지세요. 어떤 결정을 하더라도 제가 앞서 말한 것처럼 내 자식을 위해 차선을 택하는 부모는 없으니까요. 당신의 선택은 매사에 최선이었습니다.

아이들이 공부 마음을 잃어버리는 결정적 계기

초등 때의 학습은 습관이라고 이야기합니다. 네, 맞습니다. 하루에 학습지 2장을 풀고, 학교에 다녀와서 책을 읽고, 잠들기 전에 일기를 쓰는 등등 아이들에게 만들어주면 좋은 습관은 참 많죠. 그리고 가능하면 어릴 때 자연스럽게 시작해서 일상에 녹아들게 하는 것이 가장 좋습니다. 하지만 그런 습관부터 시작한 공부가 어느 날 '정도'를 넘어서면 아이들이 지치기 시작합니다. 저는 이 '정도'가 '아이들이 공부 마음을 잃어버리는 계기'라고 보는데요, 하나씩 살펴보도록 하겠습니다.

부모의 인형으로 산 경우

"어릴 때부터 유순하고 부모님 말을 잘 듣는 아이, 고집을 피우지도 않고 앉아 있으라고 하면 몇 시간이고 앉아 있는다."

어떠세요? 제발 우리 아이도 그랬으면 좋겠다고 생각하시나요? '착한 아이, 말 잘 듣는 아이'가 우리 부모님들의 이상적인 자녀상(像)일 수 있겠지만, 이런 아이일수록 어떤 계기를 만났을 때 크게 엇나가는 경우가 많습니다. 어느 날부터 '싫다'는 말을 훨씬 더 많이 하고, 안 하겠다고 고집을 부리기 시작합니다. 지금껏 아이의 그런 모습을 한 번도 본 적이 없던 부모님은 당황하게 되죠. 아이에게 무슨 일이 있었던 걸까요?

그 계기는 부모님이 짐작할 수 없는 순간과 사람에게서 옵니다. 아이들이 잘 보는 유튜브, 웹툰 같은 매체일 수도 있고요. 가까이 지내는 친척이나 사촌, 동네의 형, 누나, 오빠, 언니일 수도 있습니다. 또는 가깝지 않고 부모님도 잘 모르는 친구가 던진 한마디로부터 생각이 시작될 수도 있어요. 사춘기와 맞물리면 더 짐작할 수 없는 방향으로 흘러가기도 하고요. 그리고 '지금껏 부모님이 하라는 대로 했다. 그런데 왜 그래야 하는지 모르겠다. 이제부터는 하고 싶지 않다.'라는 생각이 들기 시작하는 순간부터 그동안 그냥 해왔던 것들을 하나씩 거부하기 시작합니다. 그런 마음이니 당연히 공부하고 싶은 마음도 사라지게 돼요. 어떠세요? 듣기만 해도 덜컥 겁이 나시죠?

여기까지 가면 공부법을 알려주는 것이 지금은 가능하지도, 중요하지도 않은 문제가 되고, 아이의 마음을 돌려놓는 것만이 최우선 과제가 됩니다. 생각만 해도 큰일이죠. 그러니 아이의 습관, 생활, 학습 그 무엇이든, 어릴 때부터 자신의 감정과 생각을 내비치지 않는 아이를 좋다고 생각하시는 것은 오히려 위험합니다. 그것보다는 오히려 부모와 자주 부딪히는 것이 나을지도 몰라요. 적어도 아이가 어떤 생각을 하고 있는지는 알 수 있으니까요. 부모의 인형으로 사는 아이를 세상에 없는 착한 아들딸로 둔갑시키는 일은 절대로 없어야 합니다.

부모의 기대가 너무 큰 경우

초등 때부터 선행의 길에 들어선 아이는 실제 실력을 오해받는 경우가 많습니다. 수학으로 설명해 보면, 중등까지의 선행 속도는 보통 현행 실력보다 선행 기간에 좌우되는 경우가 많습니다. 특히 소규모 학원에 다닌다면 여러 가지 이유로 처음에 같이 진도를 시작했던 아이들은 (학교 성적이 아주 크게 차이가 나지 않는 한) 어느 정도까지는 성적과 상관없이 함께 선행 진도를 나가게 되거든요. 그래서 같은 선행 진도인 아이들이 실제 학교 시험 성적으로 10점 안팎의 차이가 나는 경우도 종종 있습니다. 제대로 된 학원이라면 현행 실력을 기준으로 다시 반 편성을 해야 하지만, 아까 말씀드렸다시피 소규모학원은 현행 성적-선행 진도를 일일이 조정해서 새로운 반을 편성하는 데 한계가 있을 수밖에 없습니다. 또 그런 학원일수록 동네 학원인 경우가 많아서 오랫동안 같은 반이었던 아이가 한두 단계 낮은 반으로 새롭게 반 편성이 된다면 (자존심 문제로) 학원을 관두게 될 가능성이 높기 때문에 학원에서는 그런 선택을 하는 것이 현실적으로 어렵습니다. 그래서 사실 선행 진도로 아이의 실력을 판단하는 것은 이치에 맞지 않은 경우가 많아요.

그런데도 선행 진도로 아이를 판단하시는 일부 학부모님과, 우리 아이의 실력을 알긴 하지만 더 잘하는 아이들 틈에서 배워야 실력이 는다고 믿는 분들이 아이에게 맞지 않는 옷을 계속 입히고 계십니다. 한마디로 아이의 현실은 보지 않고 허황된 기대를 품은 부모님이죠. 아이는 그런 상황에서 당연히 과잉 학습을 할 수밖에 없습니다. 수업 내용의 반 이상은 알아들을 수가 없고, 과제 상황도 비슷합니다. 학원에서 보충을 시킨다고는 하나 학원도 아이도 한계가 있을 수밖에 없어요. 그 과정에서 아이는 당연히 지쳐갑니다. 매번 꼴찌를 도맡고 보충 수업은 일상이니 자존감은 떨어질 대로 떨어집니다. 언제 공부에 손을 놓아도 이상할 것이 없는 상태예요. 왜 이렇게까지 아이를 몰아붙여야 할까요? 아이의 성적이 부모 인생의 성적표가 아닌데 말입니다.

부모의 잔소리가 과도한 경우

제가 좋아하는 TV 프로그램 중 <유퀴즈 온더 블록>이 있습니다. 예전 길거리에서 지나가는 시민을 붙잡고 인터뷰하던 시절에, 어떤 회 차에서 시민들에게 이런 공통 질문을 한 적이 있었어요.

"잔소리와 조언의 차이가 무엇이라고 생각하십니까?"

여러 사람이 자신의 생각을 말했지만 제게는 크게 와 닿는 답변이 없어서 저도 그 질문에 적절한 답을 생각해 봤습니다. 제가 나름대로 내린 결론은 '듣는 사람이 듣기 싫은 건 잔소리고 기꺼이 들을 마음이 생기는 건 조언이다'는 것입니다. 동의하시나요?

우리는 아이에게 선생님으로서 또는 부모로서 여러 가지 지시를 합니다. 이건 하지 말아라, 저걸 해라, 그렇게 하면 안 된다 등등 말이죠. 아이에게 올바른 습관을 길러주기 위해서, 올바른 사고를 가진 건강한 아이로 자랐으면 해서 그리고 공부도 효율적으로 (잘)하길 바라서 등의 이유로 말입니다. 하지만 듣기 좋은 말도 너무 자주 반복하거나 좋은 말 속에 부정적인 뉘앙스라는 칼날을 품은 채 말하면 그로 인해 아이는 굉장히 힘들어합니다. 듣기에 불편한 말들이야 따로 언급하지 않아도 당연히 좋아하지 않겠죠. 부모는 조언자일뿐 감독관이 되어서는 안 됩니다.

매사에 무기력한 경우

"선생님, 저희 아이는 뭐 좋아하는 게 없어요. 공부는 물론이고 노는 것도요. 뭐라도 좋아하면 하게 해줄 텐데 너무 무기력해서 어떻게 해줘야 할지 너무 막막합니다."

학교와 학원, 부모님이 생각하는 최소한의 것은 하지만 그 외의 생활 전반에서 무기력한 아이들이 있습니다. 어떤 것에도 흥미가 없으며 뭔가 어렵게 시작해도 끝까지 가지 못하고 쉽게 포기하는 아이들, 당연히 학습 의욕도 없죠. 그럴 때 학부모님이 하시는 생각의 흐름은 이렇습니다. (특히나 어렵게 공부하신 부모님은요.) '나 때는 이런 것도 없었어. 얼마나 어렵고 힘들게 공부를 했는데. 하라는 것 다 해주는데도 도대체 뭐가 아쉬워서 저럴까? 오히려 너무 풍족하니까 그러는 거 아닌가?'라며 소위 '라떼는'으로 흘러가죠. 공부 환경이 좋지 않았고 생활도 어려웠던 부모님과 지금의 우리 아이가 살고 있는 시대와 상황은 당연히 다릅니다. 같은 선상에서 생각하시면 아이를 이해하는 게 어렵기 마련이죠. 아이를 이해하려는 마음이 없다면 당연히 이 문제도 해결되지 않습니다. 일단은 아이를 인정해 주셔야 합니다. 무엇이 부족해서 무기력한 것이 아니라 다른 문제가 있을 것이라고요. 그리고 대화를 많이 나눠 보셔야 합니다.

이런 아이들의 무기력은 실패를 걱정하는 비관적인 생각 때문에 만들어졌을 가능성이 높습니다. 그리고 어떤 것도 아이의 흥미를 끌지 못하는 권태로운 상황이었을 테고요. 그래서 우울감도 자주 느끼고 자존감도 떨어졌을 거예요.

그럴 때에는 우선 공부보다는 왜 무력감이 생겼는지 그 원인을 다각도로 살펴보셔야 합니다. 공부, 성적의 압박, 부모와의 관계, 친구나 선생님과의 대인관계가 원인일 수도 있어요. 아이들의 세상에는 부모가 짐작도 하지 못하는 많은 일이 있습니다. 그러니 일단 들여다보셔야 해요. 만약 부모와의 관계 문제로 촉발된 것이라면 더 세심하고 천천히 다가가야 합니다. 아이가 부모와의 관계가 좋지 않다면 당연히 속 깊은 이야기도 하지 않을 테니까요. 다시 한번 말하지만 우리 아이가 무기력한 데는 반드시 원인이 있다고 생각하는 것이 가장 중요합니다.

부모가 앞서가면 아이는 당연히 뒤처진다

외국인에게 비친 한국인의 이미지 중 대표적인 것은 아마도 '빨리빨리'일 것입니다. 하지만 예전에는 이 '빨리빨리' 문화를 부정적(성급하고 참을성 없는 사람들)으로 인식했다면 이제는 한국을 좀 더 진하게 경험하면서 이 '빨리빨리' 문화가 만든 여러 가지 편의를 누리고 있는 외국인도 많죠. 저도 가끔은 이런 국민성(?)이 없었다면 우리나라가 이렇게 빠른 기간에 선진국 대열에 들어갈 수 있었을지 확신할 수 없다는 생각을 합니다. 아마도 한국인의 피에는 이 '빨리빨리'가 흐르고 있는 것이 아닐까요?

그래서인지 아이들을 키울 때에도 이 '빨리빨리' 문화가 다양한 부분에 적용된 것을 볼 수 있습니다. "지금 하고 있는 문제집 빨리 끝내고 다음 레벨의 문제집을 풀어야 해. 빨리 여러 번 반복해서 선행을 끝내야 해. 빨리 많이 읽어서 리더스북을 졸업해야지. 2달이면 이 과정 충분히 할 수 있다니까 우리 애도 해야 해."라는 식으로 말이지요. 그런데 이런 기준은 누가 만들었을까요? 이렇게 해서 아이가 정말 그 속도만큼 공부 내용을 소화할 수 있나요?

저는 대한민국의 선행이 마치 경주마 대회 같다고 말씀드린 적이 있습니다. 경주마는 양옆의 시야를 차단하고 오직 앞만 보고 달리도록 훈련받거든요. 우리 아이들의 선행도 마찬가지입니다. 아이가 지금 얼마나 그 내용을 소화하고 있는지, 이 과목에 몰두하는 것이 다른 과목에 지장을 주지는 않는지, 아이가 벅찬 공부 양으로 힘들어하지는 않는지, 항시 살피고 고려하시는 분이 사실은 많지 않습니다. 물론 그 마음속에는 우리 아이가 뒤처지지 않길 바라는 마음이 숨어 있다지만 사실 그것이, 아이의 생각인 것은 맞습니까? 가슴에 손을 얹고 답해 보세요. 부모님이 바라는 이상적인 아이가 아닐까요?

'요즘 아이들은 WANT만 배우고 LIKE를 배우지 못한다'라는 얘기가 있습니다. 해야 한다고 하니까, 다른 아이들도 다 하니까 자신도 하길 원하기는 하지만, 아이가 정말로 그것이 좋아서 하는 것인지 우리는 생각해 볼 여지가 있습니다. 물론 살면서 원하는 것만 하면서 할 수는 없겠죠. 그러나 원하는 것은 원하는 이유가 사라지면 함께 사라집니다. 좋아하는 마음은 상대적으로 쉽게 사라지지 않죠.

공부에 대해서도 해야 하니까 하길 원하는 것이 아니라 좋아서 할 수 있도록 아이의 마음을 헤아려 주세요. 부모가 빨리빨리 가자고 하면 아이는 따라갑니다. 주변 친구들도 다 빨리 가고 있으니까요. 하지만 진짜 좋아서 하는 것이 아니라면 거기에다가 조금이라도 버겁다는 생각이 든다면 아이는 당연히 부모의 바람보다 늦어질 수밖에 없습니다. 천천히 가도 옳은 방향으로 갈 수 있다면 그게 더 의미 있는 일이 아닐까요?

공부 의욕이 생기는 5가지 원칙

안정성 키우기

잘 알다시피 학습은 심리적 평온과 일상의 안정이 바탕이 되어야 원활하게 이뤄질 수 있습니다. 제 주변의 공부 잘했던 친구들 그리고 제자들을 보면 눈에 띄는 공통점 중 하나가 바로 이 '안정성'이었어요. 공부를 할 때마다 매번 왜 공부해야 하는지 생각하고, 결심해야만 하고 여러 고민과 스트레스 등의 감정이 머릿속을 지배하는 한 아이는 절대로 공부를 잘할 수 없거든요.

이 심리적·일상적 안정은 우선 집안 분위기 그리고 부모와의 원만한 관계에서 출발해요. 부모와의 사이가 안 좋은 아이는 대인관계도 흔들리고 공부에도 집중하기가 어렵습니다. 의외로 많은 학부모님이 이 사실을 간과하고 아이가 예민한 초등 4~5학년 시기부터 (공부가 중요한 시기와 맞물리기 때문에) 더 강하게 공부만을 독촉하는 경우가 많습니다. 그런 행동은 공부도, 아이와의 관계도 악화되어 두 마리 토끼를 다 잃는 악수로 작용합니다.

이 시기에는 아이를 학원에 보내고 '잘하고 있겠지.'라는 마음으로 아이와의 심리적인 거리를 좀 두겠다는 생각을 가진 분들도 꽤 있는 것 같습니다. 제가 강연 때 종종 말씀드리는 일화, 엄마들이 꼽은 '우리 아이가 사랑스러운 순간' 1위로 '방에 들어가서 공부할 때(차라리 내 눈에 안 보일 때)'가 꼽혔다는 에피소드는 결코 웃고 넘길 수만은 없는 이야기입니다. 아이의 나이나 상황에 따라서 공감하시는 분들도 있고, 아니라고 생각하시는 분들도 있겠지만 보고 있으면 답답하고 나도 모르게 잔소리를 하게 되어 아이와의 사이가 악화되는 상황이라면 그런 대답을 할 수 있겠다는 생각이 듭니다. 그러니 이 기회에 우리 집의 평소 분위기나 가족 간의 관계 그리고 상호 간의 소통은 어떠한가를 한번 되돌아보셨으면 합니다.

저는 상대적으로 굉장히 화목한 집안에서 자랐습니다. 자라면서 집안 분위기나 가족 때문에 고민하거나 괴로워했던 기억은 전혀 없었어요. 친구들도 "너희 집은 시트콤에 나오는 (이상적인) 집 같아."라고 말할 정도였으니까요. 게다가 공부와 관련해서도 초등학교 5학년 때 딱 한 번 제가 거짓말을 하고 숙제를 숨겼다가 들켰을 때(흑역사!)를 빼고는 잔소리를 듣거나 혼난 적이 한 번도 없었습니다. 돌이

켜 생각해 보니 저는 항상 "우리 ○○이가 최고다."라는 엄마의 말을 듣고 자랐네요. 설령 사고(?)를 쳐도 "네가 그랬다면 무슨 이유가 있었겠지.", "엄마 아빠는 항상 네 편이고, 어떤 말이든 네 말을 들어줄 준비가 되어있어."라는 메시지가 저를 매사에 자신감 있는 어른으로 성장하게 했다고 생각해요. 그래서 무언가 마음이 복잡하고 힘든 일이 있으면 친구나 선생님보다 엄마 아빠가 먼저 생각났습니다. 그리고 절망스러운 일을 만나도 툭툭 털고 일어나서, 항상 최고가 되지는 못했어도 그 과정에서 배운 것도 많다고 느끼는 사람이 된 것 같습니다.

저는 이 모든 것이 부모님이 선물해 준 '안정' 때문이라고 생각합니다. 지금도 매사에 굉장히 낙천적이고, 나는 무엇이든 할 수 있다는 자신감을 가지고 살아갑니다. 그래서 항상 밝고 행복한 편이에요.

저의 사례처럼 우리 아이의 공부, 더 나아가서 행복한 삶을 선물하고 싶다면 부모님이 하셔야 할 가장 첫 번째 행동은 바로 이 안정성을 키워 주시는 겁니다. '집안 분위기부터 바꿔야 하나?'라고 막연하고 어렵게 생각하고 계실 텐데요,

가장 쉽고 효과적인 방법은 말을 바꾸는 겁니다.

아이의 행동을 바꾸는 건 결국 감정이고, 그 감정을 만드는 건

말이기 때문이에요. 또한 말이 바뀌면 집안의 분위기도 당연히 달라집니다. 평소 아이에게 어떤 말을 자주 하시는지를 한번 생각해 보세요. 아이의 말을 끝까지 듣지 않고 잘못을 재단하는 말, 아이가 생각했을 때 뛰어넘을 수 없다고 생각하는 친구와 자주 비교하는 말, 아이의 말을 중간에 자르고 그만 하자는 말 등을 하지 않았는지요? 아이의 말을 듣기는 하는데 사실은 듣고 있지 않았던 건 아니었나요?

공부한 내용 외에 아이의 다른 일상을 궁금해하긴 했었는지도 생각해 보세요. '할 수 있어, 괜찮아, 역시, 그럴 줄 알았어'처럼 아이를 신뢰하는 표현으로 시작하는 말은 백전백승입니다. 어디든 통하고 어떤 상황에서도 효과적인 말이에요. 처음에는 평소에 쓰던 말이 아니라 어색하실 수도 있지만 한 번이 어렵지 두 번 세 번은 어렵지 않습니다. 세뇌라고 하긴 좀 그렇지만 아이도 그 말을 들으면 점점 그렇게 됩니다. 언젠가는요. 제 말을 믿으세요.

인정받은 경험

'인정 욕구'가 사람으로 태어난다면 바로 제가 아닐까 합니다. (웃음) 저는 자신감이 넘치는 편인데도, 어른이 되었는데도, 누군가의 인정을 받는 것이 그렇게 중요하네요.

우리 아이들 중에도 저처럼 유달리 인정 욕구가 강한 아이들이 있을 거예요. 부모님도 각자의 성향에 따라서 아이들의 행동 하나 하나에 맞장구를 쳐주는 분도 계시겠고, 내 자식인데도 냉정하게, '인정할 건 인정하고, 아닌 건 아닌 거다.'라고 생각하시는 분도 계실 거예요. 당연히 집안마다 양육 분위기가 다르기에 어떤 태도가 '옳다/그르다'라고 판단하기는 어렵습니다. 하지만 인정 욕구가 강한 아이가 만족할 만큼의 인정을 받지 못했을 때 생길 마음의 상처는 미리 대비하시는 게 좋습니다.

어릴 때 빨리 칭찬해 달라고 온몸으로 부르짖던 아이도 점차 성장함에 따라 아무 때나 아무에게나 그래서는 안 된다는 것을 알게 되는 사회화 과정을 거치게 됩니다. 하지만 종종 어떻게든 인정을 받기 위해 더 극단적인 행동을 하는 아이가 있어요. 이런 아이는 일방적으로 무시해서도 안 되고, 진심이 빠진 호응을 하면 아이가 바로 눈치챕니다. 이럴 때에는 일단 아이 말을 들어주세요. 그 말을 다 듣고 또 충분히 만족할 만큼 칭찬도 해 주세요. 그리고 아이 행동에 공감해 주세요. '나쁜 습관이 들까 봐.' 또는 '그렇게 하면 안 될 것 같은데.'라는 걱정보다는 그렇게밖에 자신의 존재를 표현할 길이 없는 아이의 자존감을 세워주는 것이 더 우선입니다.

제 경험도 그랬고 제자들을 봐도 공부를 비롯해 어떤 부분에서든 '인정'을 받는 것은 그다음을 이어갈 수 있는 동기이자 흥미의 원천이 됩니다. 그래서 아이를 인정해 주는 행위, 곧 칭찬을 원칙과 일관성을 갖고 제대로 자주 해주시면 좋아요. 그런데 칭찬은 많이 할수록 좋을까요? 그렇다고 생각하시는 분들도 있지만 반면에 이렇게 생각하시는 분들도 있을 겁니다. '유아독존인 아이가 되지 않을까, 이 정도로 칭찬해 주면 더 잘하고 싶은 마음이 안 들고 여기서 멈추면 어떻게 하지?' 이런 마음이 들면 사실상 칭찬해 주고 싶은 순간이 와도 멈칫 망설이게 됩니다. 그래서 칭찬에도 원칙이 있어야 합니다.

항상 통하는 칭찬의 법칙

과정을 눈앞에서 지켜보고 있지 않는 한, 우리는 과정은 생략하고 '결과'만 보고 칭찬하기 쉽습니다. "학교에서 단원 평가를 100점 맞았어! 오늘 미술 시간에 그림을 잘 그려서 친구들 앞에서 발표했어!"처럼 말이죠. 하지만 내 눈앞에서 그 상황을 보지 않았더라도, 부모님은 사실 알고 계실 거예요. 아이가 갑자기 공부도 전혀 안 하고 학교 수업도 제대로 안 들었는데 단원 평가를 100점 맞을 수 있을까요? 어느 날 갑자기 그림을 잘 그리게 되는 아이가 있나요? 아이의 결과는 사실 예견된 것이었습니다. 그리고 그 결과가 꼭 만점, 발표가 아니었어도 우리는 칭찬할 마음이 들었어야 하고요.

그러니 아이가 칭찬받길 바라는 그 지점은 당연히 칭찬해 주시되, 그것과 함께 그 결과를 만든 아이의 노력과 과정을 훨씬 더 치하해 주세요. 아이가 인식하고 있지 못해도, 네가 평소에 성실하게 재미있게 노력했으니 좋은 결과가 나온 것이라고 말이죠. 이렇게요.

"우아! 정말 잘했네 우리 아들(딸)! 그동안 네가 열심히 했던 거 엄마(아빠)가 이미 알고 있었지! 축하해!"

칭찬은 좀 더 구체적일수록 좋습니다. 디테일할수록 더 진심이라고 느끼니까요. 덧붙여 칭찬받아 기분 좋은 아이에게 다음에 이어 도전할 과제도 쓱 던져주시는 것도 좋은 방법입니다.

"우아! 정말 잘했네 우리 딸(아들)! 그동안 네가 스스로 세운 계획을 지키려고 매일 성실하게 노력하더니 정말 대견하다! 엄마(아빠)는 네가 열심히 했던 거 다 알고 있었지! 역시 우리 딸(아들)이 최고야! 오늘 기분이 어땠어? 다음에도 이렇게 기분이 좋으려면 어떻게 해야 할까?"

아이 입에서 "다음에도 열심히 해볼 거야!"라는 말이 절로 나올 겁니다. 공부 동기는 이렇게 하나씩 쌓아가는 거예요. 우리 아이가 100점을 받지 않았더라도, 발표로 칭찬을 받지 않았더라도, 구체적으로 짚어서 '그거 하나!' 칭찬해 줄 만한 것을 찾는 건 어렵지 않을 겁니다. 아주 구체적이면서 과정이 있는 그런 요소를 칭찬해 보세요. 칭찬이 우리 아이를 춤추게 할 테니까요.

즐거운 경험

사실 아이들을 공부하게 만드는 가장 빠른 방법은 '공부를 좋아하게 만드는 것'입니다. 하지만 공부를 좋아하게 만드는 것이 어디 쉬운 일인가요? 물론 공부하는 것과 배우고 익히는 것을 좋아하는 아이가 정말 드물게 있긴 합니다. 하지만 보통 우리 아이들은 그렇지 않죠. 하지만 생각의 범주를 확대하면, 공부를 즐거운 경험이자 기억이 되도록 만들 수 있습니다.

세상의 모든 배움이 바로 '공부'

우리는 아이들의 '공부'를 학과 공부에 한정해서 생각합니다. 영어, 수학, 독서, 과학… 이런 식으로요. 하지만 생각해 보면 아이들이 '배우고 익히는 것'의 범주는 굉장히 넓습니다. 평소 우리 아이가 어떤 공부를 좋아했는지 한번 생각해 보세요.

우쿨렐레 배우는 것을 좋아한다, 피아노 연습을 좋아하고 학원 가는 것을 기다린다, 레고 조립을 너무 좋아해서 집에 안 뜯은 레고 세트가 쌓여 있다, 만화와 웹툰을 너무 좋아해서 하루 종일 보고 있다 등 정말 다양할 것 같습니다. 물론 그중에는 학부모님이 '싫어하시는' 공부가 있을 수 있죠.

예를 들어 만화, 웹툰은 적당히 보면 좋겠는데 너무 심하게 몰입하는 바람에 수학 공부를 안 한다, 영어 단어를 안 외운다고 하실 수 있어요. 하지만 생각해 보면 아이는 지금 만화와 웹툰을 보면서 스토리를 이해하고 있고, 웹툰의 배경 시대(예: 조선시대, 또는 서양 중세시대 등)의 시대상을 느끼고 있습니다. 또 웹툰 애독 35년 차인 제가 감히 말씀드리자면, 웹툰, 웹소설, 만화 읽는 속도가 속독 훈련에 도움이 되기도 한답니다. 빨리 읽고 싶은 마음에 빨리빨리 읽는데, 작가가 숨겨 놓은 개그 코드를 읽지 못하거나 내용을 파악하지 못하면 그 웹툰 전체 내용을 이해하기 어려워져요. 빨리 읽으면서 주요 사건과 등장인물의 성격을 파악하고, 곳곳에 숨겨놓은 작가의 복선도 파악해야 하죠. 너무 구구절절하긴 했지만, 제 말씀의 요지는 만화나 웹툰을 보는 것이 꼭 나쁜 것만은 아니라는 겁니다.

그리고 아이가 그 분야를 너무 좋아하게 된다면 관련 업종에 대한 꿈을 키우게 될 수도 있어요. 보통 '만화 좋아해? 그럼 만화가, 웹툰작가가 되어야 하는 건가? 우리 아인 그림 실력이 형편없는데?'라고 생각하실 수 있는데요, K-웹툰이 전 세계로 수출되고 있는 것 아시지요? 작가는 업계의 꽃이지만 업계가 성장함에 따라 업계 안에서 여러 분야의 인력 수요가 늘어나고 있습니다. 작가도 그림작가, 스토리작가 등으로 구분되고 이제 웹툰도 한 사람이 아니라 팀 단위로 그려나가는 시대거든요. 또 판권이 드라마나 영화화가 된다면 어떨까요? 가장 좋아하는 일이 직업으로 확장되는 것이야말로 아이가 무엇이든 '좋아서 하는 공부'의 최고 아웃풋이 아닌가 합니다.

좋아해야 할 이유를 찾는 아이

어떤 분야든 좋아한 경험이 있는 아이는 어떤 일을 반드시 해야 한다고 생각하면 좋아해야 할 이유를 스스로 찾게 됩니다. 본인이 좋아해야 그 일을 할 수 있다는 걸 아는 아이가 된 거죠. 아이들도 피할 수 없다면 어떻게든 방법을 찾아내거든요. 그러니 일단은 무엇이든 '배우는 것을 좋아하는 아이'로 만드세요.

단, 주의하실 것은 아이가 정말로 '그것'을 좋아하는지는 면밀히 따져 보실 필요가 있습니다. 예를 들어 독서 학원을 싫어하지 않고 잘 다니고, "그만 다닐래?"라고 물어봐도 계속 다니겠다고 답했다고 해서 '아, 우리 아이가 독서에 재미를 붙였나 봐!'라고 속단하지는 마세요. 잠시 잠깐 정말 그런지를 파악해 보시라는 겁니다. 아이들 중에는 정말 독서학원에서 독서하는 것이 좋은 아이도 있지만 그 학원에 있는 선생님이 좋고, 친구들이 좋고, 아니면 그 학원을 다녀와야 엄마가 자유시간을 주니까 그 시간을 위해 참고 다니는 것일 수도 있어요. 그런데 만약 진짜 독서를 좋아하는 거라면, 학원을 그만두더라도 집에서 꾸준히 책 읽는 걸 즐기지 않을까요? 배우는 특정 공간을 벗어나도 계속 좋아하는지를 판단해 보시면 거의 정확하게 정답을 아실 수 있습니다.

보상의 원칙

학부모님들은 공부나 그 밖의 해야 할 일을 마친 아이에게 주는 '보상'에 대해 어떻게 생각하시나요? 누군가는 이 같은 외적 동기는 오래가지 못하고 아이들에게 사용할 경우에는 자칫 나쁜 버릇이 든다고 얘기합니다. 그래서 내적 동기를 자극해야만 한다고요. 그런데 아이들이 '공부해야 할 내적 동기'를 찾는 일이 과연 쉬울까를 생각해 보면 그것 또한 어려운 일이죠.

저는 개인적으로 보상의 자극을 적극 활용하는 편인데요, 저 스스로에게 보상을 자주 주는 편입니다. 어른들도 어쩌면 아이들이 하기 싫은 '공부'보다 더 하기 싫은 일을 해야 하는 존재입니다. 정말 현실적인 이유에서요. 그럴 때마다 저는 스스로 생각해 봐요. '내가 지금 이걸 하면 나에게 어떤 보상을 줄 수 있을까? 지금 이 순간은 괴로워도 먼 미래에는 그때 그걸 하길 정말 잘했다고 생각하지 않을까?' 이런 생각을 해보는 거죠. 하지만 생각보다 크게 자극이 되지는 않습니다. '그래 그렇겠다.'라고 생각할 정도는 되지만 지금 당장 와 닿지 않는 보상이기 때문이에요.

그것보다는 '이걸 마치고 이따 저녁에 맛있는 거 먹으면서 밀린 넷플릭스 드라마를 보자!'라고 하는 게 훨씬 더 와 닿는 보상이에요. 그런데 이렇게 스스로에게 주는 보상은 의지가 약하면 흐지부지 되어 버리는 경우가 많습니다. 스스로 여러 가지 이유로 합리화해 가며, '그래 이 정도면 되었다.'라고 해버릴 수 있죠. 그 순간 오늘 계획한 일을 끝내지 못하는 것은 물론이고 다음부터는 그때 스스로에게 주는 보상이 보상으로 느껴지지도 않겠죠.

눈앞에 보이는 현실적인 보상의 힘

아이들도 마찬가지입니다. 초등 아이에게 부모님께서 "나중에 대학에 가려면 지금 수학 공부를 열심히 해야 해. 지금 당장 꿈이 없으면 공부라도 잘해 둬야 해."라고 말씀하시는 경우가 있지요. 이런 자극은 부모님 본인의 인생의 경험으로부터 온 간절한 것일 수도 있습니다.

하지만 아이들은 달라요. 부모님의 말을 100% 이해할 수도 없고, 또 와 닿지도 않으니까요. 그래서 아이들에게도 당장 눈앞에 보이는 보상이 훨씬 더 효과적입니다. 하지만 100% 해야만 보상이 주어지는 건지, 조금 못 미쳐도 되는 건지 등 제대로 된 기준이 없거나 또 저의 경우처럼 스스로 타협이 가능하다면 그건 더 이상 보상이 아니게 되니 주의가 필요합니다.

아직 자기주도가 가능하지 않은 아이들은 보상을 주는 존재로서 부모님이 반드시 필요하고요. (이는 부모의 권위에도 도움이 됩니다.) 보상을 주고받는 명확한 기준을 아이와 함께 세우고 공평하게 운영해 주시는 것이 좋습니다.

효과적인 보상의 원칙과 주의할 점

우선 아이가 가장 행복한 순간이 언제인지 그리고 무엇을 해야 가장 행복한지 등 보상의 대상을 아이와 함께 의논합니다. 이때 주의할 것은 절대 부모님의 의견이 들어가서는 안 된다는 거예요. 아이의 보상 도구가 부모님 마음에 조금 안 들더라도 아이가 진짜로 원하는 것을 하게 해 주어야만 진짜 동기 자극으로서 의미가 있습니다. 그리고 보상 계획이 되어 있더라도 장기적인 보상을 세워야 할지, 단기적인 보상을 세워야 할지도 구분하셔야 해요. 장기적인 관점에서의 보상은 매일의 학습 습관을 들이는 단계의 아이들에게는 자극으로서의 가치가 떨어지기 때문입니다.

예를 들어 '이 수학 문제집 한 권을 다 풀면, 책걸이의 의미로 휴대폰을 사주겠다'는 보상 계획은 아이에게는 충분히 매력적이지만, 공부하기 싫은 날이나 컨디션이 좋지 않은 날 등 사정이 있는 날에는 효과가 없습니다. 이 보상을 걸게 된 것이 '문제집 한 권 다 풀기'라는 목적 외에 '꾸준히' 학습 습관을 들이기 위함이었다면 신중하셔야 한다는 얘기입니다.

그래서 대부분의 가정에서 자주 하는 보상이 칭찬 스티커 같은 것들인데요, 매일의 달성을 스티커 하나로 보상하고 스티커가 모여 큰 포도송이를 이루면 더 큰 보상이 주어진다는 보상 계획은 두 가지를 모두 충족하는 좋은 동기 자극 도구입니다. 단, 보상 달성 기준에 대해서는 조금 더 디테일하게 접근할 필요가 있어요.

예를 들어, 주중 월~금요일의 매일 목표를 달성하면 주말에 하루는 편하게 하고 싶은 대로 하게 하는 보상을 준다고 합시다. 이때에는 매일 계획 달성의 기준을 80%정도로 잡는 것이 좋아요. 만약 하루도 빠짐없이 100%의 계획을 실행해야 주말의 보상이 주어진다면 100%는 초반부터 달성하기 너무 어려운 기준입니다. 이 방식은 매일 공부하는 꾸준한 습관을 들이는 아이에게는 효과적이지만, 자칫 주초(월~화요일) 중 하루라도 목표 달성을 하지 못하면 나머지 요일에 모두 성공을 하더라도 결국 주간 계획이 실패이기 때문에 주중 후반부 계획도 함께 무너질 우려가 있습니다.

또 다른 방법으로는 횟수 달성 보상도 있어요. 포도송이가 20개짜리라고 하면 연속된 날짜와는 관련 없이 20번의 목표만 달성하면 보상이 주어지는 방식입니다. 아이 스케줄의 유동성이 우려되신다면 이런 방식도 가능합니다. 하지만 데드라인, 곧 20개를 채우는 최대 가능 날짜를 너무 느슨하게 잡으면 계획과 보상에 의미가 없어지니까 예컨대 20일 기준이라면 최대 25일 정도의 유효 기간을 두어 실행하면 됩니다.

여기에 한 가지 아이디어를 더해 볼게요. 포털사이트에서 '종이 뽑기판'을 검색하시면 우리의 어린 시절에 문구점에서 뽑았던 뽑기판을 구매하실 수 있습니다. 잘 아시는 것처럼 뽑기판에는 1등부터 등수별로 차등 상품을 걸어둘 수 있어요. 그 기준에 맞춰 상품도 다양화하고, 하루 계획 달성 정도에 따라 매일 뽑기판을 뽑을 수 있는 횟수에도 제한을 두는 겁니다. 80% 달성은 1번, 90% 달성은 2번, 100% 달성은 3번 이런 식으로요. 학습 보상을 게임처럼 생각해 동기를 이어갈 수 있고, 칭찬 스티커처럼 하나의 보상이 아니라 작지만 다양한 보상이 곳곳에 숨겨져 있기 때문에 아이의 공부 동기를 북돋는 측면에서도 더욱 효과적입니다. 목표 달성 비율이 높아짐에 따라 보상의 기회도 많아지니 더 힘을 내서 공부할 수도 있고요.

아이가 뽑기를 뽑을 때, 부모님도 함께 즐기시고, 또 함께 기뻐해 주시면 더 좋습니다. 단, 뽑기판을 만들 때는 너무 아이가 원하는 물질적인 것만 넣기보다는 '엄마와 데이트, 안아주기, 방 청소 면제권, 동생과 놀아주기 1시간' 이런 식으로 보상인 듯 보상이 아닌 듯한 것도 넣어 주세요. 그래서 자신이 좋아하고 바라는 행동을 하기 위해서는 여러 가지 희생(?)도 필요함을 알려주는 것이 좋습니다.

그리고 무엇보다 중요한 건, 이 보상 규칙을 부모님께서 철저하고 공정하게 제어해 주시는 겁니다. 보상이 있으나 없으나 자신이 하고 싶은 것을 할 수 있는 아이는 아무리 솔깃한 보상이라도 도전하게 할 유인이 되지 못합니다. 또 너무 달성이 어려운 계획이라면 보상이고 뭐고 아예 의욕을 상실할 수도 있고요. 그러므로 보상 목록은 아이와 충분히 의논한 후에 결정하셔야 합니다.

꿈 찾기

방송인 장성규 씨가 유튜브 채널 <워크맨>의 '선생님 직업 체험편'에서 꿈과 관련된 말을 한 적이 있는데요. 특정 장면을 보면서 고개가 저절로 끄덕여졌습니다. 상황은 이랬어요. 선생님 체험의 일환으로 실제 고등학생들의 상담을 진행하던 중 경찰 공무원이 꿈이라는 아이에게 장성규 씨가 왜 경찰이 되고 싶냐고 물어봐요. 학생은 "멋있잖아요!"(자막으로 '단순' 표시)라고 답합니다. 그 말을 들은 장성규 씨가 평소보다 진지하게

"꿈은 명사보다 동사여야 된다고 생각하는 사람이다."라는 말을 하더군요.

본인은 아나운서가 꿈이 아니라 '마이크 잡고 말하는 사람'이 꿈이었다면서요. 그러면서 그 친구에게 꿈에 대해 '동사'로 생각해 보라는 조언을 해 주었습니다.

저는 이 말이 아이들이 가져야 하는 꿈의 본질이라고 생각했어요. 지금도 아이들에게 "너는 꿈이 뭐니?"라고 물어보면 대부분 아이들은 직업을 말합니다. 요즘 유행하는 '유튜버, 아이돌'처럼 현재 흥미 있는 직업에 대한 이야기를 하는 아이들도 있고, 간혹 가다가 공무원, 교사, 의사 등 대부분 안정적이거나 돈을 많이 번다는 직업

처럼 부모님의 (평소) 바람이 투영된 대답을 하는 아이들도 있습니다. 과연 그게 아이들이 가져야 할 진정한 꿈일까요?

가장 강력한 학습 동기, 꿈

꿈은 알려진 대로 학습을 이끄는 가장 강력한 동기 중 하나입니다. 아픈 사람을 살리는 사람이 되고 싶은 아이는 그에 걸맞는 자격을 갖추기 위해 공부해야 할 거고요. 남들에게 재미있는 이야기를 많이 들려주고 싶은 아이는 글 쓰는 공부를 하면서 어떤 분야의 작가 또는 크리에이터가 될지를 천천히 찾아봐야 할 겁니다. 농구를 너무 좋아하지만 신체적인 조건이 선수를 하기에 부족한 아이라면 농구를 평생 가깝게 할 수 있는 사람은 어떤 사람일지 생각해 보며 다양한 경험을 해 봐야겠죠.

그리고 그 모든 것은 하고 싶다는 마음만으로 되는 것이 아니라 잘할 수 있는 '공부'가 뒷받침되어야 한다는 것을 알려주시면 돼요. 공부라는 것이 꼭 교과목 1등급 맞는 공부만을 의미하는 것은 아니니까요. 오히려 아이가 꿈을 찾는 과정에서 구체적인 목표(대학, 진학 등)를 세우게 되면 어떤 과목 공부를 얼마나 해야 할지도 찾아보게 되고 그 기준에 부합하기 위해 시키지 않아도 노력하게 됩니다.

'꿈 찾기' 과정에서 부모의 역할

아이들이 앞으로 살게 될 미래에는 우리 어른들의 시선으로는 이해하지 못할 많은 직업이 생겨날 겁니다. 그게 무엇인지 지금은 선명하게 알 수는 없어도 자신의 꿈을 '동사'로 생각하다 보면 성장하면서 만나게 되는 수많은 선택지 중 최선의 선택을 할 수 있을 거예요. 꿈을 찾은 아이만큼 학습에의 내적 동기가 확고한 아이들은 없습니다. 우리 아이가 아직 어리다면, 그저 아이 곁에서 아이가 어떤 것에 흥미를 느끼고 눈을 반짝이는지를 관찰해 주시고 세상에는 그 흥미를 꿈으로 연결시켜 주는 수많은 직업이 있다는 것을 알려 주세요. 그리고 기회가 생기면 관련된 일을 경험할 수 있게 도와주시면 됩니다. 그게 아이의 꿈을 위해 유일하게 부모님이 할 수 있는 유일한 일입니다.

내 아이의 저력,
공부 자존감을 만드는 방법

나 자체로도 소중한 자아 존중감 만들기

자아 존중감이란 스스로 자신을 사랑받을 만한 가치가 있는 존재,
즉 '나는 괜찮은 사람이야.'라고 생각하는 것을 말합니다.

내가 어떤 말이나 행동을 하더라도, 공부를 잘하거나 못하더라도 나라는 존재 자체가 사랑받아야 할 존재라고 여기는 마음이죠. 매사에 (적어도) 자신에게는 긍정적인 마음을 가진 터라, 어떤 것이든 '난 못 해.', '내가 어떻게 저걸 할 수 있겠어?'라고 생각하는 자기 비관적인 아이들보다는 훨씬 더 바람직하다고 볼 수 있습니다. 게다가 이런 자아 존중감이 높은 아이 중에는 학업 성취가 뛰어난 아이

가 많습니다. 어렸을 때부터 부모님과 주변으로부터 받아온 든든한 지지가 힘겨운 공부를 이겨낼 수 있는 힘이 되기 때문이죠. 또한 아이들이 생각하는 '괜찮은 사람'에는 '공부도 잘하는 나'의 존재가 있기 때문에 성과를 내는 동기가 되기도 합니다.

하지만 이 자아 존중감을 가졌다고 해서 모두가 공부를 잘하는 것은 아닙니다. 앞서 이런 아이는 공부는 잘 못해도 스스로 충분히 사랑받을 가치가 있다고 생각한다고 했지요? 이 말을 그대로 받아들이자면, 자아가 지나치게 중요하게 생각되는 나머지 다음과 같은 아이가 될 수도 있는 것입니다.

주변에서 "너는 너 자체로서 충분하다."라는 말을 많이 듣고 자라서 스스로도 '공부는 잘 못하지만 지금 이대로 괜찮다. 더 이상의 노력은 안 해도 된다.'라고 생각하는 아이들도 있다는 거죠. 또 넘치는 자아 존중감으로 '나는 마음만 먹으면 뭐든 할 수 있다.'라는 근거 없는 자신감이 생겨서 노력의 가치를 모르는 아이로 자랄 가능성도 있습니다.

그러므로 우리 학부모님들은 무조건 '자아 존중감'을 키워 주기보다는 균형 잡히고 적정한 수준의 자아 존중감을 키워 주시는 것이 중요합니다.

그러려면 아이 스스로 자신을 객관화할 수 있게 도와주셔야 합니다. 특히 학습과 관련해서 공부는 타고난 사람도 노력이 뒷받침되어야 그만 한 결과가 나오는 정당한 과정이라는 것을 제대로 알려주셔야 해요. 그리고 자신의 정확한 위치와 수준을 파악하여 실현 가능한 목표를 세울 수 있도록 도와주시기 바랍니다. 자신에 대한 객관적인 인식 없이 그저 "난 최고야!"라고 외치는 사람은 주변인에게 좋은 평가를 받기가 어렵습니다. 또한 과도하고 부풀려진 칭찬은 아이를 착각하게 만들고, 반대로 스스로 본인의 한계를 아는 아이에게는 오히려 부담이 됩니다. '나는 오롯이 나 자체로 존중받아야 마땅하지만, 타인이 노력해서 이룬 성과와 내가 노력하지 않고 이룬 결과가 똑같은 기준으로 평가받는 것은 불합리하다'라는 것을 잘 알려주셔야 한다는 것, 잊지 마세요.

무엇이든 할 수 있는 자기 효능감 만들기

자기 효능감은 '나는 어떤 것이든 성과를 낼 만한
유능한 사람'이라고 믿는 스스로에 대한 긍정적 자아 개념입니다.

한 마디로 '쓸모 있는 사람'이라는 인식이자, 살다가 어려운 일을 만나도 스스로에 대한 긍정적인 믿음으로 극복해 낼 수 있다고 믿는 힘이죠. 이 자기 효능감은 앞서 설명한 자아 존중감이 부족한 아이의 심리 상태를 긍정적으로 보완하는 역할을 합니다.

예를 들어 "너는 최고야!"라는 말을 자주 듣고 자란 아이라도 자라면서 자신의 현실적이고 객관적인 상황을 인식하게 되면 그 말이 공허하게 들리게 됩니다. 자아 존중감이 오히려 급격히 낮아지게 되죠. 긍정적이었던 자아 인식이 '나는 못 해. 내가 어떻게 그걸 해?'라는 비관적인 마음으로 바뀌면서 기도 못 펴고 소심한 아이가 돼요.

하지만 이렇게 자아 존중감이 낮아진 아이가 스스로 아주 작은 것이라도 성취하고 나면 그때서야 처음으로 자신에 대해서 충만한 만족감과 기쁨을 느끼게 됩니다. 이것이 바로 자기 효능감이에요.

부모님이 옆에서 "너는 할 수 있어!"라고 백날 얘기해 줘 봤자 자신이 스스로 이룬 이 효능감을 넘어설 수는 없습니다. 자기 효능감은 말뿐이 아니라 실제 자신이 이뤄낸 성취의 결과이기 때문이에요. 자기 효능감을 만들어준 성취는 숱한 실패 위에 쌓인 결과였을 가능성이 높기 때문에 그동안의 실패가 오히려 아이에게는 약이 됐습니다. 만약 처음 시도가 실패하더라도 믿음을 가지고 노력하면 언젠가는 성취할 수 있다는 것을 경험적으로 알게 되었거든요.

자기 효능감이 쌓이면 성공한 결과에만 집착하는 것이 아니라 과정도 소중히 여길 줄 알게 됩니다. 열심히 공부했는데 성적이 예상보다 좋지 않았다면, 왜 그랬는지 원인을 파악하고 다음에는 그 부분을 보완해서 좋은 성적을 받도록 노력해야겠다는 생각을 하게 되는 것이죠. '실패해도 방법만 찾으면 나는 할 수 있다'는 확실한 자기 효능감이 있는 아이가 되는 겁니다.

'실패로부터 우리 아이를 보호하겠어!'라는 마음을 가진 헬리콥터 맘의 자녀는 절대로 자기 효능감을 가질 수 없습니다. 아이는 살아가면서 부모와 함께하지 못하는 여러 상황에 직면하게 되고 절대 실패로부터 자유로울 수도 없어요. 그런데도 세심한 보호와 지나친 배려로 자칫 '과잉 보호'를 하면 아이는 자기 효능감을 배울 기회를 놓치게 됩니다. 그러니 아이 스스로가 실패를 딛고 성공을 경험하도록 어느 정도는 내버려 두세요. 이 경험은 꼭 '공부'와 관련된 경험이 아니어도 좋습니다. 자전거 배우기, 수영하기, 피아노 배우기처럼 매일의 노력과 성과가 쌓여서 작은 결과물을 낼 수 있는 것이면 무엇이든 좋습니다. 중요한 것은 아이가 스스로 정한 목표를 혼자 힘으로 성취해 내는 것이니까요.

공부 자존감은 앞서 설명한 자아 존중감과 자기 효능감의 균형으로 갖춰진 아이의 무기입니다. 부모로부터 충분한 사랑과 지지를 받은 아이는 실패하더라도 자신의 능력을 믿고 도전할 수 있게 되죠. 그리고 이 자존감을 바탕으로 효과적인 공부를 할 수 있게 하려면 무엇보다 아이의 수준에 맞춘 학습을 시작해야 합니다. 여러 번 설명해 드렸지만 학습에서 다른 아이와 비교하여 뒤떨어졌다고 생각하여 불안해져서 과잉 학습을 하는 순간 그동안 어렵게 쌓아온 공부 자존감은 한순간에 잃게 됩니다. 부모님도 생각처럼 움직여주지 않는 아이에게 더는 신뢰와 지지를 주기 어려워지고, 아이는 성취는 없고 반복되는 실패 속에서 허우적댈 수밖에 없습니다.

공부 자존감을 지켜 공부 성과를 내고 싶으신 분은 절대 다른 아이와 비교해서는 안 됩니다. 그저 우리 아이의 수준과 속도에 맞춰 주세요. 조바심을 내거나 뒤처졌다고 탓하지도 마시고요. 초등 때 빡세게(?) 하지 못하면 나중에 후회할까 봐 걱정되시나요? 초등 때 다른 아이들보다 선행 진도도 못 빼고 두각도 나타내지 못해 마음이 불안하신가요?

다시 한번 말하지만 불안한 부모가 불안한 아이를 만듭니다. 부모가 '부모로서의 자존감'이 없다면 아이도 겨우 붙들고 있던 자존감을 잃을 수밖에 없어요. 부모부터 우리 아이에게 초점을 맞춰 주세요. 남과의 경쟁에서 이기려면 우선 우리 아이, 자신과의 경쟁에서 이겨야 합니다. 그리고 자신과의 경쟁은 불안이나 낙담과 같은 어두운 감정과 자존감 간의 싸움이고 우리 아이는 반드시 성공할 수 있습니다.

우리 아이의 강점과 장점 파악하기

아이마다 성격이 다르듯 학습에 있어서도 강점은 모두 다릅니다.

'집중력'이 좋은 아이, '요점'을 잘 잡는 아이, '엉덩이'가 무거운 아이, '암기력'이 좋은 아이, '말'을 잘하는 아이, '글'을 잘 읽는 아이, ‘수’에 강한 아이, ‘연역적 사고’에 강한 아이, ‘귀납적 사고’에 강한 아이, ‘약속’을 꼭 지키는 아이 등 참 다양하죠.

어릴 땐 이 강점이 너무 돋보였는데 학년이 올라갈수록 학부모의 눈에는 아이의 약점이 먼저 눈에 보입니다. 걱정이 되니까요. 당연합니다. 그래서 눈에 보이는 약점들을 보완할 사교육에 올인 하게 됩니다. 하지만 이런 상황에서는 아이를 푸시하면 할수록 역효과가 납니다. 아이의 공부가 더 뒤처지게 돼요. 약점은 다그친다고 결코 쉽게 개선되는 것이 아니기 때문입니다.

오히려 약점을 개선하려는 채찍질보다는 아이가 가진 고유한 강점을 살려 주어야 합니다. 근육을 키우면 뼈가 더 단단해지듯이 아이가 가진 학습의 강점을 더 키우면 부족한 점은 자연히 보완됩니다. 장점은 더욱 견고해져 아이만의 무기가 되고요.

글보다 말을 좋아하는 아이라면 쓰기보단 발표를 더 권장해 주세요.
숲보다 나무를 먼저 보는 아이라면 디테일한 것을 먼저 물어보고
칭찬해 주시고요.
엉덩이는 가볍지만 순간 집중력이 좋은 아이는 공부 계획을
쪼개서 잡도록 지도해 주세요.

아이 스스로 자신의 모자람에 집중하게 만들어서는 안 됩니다. 자기 효능감을 잃고 자아 존중감마저 위협받을 수 있습니다. 단점

을 지적하는 부모의 말에는 전적인 지지의 마음이 느껴지지 않기 때문이에요. 시작도 하기 전에 아이의 의욕부터 꺾지 마세요. 아이 스스로 '나는 무엇을 잘하는지'에 관심을 갖도록 격려해 주세요. 모든 성공은 이 작은 내적 자신감에서 시작됩니다.

강점과 더불어 이 기회에 우리 아이의 장점도 함께 찾아보겠습니다. 우선 지금 당장 우리 아이의 장점 5개를 떠올려 보세요! 쉽게 떠오르시나요? 너무 막연하거나 떠오르는 것이 사소하다고 생각되신다면 이런 기준으로 적어보는 것은 어떨까요?

1. 우리 아이는 ______________________을/를 잘한다.
2. 우리 아이는 ______________________을/를 할 줄 안다.
3. 우리 아이가 ______________________을/를 하는 것이 장하다고 생각한다.
4. 우리 아이의 ______________________을/를 주변 사람이 칭찬한다
5. 우리 아이의 좋은 점은 한마디로 ______________________ 이다.

사소하더라도 위의 빈칸에 쓸 것이 많은 아이는 이미 학부모님에게서 자아 존중감을 선물로 받았습니다. 비록 고심 끝에 하나를

적었다고 하더라도 너무 낙담하지 마세요. 장점은 발견되는 순간부터 빛이 나는 보석과 같으니까요.

오늘부터라도 하나씩 아이의 장점을 찾아보시기 바랍니다. 그 장점이 단점들을 다 삼켜서 기대보다 훨씬 더 멋지게 성장하는 우리 아이를 그려 보면서 말이지요.

아이의 공부 마음을 위해 부모가 절대 하지 말아야 할 것

아이의 공부 마음을 위해서 '꼭 챙겨 주어야 할 것' 못지않게 '절대로 하지 말아야 할 행동'도 중요합니다. 적어도 이 행동들만 피해 주셔도 아이의 공부 마음이 다치는 일은 없지 않을까 싶은 것들이에요. 사랑이라는 마음으로 무의식적으로 행해진 부모님 행동을 이 기회에 되돌아보셨으면 합니다.

아이들은 부모의 품에서 벗어나는 순간부터 어린이집, 유치원, 학교, 학원, 또래 등 수많은 작은 사회에서 남들과 부딪히고 깨지며 성장합니다. 그리고 본인의 힘으로 성취도 해 내고, 때로는 좌절하는 경험도 하게 되지요. 아이가 회복탄력성이 높고 자기 효능감도 높아서 그런 상황에서도 씩씩하게 도전할 수 있다면 참 좋겠지만, 그런 아이는 생각보다 그렇게 많지 않습니다. 오히려 위로와 도움의 손길이 필요한 경우가 많죠. 어디까지나 아이들은 아직 '아이'이기 때문에 여타 성인이 해내는 이성적인 판단과 처세를 기대해서는 안 됩니다.

때로는 현실적인 조언도 아이에게는 상처가 된다

A 학생은 타고난 성실함과 기본적인 공부 머리가 있어서 고등학교에 입학 전까지 학습 측면에서는 부모님을 실망시킨 적이 한 번도 없었습니다. 또래보다 의젓해서 친구들과 비교해 봐도 '일찍 철이 들었다'고 판단될 정도였죠. 하지만 고등학교에 진학하고 처음 본 시험에서 생각보다 좋은 성적을 받지 못했어요. 부모님과 본인의 기대가 굉장히 컸고, 한번도 그런 경험을 해 본 적이 없었기 때문에 좌절감은 더 깊었죠.

초중등 때는 시험을 못 보면 기분이야 안 좋지만 그런 대로 이겨낼 수 있지만, 고등학교 내신 시험은 대학 입시와 직결되기 때문에 한 번 못 보는 것도 타격이 있기 때문이에요. A의 부모님이 큰아이인 A에게 거는 기대가 굉장히 크셨는데요, 특히 엄마는 모든 스케줄이 A의 케어에 맞춰져 있을 정도였죠. (아빠는 바빠서 A의 교육에 크게 관여하지 못하는 상황이었고요.) 2~3년 전부터 선행 학습을 하는 등 대비를 잘해 왔다고 믿었고 별 문제가 없을 거라고 생각했던 시험인데 망쳐 버리자 아이보다 엄마가 더 크게 낙담하셨습니다. 그러고 엄마는 그동안 해왔던 공부, 노력, 시간, 금전적인 투자 등 여러 가지를 들며 아이를 호되게 혼내셨어요. 아니 혼냈다기보다 실망감을 표출하는 방식이 좀 과격했다고 할까요? 엄마가 흥분하니 상대적으로 아빠는 조용히 계셨는데, A가 제게 말하기를 그게 더 무서웠대요.

제가 이 이야기를 알고 있는 이유는 제 학생이었기 때문인데요, A는 이 일이 있은 지 한참 후에 저를 만났지만 그때의 상처가 꽤 오래 남아 있었습니다. 시험 결과로 인한 좌절보다는 부모님의 대처 때문이었어요.

A의 부모님은 어쩌면 부모님보다 더 실망했고 좌절하는 아이에게 비난과 원망 그리고 '문제 해결'식 접근을 시도했습니다. 엄마는 크게 실망하며 우울해하고, 아빠는 대책 마련을 하자며 아이와 엄마를 볶아댔어요. 그동안 공부시킨다고 그렇게 유난 떨더니 결과가 고작 이거냐면서요.

A는 마음의 상처를 스스로 위로할 수밖에 없었습니다. 두 분은 대책 마련으로 엄청 바쁘셨거든요. A는 그때 제게 '어른이 되면 부모님을 이해할 수 있을 것 같다'는 이야기를 하면서도 때로는 옳은 말도, 현실적인 말도 그 말을 듣는 아이에게는 상처가 될 수 있다고 했습니다. 그때는 위로가 먼저였다면서 말이죠.

저는 이 사례가 전형적으로 잘못된 방식의 사랑 표현이었다고 생각해요. 부모님은 당연히 아이를 위해서 그러셨을 거예요. 이대로 주저앉을 수는 없으니까요. 게다가 하루가 아쉬운 고등학생 시기에 한시라도 빨리 해결책을 모색해야 하니까요. 그게 부모님의 역할과 도리라고 생각하셨겠죠. 하지만 아무리 의젓하고 다 큰 어른처럼 보이는 고등학생도 아직 아이입니다. 상처 받은 마음을 먼저 위로해 주고 방법은 그다음에 함께 찾아도 늦지 않아요.

앞만 보는 부모는 아이를 망친다

B의 어머님은 동네에서 인정하는 엄마표 전도사였습니다. 그 덕분에 아이들은 어릴 때부터 좋다는 온갖 전집, 프로그램, 교구를 모두 섭렵했죠. 엄마표 결과로 아이들이 영어와 수학을 꽤 잘해서 주변 엄마들에게 한 수 가르쳐 주십쇼 하는 요청도 많이 받는 분이었습니다. 아이들이 아직 초등학생일 때도 학원 설명회, 학교 설명회 등에 다니며 고입, 대입 정보를 수집하는, 교육에 진심이신 분이었어요. 저도 건너건너 아는 지인이어서 이야기를 종종 들었고, 한때는 이메일로 상담을 해드린 적이 있어서 어느 정도는 아는 분이었습니다.

그런데 아이들이 중학교 진학 이후로는 소식이 뜸해졌습니다. 듣자 하니 엄마의 열정적인 교육열에 비해 아이들이 크게 성과를 내지 못한다는 얘기가 들리더라고요. 특히 중 2 아들인 B가 사춘기를 호되게 겪어서 공부는 어느 정도 손을 놓았다는 소식도 들려왔습니다.

이 사례는 전형적인 부모의 의욕과 에너지가 아이에게 전달되지 않은 안타까운 경우입니다. B의 사춘기는 아마도 어린 시절부터 억눌러 온 감정이 표출되었기에 거세졌을 가능성이 큽니다. 부모의 속도를 아이가 따라가지 못하는데, 부모는 그 상황을 답답해하고, 더 잘하는 아이들을 보면 무의식적으로 비교도 하셨을 거고요. 거기에 주변에서 보는 눈이 많아지니 아이를 더욱 몰아붙였던 것이 아닌가 생각됩니다.

당연히 아이가 잘되길 바라는 마음에서 시작하셨겠지만 아이는 공부하는 기계가 아닙니다. 그리고 부모의 욕망을 투영해야 할 대상도 아니고요. '부모의 손길이 미치지 않을 때에도 혼자서 바로 설 수 있는 역량'을 키워주는 것이 부모의 도리라고 생각하셨더래도 아이의 상황과 성향 그리고 마음을 헤아려줘야 모두에게 좋은 결과가 나올 수 있다는 것을 망각한 결과입니다.

아이들은 생각보다 부모의 의중과 감정을 잘 파악합니다. 착한 아이일수록 부모의 기대에 어긋나면 괴로워하고요. 자책하는 마음이 큰 아이는 자존감을 갖기 어렵습니다. 자존감이 부족한 아이는 공부 마음도 흔들립니다. 이런 아이의 약한 마음의 고리를 끊어내기 위해서는 우리 부모님의 마음가짐부터 달라지셔야 합니다.

복잡하고 어려운 일이 있을 때 항상 하는 말이 있습니다. 처음으로 돌아가라. 아이가 그저 건강하고 행복하기만 바랐던 그때로 돌아가면 무엇이 지금 가장 중요한지 아실 수 있습니다.

아이가 행복하면 공부할 마음은 언제라도 따라오거든요. 부모는 그저 어떤 환경에서든 아이가 스스로를 행복하게 만들 수 있는 사람으로 성장하는 것 바로 그걸 바라시고 그곳에 이르는 길은 아이가 스스로 정하도록 그 마음을 알아주고 보듬어 주셨으면 합니다. 그것이 부모가 아이를 위해 할 수 있는 유일한 것이 아닐까 합니다.

2

집중력

왜 집중력일까?

집중력에 주목하는 이유

집중력이란 '단 한가지 일에 자신의 마음이나 주의를 완전히 기울일 수 있는 능력'을 의미합니다.

비슷한 개념으로, '몰입'은 자신이 지금 하고 있는 일에 빠져 주변의 상황이 전혀 의식되지 않는 '고도의 집중 상태'를 말하지요. 만약 우리 아이가 어떤 것에 집중하고 있을 때, 아무리 불러도 듣지 못하는 것은 고도의 집중 상태인 몰입을 하고 있다는 증거입니다. 몰입할 때는 모든 정신 에너지가 하나의 일에 집중되어 있기 때문에 그 외의 자극은 차단되거든요. 쓸 수 있는 에너지가 분산되지 않고 하나의 일에 집중되면 기대 이상의 성과를 내는 경우가 많습니다.

우리는 보통 집중과 몰입을 혼용하는 경우가 많은데요, 정확하게 말하면 '집중'은 의식이 있는 상태의 행위이고, '몰입'은 무의식의 상태라는 차이가 있습니다. 또한 집중 시간과 깊이도 다릅니다. 몰입이 집중보다 더 긴 시간 더 깊게 집중하는 상태이고, 그 결과 일반적인 집중보다 훨씬 더 높은 성과를 창출할 수 있습니다. 이것이 몰입을 '고도의 집중'이라고 하는 이유이죠.

저는 중학교 2학년 때 처음으로 고도의 집중인 몰입을 경험했습니다. 지금도 생각해 보면 약간 소름 끼치는 기억인데요, 저는 분명 독서실에서 밤 10시쯤에 국사 공부를 시작했습니다. 한 시간쯤 지났겠다 싶었을 때 화장실이 가려고 일어나 벽시계를 보았는데, 새벽 2시 반인 거예요. "에이! 시계가 고장 났네." 하면서 제 시계를 봤는데 똑같이 새벽 2시 반인 거죠. 처음엔 믿을 수가 없었습니다. 왜냐하면 저는 정말 한 시간, 길어봐야 한 시간 반 정도 지난 느낌이었거든요. 무려 4시간 30분이나 지났다는 사실을 믿을 수가 없어서 혹시 귀신에 홀린 게 아닌가 하는 생각까지 들었습니다. 그러고는 한참 멍하니 서 있었던 기억이 아직도 생생하네요.

이것이 바로 몰입을 통한 타임 스킵, 곧 잠시 동안만 집중한 것 같은데, 시간이 훌쩍 지나가 버리는 경우를 경험한 저의 첫 번째 기억이었습니다. 몰입에 가까운 고도의 집중력이 시간의 흐름을 잊게 한 거죠. 이것은 지금까지도 저의 비장의 무기입니다. 한 번 경험한 몰입은 다시 경험하기가 수월하기 때문이죠. 나아가 여러 번 경험해 보면 그 상태에 이르기까지 자신의 상황과 목표 지점을 인지하는 훈련이 되기 때문에 어떻게 도달할 수 있는지 알기도 쉽습니다.

저는 공부에 있어 다른 많은 부족함을 집중력으로 커버한 케이스라고 스스로 생각해요. 집중력으로 인해 공부 내용을 좀 더 깊이 있게 이해할 수 있었고 또 집중의 깊이만큼 오래 기억하게 되더라고요.

공부를 효율적으로 할 수 있는 힘

학습에서의 집중과 몰입은 그래서 '공부 효율'과 관련이 깊습니다. 같은 시간 공부해도 남들보다 2~3배의 효과를 거둘 수 있다는 것은 바꿔 말하면 남들 정도의 효과를 내는 데 들이는 시간이 1/2~1/3로 줄어든다는 의미이니까요. 하루 종일 붙들고 있어야 할 공부나 과제를 2시간여 만에 끝낼 수 있다면 아이의 학습 상황은 최상입니다. 할 일을 마치고 남는 시간에 쉴 수도 있고, 다른 공부나 운동 또는 취미 생활을 할 수도 있습니다.

게다가 아이에게 주어지는 보상은 단지 자유롭게 쓸 수 있는 시간만이 아닙니다. 집중과 몰입의 경험은 ①나도 집중하면 무언가를 이룰 수 있다는 자신감, ②실제 보상으로 주어진 시간적인 여유, ③다음에 또 도전해 봐야겠다는 도전 의식을 심어줍니다. 한마디로 '공부의 맛'을 알게 하지요.

게다가 학년이 올라갈수록 아이들이 읽어야 하는 글은 문장의 길이가 길어지고 문단의 개수도 늘어납니다. 그래서 거의 모든 과목 문제를 풀 때에도 한 문제당 좀 더 많은 시간을 들여야만 해요. 현행 수능 시험은 한 교시가 최소 40분(제2외국어, 한문)에서 최대 107분(한국사, 탐구) 동안 집중해야만 하는 상황인데요. 그래서 초등학생에서 고등학생으로 갈수록 더 많은 집중력이 요구되는 것이 현실입니다. 이런 이유로 우리 아이들도 학년이 높아짐에 따라 집중 시간을 조금씩 늘려야 하지요.

저는 아이들을 가르치면서 필요한 아이들에게는 집중력 훈련을 하고 있습니다. 초등 때는 그 중요성이 크게 체감되지 않지만 중고등으로 올라가면 집중력이 성적과 직결되는 가장 중요한 학습 역량이라는 것을 아이가 스스로 깨닫게 됩니다. 사실 고등학생 중에서도 50분짜리 수업 하나에 온전히 집중하는 아이는 많지 않거든요. 집중도 훈련이고 습관입니다. 초등 때 잘 만들어 놓은 집중력이 대입 성공의 1등 공신이 되는 사례를 정말 많이 봐왔습니다. 그러니 우선 우리 아이의 집중력은 어느 정도인지 파악해 봐야겠죠?

<우리 아이의 집중력은 어느 정도일까요?>

질문	예	아니오
1. 나는 가끔 멍하니 딴생각한다		
2. 다른 사람의 이야기에 귀를 기울이지 않는다는 말을 종종 듣는다		
3. 나에게 하는 질문을 끝까지 듣지 않고 불쑥 대답한다		
4. 요구하는 것이 있으면 금방 들어주어야지, 안 그러면 화가 난다		
5. 공부하려고 하면 유독 신경 쓰이는 것들(대상, 소리, 빛 등)이 생긴다		
6. 공부할 때 좋아하는 영상을 보는 것이나 게임을 자제하기 어렵다		
7. 공부할 때 음악이나 라디오를 틀어놓아야 집중이 되는 것 같다		
8. 집중력이 떨어져도 하려던 공부는 계속해야 한다		
9. 공부할 때나 책을 읽을 때 시계를 자주 보는 편이다		
10. 나는 공부를 할 때 휴대폰이 옆에 있어야 한다		
11. 시험 때가 다가오면 공부가 잘 안된다		
12. 한 자리에 오래 앉아있지 못해서 공부하려면 계속 옮겨 다녀야 한다		
13. 생각보다 행동이 앞서는 편이다		
14. 한 가지 활동을 계속하지 못하고 바로 다른 것들을 찾는 편이다		
15. 세세한 부분을 놓쳐서 실수가 잦은 편이다		

위 테스트 문항은 집중력이 좋지 않은 아이들의 전형적이고, 대표적인 행동 및 심리입니다. 15개의 문항 모두를 '아니오'로 답할 수 있을 때까지 우리 아이의 행동을 항상 주시하고 또 올바로 교정해 주시기 바랍니다. 집중력을 높이는 방법은 다음부터 소개하는 내용들을 참고해 주세요!

반드시 피해야 할 집중력 결핍의 증상들

여기 같은 학년, 같은 수준의 학생 2명이 있습니다. 둘에게 저는 1만큼의 과제를 주었는데요, 집중력이 좋은 A는 그 과제를 1시간 만에 끝냈습니다. 반면 집중력이 좋지 않은 B는 그 과제를 다 하는 데 3시간이 넘게 걸렸어요. (그나마 다 했으니 다행입니다. B보다 더 심한 아이들은 아예 과제 풀기를 시작조차 못하는 경우도 많습니다.) 과제를 하려고 자리에는 앉아있지만, 이 생각, 저 생각을 하며 눈앞의 일에 몰두하지 못했던 것입니다. 또 진득하게 앉아 있지도 못하고 화장실에 갔다가, 냉장고를 열어 봤다가 하는 등 도통 집중하지 못했고요.

일단 효율적인 측면에서는 A가 우세합니다. 그렇다면 과연 두 학생의 '일의 완성도'는 어땠을까요? 아마 A의 완성도가, 하기 싫은 마음에 미루고 미루다 겨우 시작한 B보다 훨씬 높았을 겁니다.

우리 아이들은 B처럼 공부하는 경우가 훨씬 더 많습니다. 그러면서 3시간이나 공부했다고 안도하거나 더 나아가 뿌듯해하기도 하죠. 과제를 꾸역꾸역 한 아이가, 억지로 학원에 다녀온 아이가 "나, 이제까지 공부 많이 했으니까 엄마는 더 이상 잔소리하지 마! 나 좀 내버려 둬."라고 말하는 것은 바로 그 이유 때문입니다. 그저 책상에 오래 앉아 있었다는 만족감으로, '나는 공부를 열심히 했다'고 생각하며 놀아도 될 자격(?)이 있다고 여기는 것이죠.

한편, 공부한 '양'을 가지고 착각하는 아이도 많습니다. '회독'이란 동일한 참고서나 문제집을 2~3번 많게는 5번 이상까지 반복하여 학습하는 것을 말하는데요. 여러 권의 문제집을 훑듯이 공부하는 것보다는 한 문제집을 '꼭꼭 씹어서 소화하라'고 조언하는 부분을, 무조건 많이 반복하기만 하면 좋다는 뜻으로 생각하는 경우가 있습니다. 한두 번만 꼼꼼하게 보아도 잘하고 있는 것이니 그보다 더 많은 횟수로 '같은 내용을 10번이나 보았다!'라고 생각하며 자신의 공부에 만족감을 드러내는 것이죠. 분명 '제대로 보았다'라면 칭찬할 일이지만 대부분 횟수에만 집착하여 대충 보는 경우가 많다는 것이 문제입니다. 내용에 집중하지 않고 눈으로만 10번을 본다 한들 진짜 공부를 하는 것이 아닌데도 말이지요.

게다가 눈은 책을 보고 있는 것처럼 보이지만 머릿속으로는 딴 생각을 하고 있는 아이는 책상에 앉아 있는 것 자체가 고역입니다. 당연히 효율도 오르지 않고요. 공부하기 싫은 마음만 더 생겨나는 악순환만 계속되지요.

집중력 결핍의 이유

'산만'이라는 표현으로 뭉뚱그려진 집중력 부족 아이들의 모습은 초등 1학년 교실에서 가장 먼저 볼 수 있습니다. 혹시 초등학교 1학년 교실 상황을 들어본 적이 있으신가요?

솔직히 1학년 담당 선생님들의 노고는 대단하다고 생각합니다. 한두 명도 아니고 20명 이상의 아이들을 혼자서 데리고 수업을 진행하니까요. 어린이집과 유치원에서 상대적으로 자유로운 활동 중심의 교육을 받던 아이들이 한자리에 앉아서 40분 수업을 듣는다는 건 상당히 어려운 일입니다. 그래서 1학년 수업은 아이들의 상태를 고려하여 다양한 체험과 활동 중심으로 구성되긴 해요.

그럼에도 불구하고 수업 시간에 돌아다니는 아이, 친구와 이야기를 나누는 아이, 수업과 상관없는 물건을 만지거나 딴짓을 하는 아이 등 집중하지 못하는 다양한 모습을 한 공간에서 볼 수 있습니다. 40분은커녕 평균적으로 10~20분밖에 집중할 수 없는 아이도 많은 것이 현실입니다.

그래서 부모님들의 걱정이 이만저만이 아니죠. 하지만 대부분 그 나이대 아이들의 전형적인 행동 패턴인 경우가 많고 수업을 방해할 정도로 과하지 않는다면 보통은 시간이 흐르면서 점차 나아지니 안심하셔도 됩니다. 그러나 우리 아이의 '산만함' 정도가 나아질 수 있는 것인지는 주의 깊게 살펴보실 필요가 있습니다. 전형적인 행동 패턴이라면 안심이지만, 산만함이 '학습'돼 왔다면 쉽게 고쳐지지 않기 때문이죠.

어린아이들의 집중력은 자기통제와 깊은 관련이 있어요. 사회성이 아직 발달하지 않은 어릴 때부터 자신이 하지 말아야 할 행동을 자제하고 통제하는 훈련을 반드시 시켜야 합니다. 하지만 부모나 조부모가 아이의 말이나 행동을 다 들어주는 등 애지중지하며 키운 경우나 부모의 양육 태도에 일관성이 없는 경우, 아이는 자신의 욕구를 누르고 참고 기다리는 연습을 할 기회가 없습니다. 이처럼 부모의 잘못된 양육 태도는 아이의 산만함을 초래하는 주요 원인이 됩니다.

아이들이 사춘기에 집중력이 분산되는 것은 어찌 보면 성장통과 같다고 할 수 있습니다. 아이들에 따라서 편차가 있긴 하지만 이 시기에 '인생이란 무엇인가'를 생각하는 등 심오한 고민에 빠지는 사례는 학부모님이 직접 경험하셨거나 또 들어본 경험이 있을 정도로 흔한 일이죠. 사춘기 이전에 비해 이 시기에는 추상적인 사고와 개념을 이해하고 분석하는 능력이 발달하므로 철학과 윤리 등 다양한 생각과 관념 등이 머릿속에 혼재되어 정신이 산만해질 수 있습니다. 그래서 생각이 자꾸 여러 갈래로 분산되고 온갖 망상이 머릿속을 가득 채우게 되죠. 게다가 호르몬의 변화로 변덕스러운 감정까지 느끼니, 당연히 공부에 집중을 하기가 어렵게 됩니다. 하지만 이 또한 모든 아이가 겪는 변화이기 때문에 인정할 부분은 인정하되 갈래갈래 흩어지는 자신의 생각을 통제하는 방법, 자신의 감정을 제어하는 방법을 찾아서 스스로 연습해야만 합니다.

공부할 때 집중하지 못하는 이유

학습에서의 집중력이 부재하는 이유는 다양합니다. 가장 대표적으로, 일단 학습 의욕이 없거나 동기가 부족한 경우에 집중력이 생기지 않습니다. 생각해 보세요. 하기 싫은 공부를 왜 해야 하는지 모르겠다는 생각이 들면 당연히 주어진 과제에 집중하기 쉽지 않겠죠. 그럴 때 무조건 "공부해! 여기까지 끝내 놔!"라고 말하는 것은 공부와 더더욱 멀어지게 만들 뿐입니다. 그래서 공부 독립의 시작은 '공부 마음'이라고 말씀드린 것이지요.

누구나 자신이 느끼기에 재미있고 즐거운 일에는 몇 시간이고 시간 가는 줄 모르고 집중합니다. 그중 몇몇은 몰입의 경험을 하게 될 수도 있고요. 공부도 마찬가지입니다. 아이가 조금이라도 흥미가 있고 잘하고 싶은 마음이 드는 과목이 있다면 작은 노력, 작은 성취라도 부모님께서 일단은 칭찬해 주고 관심을 가져 주셔야 합니다. 본디 잘하는 것보다 못하는 것에 더 주목하는 것(신경 쓰이는)이 어찌 보면 당연할 수 있지만 걱정과 비난보다는 공부하고자 하는 마음을 조금이라도 가질 수 있도록 부모님의 인정이 트리거 역할을 해야 합니다.

환경적으로 집중력을 발휘하기 어려운 경우도 많습니다. 가장 대표적으로, 집중할 수 없는 공간에서 지속적인 집중을 요구 받는 경우인데요, 현재 우리 아이가 공부하는 환경이 과연 집중력을 발휘할 수 있는 공간인지를 파악하는 것이 중요합니다. 물론 아이들마다 성향이 달라서 흔히 생각하는 '독서실' 스타일의 공간에서 오히려 집중하지 못하는 경우도 있습니다(제가 그렇거든요). 하지만 기본적으로 눈앞에 관심을 빼앗을 만한 것, 예컨대 휴대폰, 게임기, 만화책, 낙서장 등이 없는지를 파악해 주세요. 그런 게 있다면 공부하는 동안만큼은 시선이 닿지 않는 곳에 두는 것이 좋습니다. 또 아이는 공부하라며 방에 들어가게 하고는 거실에서 TV를 보거나 큰 소리로 담소를 나누는 것도 좋은 공부 환경은 아니겠죠. 최소한, 본격적으로 공부에 집중하기 시작할 때까지는 주변인이 모두 도와주어야 합니다.

우리 아이가 ADHD는 아닐까?

집중력과 관련해서 최근에 더욱 주목받는 질병이 있습니다. 바로 'ADHD(Attention Deficit Hyperactivity Disorder, 주의력 결핍 과잉 행동 장애)'인데요. 책과 영상, 방송 등 여러 매체에서 예전에 비해 훨씬 자주 언급되고 있죠. ADHD는 아동부터 성인까지, 생각보다는 흔히 볼 수 있는 질병[•]으로 그 인식이 예전보다는 훨씬 수면 위로 끌어올려진 느

• 의료계에서는 평소 진단을 받지 않은 학생까지 고려하면 최소 5% 이상의 학생들이 ADHD를 겪고 있을 것으로 추정함(2022. 5. 13., 건강보험심사평가원).

낌입니다. ADHD가 유전적인 요인으로 발병하는 경우는 과학적으로 5~10%로 추정된다고 합니다. 최근에는 생물학적 원인 외에 ADHD를 가진 것처럼 보이지만 면밀히 검사해 보면 아닌 사람도 많다고 하고요.

실제로 '주의력', '산만', '집중력 저하'만 포털 사이트에 입력해도 ADHD와 관련된 기사와 글이 쏟아져 나오고 있습니다. 출처가 불분명한 글들이 이리저리 옮겨지면서 '우리 아이도 ADHD가 아닐까?', '성인도 많다던데, 나도 성인 ADHD가 아닐까?' 하고 걱정하시는 분이 늘었습니다. 일종의 건강 염려 증상이지만 사실 최근에 이런 증상이 더 도드라진 데에는 우리가 살고 있는 환경에서 초래된 다양한 요인이 뇌에 엄청난 자극을 가하고 있기 때문이기도 합니다.

우리의 삶은 뇌가 점점 빨리 움직이도록 하는 수많은 자극에 둘러싸여 있습니다. 인터넷, TV(OTT), SNS, 유튜브, 뉴스, 영화 등 시시각각 변하는 화려한 자극이 손 닿는 곳에 넘쳐나죠. 아이들도 초등 고학년 이상이면 대부분 스마트폰을 가지고 있는 것이 현실이고요. 틱톡, 쇼츠와 같은 15초에서 1분 길이의 짧은 영상에 익숙해져서 5~10분짜리 영상을 진득하게 보지 못하는 경우도 많습니다. 게다가 아이들의 놀이 문화를 살펴보면 (지역에 따라 다르지만 많은 지역에서) 놀이터 등지에서 몸으로 노는 아이가 거의 없습니다. 학원을 비롯해 할 일이 너무 많아진 나머지 짧은 휴식 시간에 즐길 수 있는 자극적인 유희에 더 쉽게 현혹될 수밖에 없는 것이 현실이죠. 또한 인터넷, 모바일게임, 틱톡과 유튜브, 카카오톡과 같은 SNS가 없으면 친구들과 소통도 할 수 없게 되니 스마트폰을 사용하지 않을 때에는 불안함과 초조함을 느끼는 금단 증상까지 나타나는 경우도 많습니다. 이로 인해 일상생활은 물론이고 학습에도 지대한 악영향을 받게 됩니다.

일반적으로 사람들은 집중력은 '타고나는 것'이라는 인식이 강해서 집중력이 좋지 못한 아이를 두고는 '원래 산만하다'는 생각으로 애먼 아이만 탓하는 경우가 많습니다. 또 '나이가 들고 공부할 마음이 생기면 저절로 집중하게 되겠지.'라는 근거 없는 희망을 가지기도 하죠.

물론 집중력이 어떻게 생겨나고 또 개발되는지에 대해서는 전문가마다 의견이 다릅니다. 누군가는 '집중력이란 재능의 한 부분으로서 타고나는 것'이라고도 하고 누군가는 '선천적인 부분도 있지만 대부분 후천적인 것이며 그것도 가능하면 어릴 때부터 키워야 하는 것'이라고 하니까요. 또한 집중력이 생기는 원인도 흥미, 강한 의지, 노력 등으로 다양하게 언급됩니다.

이렇게 의견이 다양함에도 불구하고 공통된 부분은

'집중'과 '몰입'은 때로는 '필요하기 때문에',

때로는 '의지로', '하고자 하는 마음'으로 노력하고 훈련하면
누구나 개발할 수 있다는 것입니다.

지금까지 우리는 왜 집중력이 (특히 학습에서) 중요한지 그리고 우리 아이가 흔히 보이는 집중력 결핍(인지도 몰랐던)의 증상은 무엇인지, 또 집중력을 방해하는 요인이 무엇인지를 살펴보았는데요. 책상에 앉아 매순간 공부를 효율적으로 하고 싶은 아이들, 집중력을 무기 삼아 공부 독립을 이루게 하고 싶은 학부모님들, 모두 이런 질문이 하고 싶을 겁니다.

"그래서 집중력을 어떻게 훈련할 수 있는데요?"

그 질문에 대한 답은 다음 파트에 실천 가능한 방법만 모아서 자세히 설명해 놓았으니 지금 바로 살펴보시기 바랍니다.

누구에게나
집중력은 있다

누구나 어떤 '일'에 몰두할 때 자신도 모르게 시간이 훌쩍 지나가 버렸던 경험을 해본 적이 있을 겁니다. 상상을 한번 해 볼까요?

지금 당장 우리 아이가 좋아하는 레고 블록, 퍼즐을 맞추게 하거나 게임을 하게 하고, 웹툰, 유튜브 등을 마음껏 보게 한다면 어떨까요? 또 학부모님이 좋아하는 미드 시리즈가 한꺼번에 8편이 공개된 넷플릭스를 정주행 중이라면, 나도 모르게 깊이 빠져서 1~2시간쯤은 훌쩍 보낼 겁니다.

이렇게 시간이 훌쩍 지나가는 경우는 대부분 자신이 좋아하는, 흥미로운 일을 할 때입니다. 집중의 단계가 깊어져 몰입하는 수준이 되기도 쉽죠. 또 이런 경우도 있습니다. 끝이 날카로운 칼을 사용한다거나 위기 상황을 겪고 있을 때처럼 온 신경을 오로지 그 한

곳에만 집중해야만 했던 경험 말입니다.

이처럼 자극이 강한 대상(주로 흥미와 관련된)을 접하거나 또는 어떤 상황이 되기만 하면 의도하지 않아도 '저절로 생기는' 집중력을 '수동적 집중력'이라고 합니다. 우리는 인식하고 있지 않더라도 누구나 이 수동적 집중력을 가지고 있죠.

이와는 반대로, 상대적으로 자극이 약한 대상에 대해서나 때로는 어떤 일이 하기 싫을 때에도 '의도적'으로 사용해야만 하는 집중력, 즉 노력에 의해 만들어지는 집중력을 '능동적 집중력'이라고 합니다. 이 능동적 집중은 사람에 따라서 10분일 수도 있고, 1시간일 수도 있을 정도로 개인차가 커요. 의도적으로 노력해서 집중해야 하기 때문에 그렇습니다. 그래서 '왜 해야 하는지 모르겠고, 하기 싫고, 재미가 없는 일'이라면 아무리 어른이라도 오랜 시간 집중하는 것은 쉽지 않죠.

(당연하게도) 아이들이 이 '능동적 집중력'을 발휘하는 시간은 우리 어른이 생각한 기준보다 훨씬 짧습니다. 그래서 절대적인 기준으로 판단하여 집중력이 길지 않은 아이를 보고 섣불리 산만하다고 단정 짓는 오류를 범해서는 안 됩니다. 마음이 급한 엄마 앞에서 손에는 연필을 쥐고 눈으로는 책을 보고 있지만 (생각만큼) 선뜻 시작하지 못하는 아이에게 우리는 너무나 쉽게 다음과 같은 말을 내뱉고 있습니다. "집중하면 금방 끝날 일을 왜 그렇게 집중하지 못하고 산만하게 구니?" 근데 뱉어놓고 보니 정말 궁금하시죠? 도대체 우리 아

이는 왜 그렇게 집중을 못 하는 걸까요?

집중력 훈련의 시작은 한계를 인정하는 것에서부터

이 시점에서, 우리 학부모님들은 가슴에 손을 얹고 한번 생각해 보시겠어요? 학부모님은 어떤 일을 해야겠다고 생각했을 때 보통 바로 시작하시나요? 바로 그 일에 집중해서 끝낼 자신이 있으신가요? 당연히 그런 분은 많지 않을 겁니다. 아이를 비난할 자격이 우리에게는 없다는 말입니다. 왜 그럴까요?

그 이유는 누구에게나 무언가를 시작하는 것, 해야 할 일을 곧바로 실행하는 것 자체가 '당연히' 어려운 일이기 때문입니다. 우리가 어떤 행동을 할 때, 행동과 감정이 얽혀 있는 경우가 많습니다. '좋다, 싫다, 옳다, 그르다'와 같이 우리의 행동을 제어하는 감정들 말이지요. 그런데 좋아하는 일이 아니라 '해야만 하는 일'을 할 때에는 '하기는 싫지만 해야 하니까 해야지'라는 마음(감정)을 먹고 행동하는 경우가 많은데요, 이때 이 (행동을 제어하는) 감정이 행동에 제약을 거는 겁니다. 그래서 누군가는 집중의 문제를 '마음가짐'의 문제라고 말하기도 하는 것이지요. 의지가 약해서 마음먹은 대로 실행하지 못한다고요. 그렇다면 굳센 의지만 있으면 누구나 집중할 수 있을까요?

당연히 '굳센 의지'라는 것은 매우 추상적인 기준이고, 가지게 되더라도 집중과는 큰 관련이 없습니다. 오히려 집중력 부재를 구조적인 문제로 치환해 누구나 할 수 있게끔 만들어야 하죠.

다년간 아이들을 지도하면서 깨달은 것이 있습니다. 가만히 생각해 보면 우리 중 누구도 '집중하는 방법'을 제대로 배운 적이 없는데, 어떤 조건만 갖춰지면 감정의 간섭 없이 누구나 훈련을 통해 (능동적) 집중력을 발휘할 수 있다는 사실입니다.

집중력을 최대로 발휘하기 위한 세 가지 조건

집중력을 제대로 발휘하기 위해서는 다음의 세 가지 조건이 반드시 필요합니다.

1. 목표와 과제가 명확할 것

"공부는 디테일하게 해야 한다."

제가 자주 했던 말이죠? 이 말의 의도는 이렇습니다.

예를 들어 A에게 주어진 시간 동안 자신이 필요로 하는 공부를 자유롭게 하라는 조건을 달고 2시간의 자습 시간을 주었다고 해보겠습니다. 이 아이는 자신이 스스로 영어가 부족하다고 생각하여 이 시간에 영어 단어를 외우겠다고 했습니다. 그러고는 영어 단어장을 펼쳐 들었죠. 처음에는 집중을 잘했지만 시간이 지남에 따라 따분해져서 잠시 휴대폰도 들여다보고, 잠시 멍도 때립니다.

2시간이 지나고 외운 단어의 개수를 살펴보니 20개 정도였어요. 그나마 외웠다고 하는 단어 20개, 어느 정도 수준으로 외웠는지는 모르겠습니다. 다만 공부를 하기는 했죠. 그렇게 주어진 2시간이 훌쩍 지났고, 아이는 다소 아쉽기는 했지만 그래도 단어를 20개라도 외운 것이 어디냐며 자신의 행동을 합리화했습니다. 그런데 만약 이 아이가 처음부터 '목표를 명확하게' 디테일한 단어 공부 계획을 세웠다면 어땠을까요?

<목표 : 단어 40개 외우기 + 테스트>

- 처음 20분 동안 단어 10개 외우기 → 5분 동안 10개 단어 테스트 → 5분 쉬기
- 다음 20분 동안 또 다른 단어 10개 외우기 → 5분 동안 10개 단어 테스트 → 5분 쉬기
- 다음 20분 동안 또 다른 단어 10개 외우기 → 5분 동안 10개 단어 테스트 → 5분 쉬기
- 다음 20분 동안 또 다른 단어 10개 외우기 → 10분 동안 40개 단어 테스트

2시간이 지난 시점에서 아이는 처음 계획대로 단어 40개를 외웠고, 중간에 테스트를 4차례 해보았으며 휴식도 3번 취했습니다. 당연히 앞서서 동일한 2시간 동안 했던 단어 암기보다 훨씬 효과적으로 더 많은 수의 단어를 외웠죠. 이것이 바로 '집중의 힘'입니다. 이처럼 명확한 과제와 목표는 달성 가능성을 높여주고 또 집중력을 극대화해 줍니다. 휴대폰을 보거나 멍을 때리는 등 외부 자극이 들어올 여지를 확실히 줄여주죠. 단어 10개를 외우는 20분 동안의 집중은 2시간 동안 집중하는 것보다 훨씬 더 쉬운 일이기 때문입니다.

2. 동기를 단계적으로 지속시킬 것

'하기 싫은 공부를 시작하게 하는 것'보다 더 어려운 것은 '공부를 지속하게 하는 것'입니다. 일단 시작은 했으니 흥미를 붙여 스스로 하면 좋으련만, 아이는 "이만큼 했으면 됐지?", "하면 할수록 힘들어.", "이제 더는 안 할 거야."라며 엄마를 더 애타게 만듭니다. 그때는 부모로서 조금이라도 더 시키려는 마음으로 아이와 언쟁을 벌이지 마시고, 일단은 '최소한 이것만 한 것도 어디냐'라는 마음으로 다음(훗날)을 기약하셔야 해요. 자칫 잘못했다가는 어렵사리 공부를 시작하게 하느라 애쓴 것도 물거품이 될 수 있으니까요.

앞서서 집중을 방해하는 가장 큰 요인 중 하나가 '감정'이라고 말씀드렸는데요, 공부를 잘하는 아이들의 특징 중 하나는 공부에 있어서 만큼은 '감정'을 앞세우지 않는다는 겁니다. 공부를 시작하기도 전에 '공부하기 싫다'는 생각을 의도적으로라도 하지 않는다는 거죠. 그저 공부란, '일단' 하는 것이라는 생각이 우리 아이들에게도 있어야 합니다. 그리고 그 생각을 만드는 해법은 공부를 루틴처럼 '습관'으로 만들어 버리는 것입니다. (p.172에서 더 자세하게 소개합니다.)

제가 항상 하는 이야기지만 아이들도 공부를 잘하고 싶어합니다. 그러나 그 마음을 가로막는 것은 크게 두 가지예요. 첫째는 지금 하고 있는 공부가 너무 어렵게 느껴진다는 것, 둘째는 '나는 해도 안 될 것'이라는 두려움입니다. 이 두 가지만 극복하게 해줘도 생각보다 쉽게, 공부에 대한 거부감의 수위를 낮출 수 있습니다. 지금 하고 있는 아이의 공부 수준, 과제 수준을 한번 점검해 보신 적이 있나요? 혹시 너무 어렵지는 않은가요? 공부는 어렵게 해야 더 배우는 것도 많다고 생각하시는 분이 계실지 모르겠습니다. 하지만 가만히 생각해 보면, 어른인 우리도 유독 어떤 일이 특별히 힘들게 느껴져서 좀처럼 집중하지 못했던 경험이 있지 않나요? 일을 하는 가운데 자꾸 주눅이 들고 '과연 내가 이걸 할 수 있을까?'라는 생각도 들고 말이죠.

아이들도 마찬가지입니다. 해볼 만하다면 '조금만 더 해볼까?'라는 생각으로 다음, 그다음으로 이어갈 수 있어요. 그게 아이의 도전의식과 흥미를 끄집어 내기도 하고요. 하지만 그게 아니라면 당연히 회피하다 결국에는 아예 손을 놔 버리게 됩니다. 그 상태는 아이에게 절망감만 쌓일 뿐 우리가 기대하는 승부욕 같은 것은 쉽게 생기지 않습니다.

그리고 가능하다면 매일매일 했던 공부의 결과를 적어도 일주일에 한 번은 확인할 수 있는 구조를 만들어 주세요. 예를 들어 주중에 외운 영단어를 주말에는 간단한 테스트를 통해서 확인한다거나 난도가 약간 있지만 너무 어렵지 않은 수학 문제(단원 평가 같은 것이 좋아요)에 도전하게 하는 것처럼요.

'막연함'만큼 사람을 두렵게 하는 것이 또 없습니다. 하루 공부했다고 바로 그만큼의 실력이 쑥쑥 쌓이지는 않지요. 그래도 적어도 일주일간의 노력이 쌓여서 그동안 이해가 안 가던 부분이 이해되고, 안 풀리던 문제가 풀리는 것처럼 눈으로 그 결과를 볼 수 있다면 어떨까요? 아이는 거기에서 약간의 성취감을 느끼고 그 조그마한 성장이 다음에도 노력하고 싶다는 마음을 만듭니다. 주의할 것은 그렇다고 너무 쉬운 과제를 주는 것도 좋은 방법은 아닙니다. 쉬운 과제는 아이들의 집중력을 흩트려 버리거든요. 심한 경우에는 지루함을 느끼게 해요. 설령 그렇지 않다고 해도 이미 알고 있는 쉬운 공부만 지속하는 것은 아이에게 남는 것이 하나도 없는 시간 낭비일 뿐입니다.

3. 방해 요인을 철저히 없앨 것

최근 들어 아이들의 집중력 저하 현상이 더욱더 두드러지는 이유는 집중을 방해하는 각종 방해 요인이나 주의력을 분산하는 것이 우리의 생활과 더욱 밀접해졌기 때문입니다. 특히 초등 고학년이라면 거의 다 소지하고 있는 스마트폰은 아이들의 공부를 방해하는 가장 큰 원인이죠.

"집에 오면 무조건 휴대폰 전원을 끈다." "공부할 때는 상자에 넣어 놓는다." 이런 규칙을 만들어도 사실 중독 수준의 아이들을 제어하는 것은 생각처럼 쉽지 않습니다. 게다가 요즘은 또래 친구들과의 소통을 SNS로 하다 보니 분위기상 (모든 아이들이 다 안 한다면 모를까) 우리 아이만 못 하게 할 수도 없는 노릇이고요. 또 '무조건 금지한다'는 식으로 아이의 마음을 억누르는 것도 좋은 훈육은 아닙니다. 요즘처럼 스마트 매체를 자유자재로 활용하는 능력이 중요한 시대에 과한 금지는 오히려 아이의 능력 계발 기회를 빼앗는 셈이기도 하죠.

그렇다고 해서 '불가능하지 않을까, 어렵지 않을까, 하면 안 되지 않을까'라는 생각으로 피하기만 할 것이 아니라 이 기회에 조금은 단호하게 '이대로는 안 되겠다!'라는 마음으로 스마트폰 사용을 최소화하는 연습만큼은 시도해 보셨으면 합니다.

우선 집에 있는 모든 순간에 스마트폰을 쓰지 못하게 하는 규칙은 현실성이 없습니다. 다만, '하루 1시간'부터 모든 가족이 휴대폰을 쓰지 않기로 약속하는 것은 생각보다 쉬운 일이에요.

예를 들어 온 가족이 모이기 쉬운, 저녁 식사 후 8~9시에는 그 누구도 어떠한 이유로도 스마트폰, TV, 컴퓨터를 사용하지 않기로 규칙을 정해 보는 거예요. 그 시간에 미리부터 예정된 연락이 있다면 아예 (아이가 모르게) 집에 있지 않는 것이 방법입니다. 이건 절대 깰 수 없는 우리 집의 법칙인 거예요. 그리고 이 1시간 동안 집중해서 할 수 있는 것을 같이 또는 따로 찾아보세요. 집중해서 해야 하는 5000피스짜리 퍼즐 맞추기도 좋고요. 아이는 수학 과제를 하고 부모님은 책을 보셔도 좋습니다. 단, 절대 대화는 하지 마세요. 이 시간 우리 집은 도서관 또는 독서실이 되는 겁니다.

이렇게 일주일만 해보면 가족 모두 익숙해질 테고요. 집중해서 하는 일의 효율성과 성취감을 느낄 수 있는 것은 물론이고 조용한 시간의 여유를 느낄 수도 있어요. 그리고 무엇보다 전자기기를 사용하지 않는 1시간 동안 급한 일은 아무것도 일어나지 않는다는 당연한 결과를 몸소 체험하게 됩니다. 그러면 1시간이 2시간도, 3시간도 될 수 있겠죠. 집중력은 이렇게 훈련하는 겁니다.

전자기기 금지 구역을 만들어보는 것도 좋은 방법입니다. 모든 전자기기에서 벗어나서 오롯이 휴식을 취하거나 집중을 하는 공간을 만들어보는 거예요. 요즘은 거실이 서재, 스터디 카페처럼 꾸며진 집이 많기 때문에 "거실에서는 휴대폰을 사용하지 않는다."라는 규칙을 만들어 두는 것입니다. 꼭 휴대폰을 사용할 일이 있다면 거실에서 벗어난 공간에서 사용해야 하고, 거실에 들어오기 위해서는 거실 입구(?) 어딘가에 휴대폰을 제출해야만 하는 규칙을 만드는 거죠. 최소한 그 공간에서만큼은 스마트폰의 강력한 방해로부터 벗어날 수는 있습니다.

이 모든 규칙을 만들 때 가장 중요한 것은 '아이만 지키는 규칙'이 아니라 온 가족이 모두 동참하는 규칙이라는 점입니다. 아이에게는 하지 말라고 금지하면서 아이가 보는 앞에서 휴대폰을 사용하는 것은 가장 피해야 하는 일이에요.

또한 아이의 휴대폰 사용 시간에 제한을 둘 때에는 물리적인 시간을 기준으로 하는 것이 아니라 아이의 감정을 기준으로 삼아야 한다는 사실도 기억하시면 좋겠습니다. '딱 10분만 사용하고 끝낸다'고 했다면 칼같이 10분 후에 휴대폰을 못 하게 하기보다는 '지금 보고 있는 것까지'와 같이 조금은 융통성 있게 제어해 주시라는 겁니다. 이 과정이 왜 중요하냐면요, 모든 공부를 할 때도 이와 같은 기준을 적용해야 하기 때문입니다.

"30분만 책을 읽는다."라는 규칙에 따라 책 읽기를 한다면, 읽기 싫은 책을 계속 시계를 봐 가며 읽기보다는 읽고 싶은 만큼 읽었는데 어느새 30분이 되었다고 느끼는 게 좋습니다. "이 부분까지만 읽고 마무리한다."라는 규칙에 맞춰 행동하면 그다음 부분이 궁금해서라도 다시 책을 읽게 하는 효과를 거둘 수 있고요. '금지해야 할 규칙'과 '해야 할 일과 관련된 규칙' 사이에도 일관성이 있어야 합니다. 그래야 아이가 규칙을 신뢰할 수 있기 때문입니다.

운동선수에게서 배우는 초집중 훈련

순간적인 집중력과 몰입이 가장 좋은 직업군은 아마도 운동선수가 아닐까 합니다. 특히 단거리, 단시간에 0.01초 차이로 승부가 결정 나는 종목, 또는 어려운 미션을 차례대로 클리어하고 완벽한 마무리를 해야 하는 종목의 선수는 멘털과 집중력이 가장 중요하다고 하죠.

다행히도 우리는 김연아 선수와 박태환 선수, 양궁팀, 쇼트트랙팀 등 대한민국 선수들의 활약을 통해 그 완벽한 순간들을 TV 화면으로 보았습니다. 모든 선수의 꿈의 무대인 올림픽에서 지난 4년간 갈고닦아 온 수많은 노력의 성과물을 내보이는 순간 얼마나 감정적·신체적인 긴장감이 몰려올지 상상이 되시나요? 또 경쟁자들과의 피 말리는 경쟁의 순간에서도 집중력이 흩트려지지 않고, 온 국민의 관심과 힘찬 응원이 때로는 엄청난 부담으로 몰려올 텐데도 (물론 힘이 되는 순간도 더 많겠지만) 그들은 해냈죠. 실로 엄청난 선수들입니다. 해당 종목의 각국 최고 선수들끼리 겨루는 국제 경기, 사실 그날 누가 우승해도 이상하지 않은 그런 경기에서 메달 색깔이 갈리는 것은 단연 1%의 집중력 때문이라고 합니다. 그러한 선수들의 집중력은 어떻게 가능했던 것일까요?

그들을 몰입하게 만든 요소는 개인마다 조금씩 다를 수 있습니다만 최우선으로 언급되는 것은 바로 '목표'라고 합니다. 목표가 정해지면 그때부터 마음가짐, 생활 패턴 및 운동 계획 등을 결정하게 된다고 해요. 그 목표만큼 주어진 시간(대회 당일)까지 하루를 48시간처럼 강도 높게 효율적으로 사용하고 '얼마나 간절하냐, 얼마나 목표 의식이 높냐'에 따라 집중의 밀도도 달라진다고 합니다.

목표를 세울 때 가장 중요한 것은 바로 '실현 가능성'인데요, 아시아게임이나 세계 선수권 대회에서도 신기록을 내거나 수상해 본 적이 없는 선수가 올림픽 금메달을 목표로 도전한다면, 과연 얼마나 몰입할 수 있을까요? 모두가 금메달이 아니라 자신의 위치에서 달성 가능한 목표, 즉 개인 최고 기록 및 메달권과 같은 '눈앞의 목표'가 그다음, 그다음의 목표로 성장하게 만드는 주춧돌이 됩니다. 그리고 목표뿐만 아니라 목표로 가는 과정에도 나 자신과의 싸움(단기 목표 달성)이든 기록이든 눈에 보이는 성과가 반드시 필요합니다. 결과는 수많은 과정이 쌓여 만들어지니까요. 이런 작은 성취 과정이 목표에 한발한발 다가갈 수 있다는 자신감으로 바뀌어 선수들의 집중력을 극대화하는 것입니다.

이렇게 해서, 앞서 언급했던 기초가 전혀 없는 운동선수 출신의 학생이 노베이스 상태에서 9등급→7등급→5등급의 과정을 거쳐 몇 년 만에 서울대에 입학하는 사례가 나올 수 있는 것입니다. 우리는 보통 아이들에게 집중을 위해 "흥미를 가져라! 흥미가 있으면 빠져들 것이다!"라고 강조하지요. 운동선수들의 사례에서 배울 수 있는 것은 흥미가 있어야 집중이 된다가 아니라 무엇이든 '의식적 집중, 몰입을 통해서 작은 성취라도 해야 흥미가 생긴다'는 것입니다. 우리 아이들의 공부에도 동일한 원리를 적용할 수 있겠죠?

막연한 목표, 느슨한 계획, 지금 현재 상태를 판단하기 어려운 공부는 몰입은커녕 짧은 집중도 이끌어내기가 어렵습니다. 언제까지라는 명확한 기간, 달성 가능한 목표, 도달하는 과정 중 적절한 수준 파악 그리고 작은 성취까지 이 모든 것이 갖춰져야 제대로 된 집중력을 발휘할 수 있음을 운동선수들의 사례에서 배울 수 있습니다.

공부 집중력을 제대로 발휘하려면

집중력을 키우기 위한 훈련을 한마디로 하면 '온 정신을 하나의 일(과제)로 집중하는 훈련'입니다. 그런데 우리는 종종 여러 가지 일을 동시에 하는 경우가 있죠. 이를 '멀티플레이, 멀티태스킹'이라고 하는데요. 일단 우리 어른들의 생활 속에서부터 이 멀티태스킹이 깊게 자리 잡고 있습니다. 현대 사회는 동시다발적으로 닥쳐오는 외부 자극을 한꺼번에 처리할 수 있는 능력을 요구합니다. 그래야 시간도 절약되고 더 재주가 많은 사람이라고 인식되기 때문이죠.

음악을 들으며 집안일을 하고, 운전을 하면서 음악을 듣거나 통화를 하는 것은 일상입니다. 또 TV를 보면서 인터넷 서핑을 하고 밥을 먹기도 해요. 많은 일을 동시에 할 수 있다니 얼마나 효과적인가요! 하지만 이 멀티태스킹이 항상 좋은 결과만 가져오는 것은 아니라는 것이 문제입니다. 대표적으로 TV를 보면서 식사를 할 때, 많은 경우에 이 행위 자체가 소화 불량을 유발하고 식사량 조절을 힘들게 합니다. 무언가를 보면서 식사를 하면 집중도가 떨어져서 평소보다 음식을 빠르게 먹거나 대충 씹어 넘기는 경우가 많고, 식사에 집중하지 못해서 자신이 얼마나 먹었는지 판단하지 못하기 때문입니다.

공부할 때 멀티태스킹을 하면 절대 안 되는 이유

아이들의 공부할 때에도 멀티태스킹은 자주 일어납니다. 가장 대표적인 경우가 '음악을 들으며 공부하는 경우'예요. 학부모님들도 학창 시절 야간자율학습 시간에 한 번쯤은 누구나 해봤던 일일 겁니다. 그런데 과연 얼마나 집중에 도움이 되었나요? 도움이 안 되었다고 기억하는 분도 계실 거고, 완전히 도움이 되었다고 말씀하는 분도 계실 겁니다. 하지만 그건 착각에 불과합니다.

멀티태스킹은 허구이며 환상에 불과하거든요. 물론 소위 슈퍼태스커라고 하는, 뛰어난 다중 업무 능력을 지닌 사람도 있습니다. 하지만 대부분의 사람은 뇌에서 멀티태스킹이 가능하지 않습니다. 인간의 주의력과 집중력은 한정적이기 때문에 동시에 여러 과제를 수행하는 것이 불가능하기 때문입니다. 양치질, 설거지와 같이 늘 반복되기 때문에 특별한 주의가 필요하지 않은 기계적인 일은 다른 일과 동시에 해낼 수 있지만 의식적으로 처리해야 하는 일 2가지는 절대로 동시에 해낼 수 없습니다.

간혹 동시에 한다고 느끼는 것은 하던 일을 자발적으로 중단하고 전환하는 것이 자주 반복되고 그 간격이 짧기 때문에 생기는 착각에 불과합니다. 그 현상을 '스위칭'이라고 해요. 하지만 이런 잦은 전환은 정보의 흐름을 점점 막기 때문에 인지 조절 능력이 갈수록 저하되고 실수가 잦아지는 피해가 생깁니다. 게다가 반복적인 멀티태스킹은 한 가지 일에 집중하지 못하고 자꾸 다른 일로 눈길을 돌리게 만들어요. 아이들이 공부할 때 음악을 들으며 하는 행위는 아무리 '집중력에 좋은 음악'이라고 해도 온전히 공부에만 집중하는 것보다는 효율적인 측면에서 손실이 있을 수밖에 없다는 것을 꼭 기억하세요.

집중과 체계적인 공부를 위해 반드시 필요한 우선순위

여러 가지 일을 동시에 해야 한다면 무엇이 더 시급하고 중요한 일인지를 확실히 구분해서 하는 것이 필요합니다. 그러자면 평소에도 일의 우선 순위를 파악하는 것이 중요한데요.

우선순위는 다음과 같은 기준을 잡아 하나씩 번호를 붙여보는 것이 좋습니다. 우선순위 표를 아이 방에 붙여 놓고 하루에 1번, 일주일에 1번 등 기간을 정해서 다시 파악해 보는 습관을 들여주세요. 체계적으로 하나씩 해야 할 일을 처리하다 보면 일 하나하나에 대한 집중력도 상승할 뿐만 아니라 공부 계획의 체계성도 배우게 됩니다. (우선순위를 자기주도학습에 적용하는 방법은 p.323에서 다시 확인하세요.)

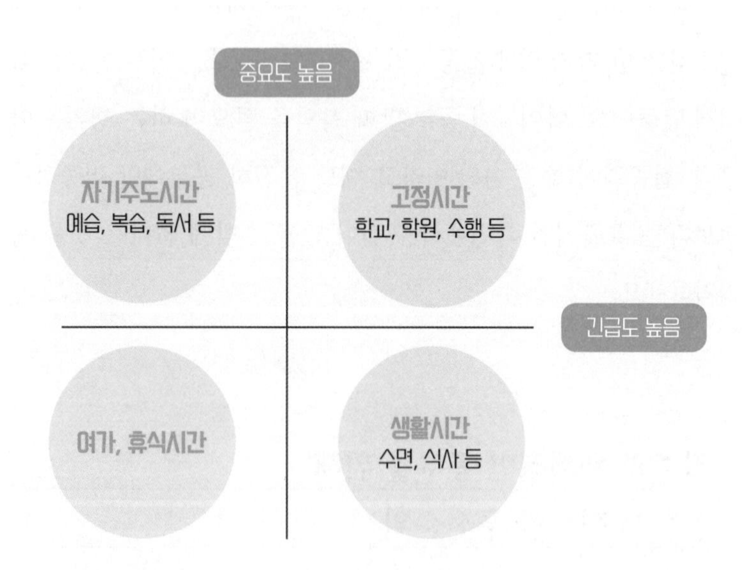

집중력이 강화되는 진짜 계획 세우는 방법

공부는 계획에서 시작됩니다. 그런데 이 계획을 세우는 이유가 뭐라고 생각하시나요? 당연히 시간 낭비를 줄이고 목표를 달성하기 위함이죠. 그런데 사실 그것보다 더 중요한 이유가 있습니다. 공부 계획을 세우는 이유는 '집중력 연습을 하기 위해서'입니다.

'공부 계획 세우기' 선입견 버리기

공부 계획 세우기의 원칙인 "시간이 아니라 분량 단위로 세워라!"는 거의 모든 학부모님이 알고 계신 상식일 거예요. 정확한 원칙은 "공부 역량을 반영한 시간 단위로 세운다."가 맞습니다. 아이의 공부 역량이 계산된 '분량 중심의 계획'은 사실 '시간 기준의 계획'을 세우는 것과 크게 다르지 않거든요.

예를 들어 평균 단어 15개를 완벽히 외우는 데 30분이 걸리는 아이(조금은 여유로운 기준)가 있다고 해 봅니다.

1. 분량 단위로 계획을 세울 때 = 하루 15개 암기
2. 시간 단위로 계획을 세울 때 = 하루 30분 암기
3. 역량과 시간 단위로 세울 때 = 하루 15개 30분 암기

이와 같이 계획을 세울 수 있습니다. 그리고 1, 2, 3의 계획이 사실 모두 같은 목적의 계획입니다. 하지만 1은 시간 제한이 없기 때문에 '빨리 끝낼 수도 있겠다'는 희망 사항과는 반대로 오히려 시간을 질질 끌며 집중하지 않는 경우가 더 많고요. 2는 공부량이 제시되지 않았기 때문에 허송세월을 하며 30분을 보낼 가능성이 매우 높은 가장 나쁜 계획입니다. 정답은 3번인데요, 이렇게 하면 1의 희망 사항이 현실이 되는 마법이 일어납니다.

이 계획이 성공하려면 아이와의 한 가지 약속이 필요한데요, 그것은 바로 '매일 정해진 시간에 정해진 분량을 해낸 아이에게는 무엇을 해도 허용되는 확실한 '자유 시간을 보상해 준다'라는 것입니다. 공부량에 비해서 공부 시간을 좀 여유 있게 잡았기 때문에 학부모님이 이 약속대로 한다는 믿음만 아이에게 보여준다면, 매일매일

목표 달성과 함께 아이의 집중력이 극대화되는 것을 보실 수 있습니다.

빨리만 (대충이 아니라) 해낸다면, 공식적으로 쉴 수 있고, 무엇을 해도 엄마의 잔소리가 없다니! 이 달콤한 보상을 경험해 본 아이라면 다음 날 공부하기 싫은 마음이 들어도, '오늘도 빨리 정해진 분량을 하고 또 놀아야지!'라고 생각할 수밖에 없겠죠. 그러니 이런 집중력이 극대화되는 계획을 세우기 위해서는 아이의 '역량 파악'이 우선입니다.

아이의 학습 역량을 제대로 파악하는 방법

자, 이렇게 해보세요. 공부 계획을 세우기 전 일주일 정도는 특정 과목 특정 공부(예: 단어 암기, 수학 문제 풀이)의 '같은 분량'을 어느 정도 시간 안에 해내는지를 매일 관찰합니다. 이때 평균 시간을 측정하고 그 평균 시간의 120% 시간을 그 과목의 하루 공부 시간으로 확정하는 거죠. 평균보다 시간적 여유도 있고, 완전 집중한다면 자유 시간을 좀 더 늘릴 수도 있기 때문에 아이 입장에서도 이 공부, 해볼 만할 거예요.

그런데 이때 주의하실 점은, 매일 공부 시간이 남고 그 덕에 매일 자유 시간을 갖는다고 해서 약속된 공부량을 임의로 늘려서는 안 된다는 거예요. 우리가 지금 이 계획을 세워서 학습하고 있는 이유는 순수하게 '공부'를 하게 하려는 목적도 있지만 아이의 집중력 훈련을 겸하고 있다는 것을 잊지 말아야 합니다.

하지만 학년이 바뀌거나 공부해야 할 도구가 늘어나면 언제까지나 지금의 분량과 시간을 그대로 유지할 수는 없어요. 조절은 하되, 그 시점은 반드시 아이가 납득할 만한 상황이어야 한다는 것을 잊지 마세요. 예를 들어 "네가 빨리 하니까 시간을 줄일 거야. 양을 늘릴 거야."라고 하는 게 아니라 "이번에 수학 문제집을 한 권 더 풀어야 하니까 (시간은 그대로 두고) 하루 공부량을 좀 늘리자."라거나 "학기나 학년이 올라가서 공부해야 할 과목이 늘어나니까 공부 시간과 양을 추가하자."라는 식으로 설명해 줘야 하죠.

그리고 이렇게 조정된 계획에 아이가 곧 익숙해져서 또 자유 시간이 계속 보장된다고 해도 그대로 두셔야 합니다. 시간은 고정된 채 양을 늘렸는데도 여유가 있거나 시간도 늘리고 양도 늘렸는데 매일 공부 계획을 달성한다는 것은 아이가 집중을 더 오랫동안 잘하고 있다는 증거이니까요. 공부를 하도록 만드는 '계획 세우기'의 목적에 이렇게 '집중력 훈련도 병행하기'를 추가해 보면, 아이의 공부는 좀 더 효율성을 갖추게 됩니다.

반드시 지키는 TO DO LIST 활용법

공부 계획을 세울 때 자주 활용하는 도구는 TO DO LIST입니다. 계획 좀 세운다! 하시는 학부모님들은 지금도 잘 활용하고 계시는데요. TO DO LIST는 꼭 해야 할 일들을 빼놓지 않고 할 수 있도록 도와주는 도구이지만 잘만 활용하면 집중력 향상 효과도 거둘 수 있습니다. 그래서 우리 아이들 공부 계획을 세울 때 이 TO DO LIST를 적극 활용하시면 좋은데요.

일반적으로 TO DO LIST는 그냥 해야 할 일만 기재하거나 거기에 조금 업그레이드하면, 중요도 표시를 추가하여 작성하는 것 정도가 일반적입니다.

이런 식이죠.

TO DO LIST
국어 수행평가 자료 찾기
영어 단어 20개 외우기
수학 문제집 2장 풀기

(1)

TO DO LIST	우선순위
국어 수행평가 자료 찾기	2
영어 단어 20개 외우기	1
수학 문제집 2장 풀기	3

(2)

그런데 이런 방식이 정말 효과가 있을까요?

우선 계획만 있는 (1)의 TO DO LIST는 맨 위에서부터 해야 할지, 내키는 것을 먼저 해야 할지 감을 잡을 수 없는 리스트입니다.

동시에 여러 가지 일을 하는 멀티태스킹은 집중력에 전혀 도움이 안 되고 오히려 방해한다고 말씀드렸죠? 이 리스트가 바로 그 멀티태스킹을 유발하는 형태입니다. 이것도 했다가 저것도 했다가 우왕좌왕하기 쉽죠. 하기는 해야겠는데 집중하기가 어려워서 계획을 이런 식으로 잡는다면 하려던 일은 단 하나도 제대로 끝내지 못하고 시간만 잡아먹기에 십상입니다.

게다가 TO DO LIST를 매일 작성한다면, 계획대로 오늘 안에 아무 일도 끝내지 못했으니까 다음날 작성하는 '오늘의 TO DO LIST'에 끝내지 못한 일들이 모두 추가돼요. 그리고 다음 날도 끝내지 못한다면 그다음 날에도 '오늘의 TO DO LIST'에 이 과제가 계속 남아서 지워지지 않을 겁니다. 마치 폭탄 돌리기처럼 해야 할 공부가 뒤로 계속 밀려나죠. 그리고 이 폭탄은 보통 아이가 가장 하기 싫어하는 공부인 경우가 많습니다.

그럼 우선순위가 추가된 (2)의 계획은 어떨까요? 앞에 있는 것보다는 우선순위를 적어두었으니까 훨씬 정돈된 느낌이긴 합니다. 하지만 이것도 순서만 추가됐을 뿐 구체성이 떨어져서 제대로 지킬 수 있을지 의문이에요. 앞에 있는 것보다는 우선순위를 적어 놓았으니까 아이가 하기 싫어하는 공부가 뒤로 밀리지는 않습니다만, 보통 가장 끝 순서인 3번이 뒤로 밀리겠죠. 밀리는 건 우선순위가 있거나 없거나 똑같다는 겁니다. 시간이 있으면 하고, 없으면 다음 날로 넘기는 아주 편리한 계획이에요. 이렇게 지키지도 못할 매일의 공부 계획 리스트를 만드는 것은 정말 의미 없는 일 아닌가요?

그렇다면 반드시 지키는 TO DO LIST, 다시 말해 집중해서 끝낼 수 있는 TO DO LIST는 어떻게 작성해야 할까요? 복잡하지 않습니다. 원래 작성하던 양식에 각각의 공부를 하는 데 걸리는 시간만 추가로 기재해 주시면 됩니다. 이렇게 말이지요.

TO DO LIST	실행시간
국어 수행평가 자료 찾기	1시간
영어 단어 20개 외우기	30분
수학 문제집 2장 풀기	1시간

물론 이 실행 시간을 기재하기 전에는 우선 각 과제를 끝낼 때 어느 정도의 시간이 소요되는지를 알아야 합니다. (앞에서 소개한 학습 역량 파악하는 방법을 활용하세요.) 평소 영어 단어 20개를 외우고, 수학 문제집 2장을 푸는 시간이 어느 정도 걸리는지 체크해 두고 나서 평균치의 1.2배의 시간을 잡아두면 약간은 여유롭지만, 반드시 끝낼 수 있는 시간이 됩니다.

아이들의 학원과 학원 사이, 저녁 시간 전, 저녁 먹고 잠들기 전까지 등등 시간적 여유가 있잖아요? 그런데 그 여유 시간이 30분이면 어떤 공부를 하는 것이 좋을까요? 네, 영어 단어 20개를 외우면 되겠죠? 그리고 그 30분 동안에 이 공부를 집중해서 반드시 끝내야 합니다. 워낙에 시간을 여유롭게 잡았으니 집중을 조금만 하면 당연히 끝낼 수 있습니다. 게다가 (앞에서 소개한 대로) '집중해서 일찍 끝내면 남은 시간은 마음대로 놀게 해줄게!'라고 한다면 아이의 집중력은 극대화되죠. 집중해서 빨리 끝내고 싶은 마음이 굴뚝같을 걸요? 이런 식으로 계획을 잡으면 TO DO LIST가 아래처럼 바뀔 겁니다.

TO DO LIST	실행시간	실행 지정 시간
국어 수행평가 자료 찾기	1시간	저녁 먹기 전
영어 단어 20개 외우기	30분	방과 후 학원가기 전
수학 문제집 2장 풀기	1시간	저녁 먹고 잠들기 전

그러면 자연히 아이의 하루 일정에 따라서 우선순위도 결정되겠죠?

TO DO LIST	실행시간	실행 지정 시간	우선 순위
국어 수행평가 자료 찾기	1시간	저녁 먹기 전	2
영어 단어 20개 외우기	30분	방과 후 학원가기 전	1
수학 문제집 2장 풀기	1시간	저녁 먹고 잠들기 전	3

이처럼 진짜 의미 있는, 지켜지는 공부 계획은 이렇게 세웁니다. 만약 TO DO LIST 항목(오늘 해야 할 공부)은 4개인데 아이가 시간을 내 봤자 3번밖에 없다면 그날은 3가지 공부밖에 못 하는 날인 겁니다. 빨리 끝냈다고 그 남은 1개의 공부를 아이의 자유 시간에 끼워

넣으시면 안 돼요. 아이가 놀고 싶어서 집중해 빨리 끝냈더니, '엄마가 또 공부를 줬네, 약속했으면서...' 이런 마음이 든다면 과연 다음부터 집중해서 공부할까요? 절대로 하지 않을 겁니다.

그러니 아이의 하루 공부 여유 시간에 맞춰서 공부 계획을 세워보세요. 그럼 100% 목표 달성이 가능할 거고요. 하루 공부를 완벽히 끝낸 아이는 성취감에 아주 편안하게 잘 수 있을 겁니다. 학부모님도 그러실 테고요.

인풋보다는 아웃풋을 늘려야 집중할 수 있다

어떤 일이나 공부에서 확실하게 목표를 달성하기 위해서는 아웃풋을 많이 늘리면 늘릴수록 효과적입니다. '아웃풋'이란 뇌 속으로 들어온 정보를 뇌 안에서 처리하여 밖으로 출력하는 것을 말하고요. '인풋'은 반대로 뇌 안에 정보를 넣는 입력 과정을 의미합니다. 흔히 읽고 듣는 활동은 인풋에 해당하고 말하고 쓰고 행동하는 것은 아웃풋에 해당한다고 할 수 있죠. 그런데 우리 아이들의 공부는 대부분 인풋 활동에 치중되어 있습니다.

익숙하지 않지만 중요한, 이 아웃풋을 만들기 위해서는 자신이 알고 있는 것을 밖으로 끄집어 내야 하기 때문에 스스로 무엇을 아는지 모르는지를 정확하게 알아야만 합니다. 또한 끄집어낸 결과로 공부한 내용, 상황을 한눈에 파악할 수 있기 때문에 공부할 때 아웃풋은 가능한 한 많이 할수록 좋습니다. 앞서 하기 싫은 것(학생은 공부인 경우가 많겠죠?)을 하기 위해서는 '능동적 집중력'이 필요하다고 말씀드렸는데요, 공부할 때 필요한 아웃풋을 늘리기 위한 훈련이 이 능동적 집중력 향상에 큰 도움이 됩니다.

능동적 집중력에 도움이 되는 아웃풋 만들기

예를 들어 설명해 보죠. 수많은 과목 중에서 능동적 집중이 가장 잘되는 과목은 (개인차가 있겠으나) 아마도 수학일 겁니다. 수학의 막연한 공부(개념 이해류)가 아니라 문제 하나하나를 푸는 그 순간들 말이지요. 행동하기, 즉 풀기라는 아웃풋이 가장 직접적으로 드러나는 과목이 수학이기 때문이에요. 읽거나 들어서 알고 있는 인풋을 써 내려가든, 머릿속으로 조합하든 아웃풋을 꺼내야만 문제를 해결할 수 있으니까요. 대부분의 수학 공부가 문제풀이에 치중되어 있기도 하지만, 어렵지 않고 자신의 수준에 맞는 문제만 푼다면 사실상 집중력을 강화하는 데 수학 공부만큼 좋은 활동은 없습니다. 왜 그럴까요?

수업을 듣고 책을 보는 등 읽거나 보거나 듣는 것은 그 행위에 집중하지 않아도 할 수 있는 것이지만 (겉으로 보기에는 하는 것 같아 보이죠) 쓰거나 행동하는 것은 자신이 주체가 되지 않으면 절대 할 수 없는 일이기 때문입니다. 지금의 아이들에게 권장되는 공부법은 아니지만 우리 세대만 해도 단어 암기를 위해서 손으로 쓰며 외우는 '깜지' 작성을 많이 했었습니다. 그때 쓰면서 중얼거리면 집중과 암기에 더 도움이 됐었죠. 그 자체가 바로 아웃풋 활동이었던 겁니다.

아웃풋 활동, 즉 다른 누군가에게 내가 아는 내용을 설명하고, 질문을 받아 대답하고, 아는 내용을 나열하여 써보려면 '어떻게 말해야 상대방이 이해할 수 있을까, 이렇게 설명해서 못 알아들으면 다음엔 어떻게 설명해 줘야 할까, 어떤 개념을 연결하여 답안을 작성해야 할까, 어떤 구성으로 문장을 써야 할까' 등을 고민해야 합니다. 그러려면 애초에 읽고 듣는 인풋 활동 시에도 더욱 집중을 할 수밖에 없습니다. 다시 말해 아웃풋을 늘리는 학습은 사실 인풋 과정에서의 집중도도 최대로 끌어올리는 방법인 것이죠.

그러니 가능하면 모든 과목(집중을 잘 못하는 과목부터)에 아웃풋을 늘리는 연습을 시켜 주세요. 배운 내용을 백지 테스트로 시험 보듯이 써내고, 잘 이해가 안 가는 부분은 직접 책이나 자료 등을 찾아보며 익혀서 다른 사람들에게 설명해 보는 등 적극적인 아웃풋 활동을 권장합니다. 이 학습법에 대해서는 p.206에서 더 자세히 소개할 테니까요, 여기서는 '인풋의 집중을 위해서라도 아웃풋 학습을 하자'는 정도로 이해하시면 좋겠습니다.

집중력을 방해하는 요인을 없애는 가장 실천적인 방법

집중을 방해하는 요인은 외부적인 것도 있지만 사실 내면의 장벽이 때로는 더 견고할 수 있습니다. 우리 아이들의 내면으로부터 생겨나 아이들의 학습을 방해하는 것은 대개 감정과 관련된 것들이에요. 앞서 여러 번 말씀드린 바 있는 공부하기 싫은 마음, 해도해도 안 됐던 학습 결과에서 느꼈던 좌절감, 친구와의 비교로 인한 열등감, 친구와의 갈등, 부모와의 갈등, 요즘 꽂혀 있는 게임이나 웹툰 생각 등 아이 삶의 각종 생각과 고민거리가 지금도 끊임없이 아이의 머릿속에 떠오르고 있습니다. 그리고 그런 잡념과 고민이 지금 하고 있는 일, 공부의 중요성도 잊게 만들죠.

그래서 제대로 된 집중을 하려면 이 불필요한 생각과 감정의 고리들을 끊어낼 수 있어야 합니다. 하지만 아이가 스스로 마음먹는 것은 거의 불가능에 가깝고요. 부모가 지도해서 한순간에 그만두게 만드는 것도 현실적으로는 불가능합니다. 다만 그 방해요인들을 천천히 없애는 방법을 조금씩 시도해 보는 것이 유일한 방법일 텐데요, 어떻게 그 요인들을 없애 갈지 다음 이야기들을 통해 실마리를 얻어 가시기 바랍니다.

탈출구가 있어야 집중할 수 있다

잡념과 고민거리가 훨훨 날아가는 상황은 아이러니하게도 '수동적 집중력'이 발휘될 때입니다. 그것도 가장 즐겁고 가장 위안이 되는 순간들 말이지요. 아이들의 학습 과정은 최소 12년에서 최대 평생까지 긴 마라톤과 같습니다. 그래서 힘들고 지칠 때, 또는 도저히 집중되지 않을 때, 머리가 아픈 것처럼 실제 몸과 정신이 아파올 때 그리고 쉬고 싶을 때마다 도망갈 심리적 탈출구가 반드시 필요합니다.

종류는 그 어떤 것이든 전혀 상관없습니다. 예체능과 같은 취미 기반의 탈출구여도 좋고, 아무것도 하지 않는 멍 때리기, 명상의 시간도 좋습니다. 잦은 빈도만 아니라면 12시간 이상의 긴 잠이어도 나쁘지 않습니다. 적어도 이 탈출구로 빠졌다가 돌아오면 다시 에너지를 얻고 정신이 맑아지며 기분이 좋아진다면 무엇이든 허용하세요.

제가 학생 때 가장 도움을 받았던 탈출구는 일기 쓰기였습니다.

지금도 제가 쓴 글을 기반으로 책도 내고, 강의도 하며, 영상도 촬영하고 있어요. 어릴 땐 그 행위가 나중에 제가 가지게 될 직업의 가장 큰 무기가 되리라는 건 전혀 몰랐습니다. 다만 머릿속이 복잡하고 생각이 많아져 집중되지 않을 때면, 아무도 읽을 일이 없는 제 일기장에 대고 하소연을 했습니다. 무슨 내용을 적었는지는 전혀 기억나지 않지만 그 글을 써버리고 나면 마음속이 후련했던 기억이 납니다. 그리고 다시 현실로 돌아와 공부에 집중할 수 있었죠. 아마 저에겐 일기장이 일종의 대나무 숲이었던 모양입니다.

저처럼 아이들에게도 '하고 싶은 대로 해도 되는, 나만의 어떤 영역'이 있을 겁니다. 그 영역 안에서의 행동은 누구에게 보여줄 것도 아니니 잘할 필요도 없어요. 그림을 그리든, 노래를 부르든, 악기를 연주하든, 춤을 추든, 동식물을 기르든 자신만의 오롯한 탈출구를 가진 아이는 여러 가지 잡념과 스트레스에서 벗어나 힘든 공부를 이겨낼 수 있습니다. 그리고 무언가(특히 좋아하는 것)에 집중하다 보면 그 집중의 힘을 다른 영역으로도 옮길 수 있게 됩니다. 아이의 탈출구를 적극적으로 함께 찾아주세요. 건강한 정신과 공부라는 두 마리의 토끼를 다 잡을 수 있습니다.

상식을 뒤집는 낮잠의 힘

아이들 중에는 유난히 밤잠이 없고, 아침잠이 많은 아이들이 있습니다. (제가 그런 올빼미족이었죠.) 하지만 학교, 군대, 사회 생활을 하다 보면 어쩔 수 없이 그 상황에 맞춰 살아야만 합니다. 물론 그 생활도 익숙해지면 괜찮아지겠지만 유독 특정한 시간에 견딜 수 없이 집중력이 떨어지는 (정확히 말하면 체력이죠) 아이들이 있습니다. 이 아이들에게는 일종의 휴식이 필요한데요, 저는 과감하게 "낮잠 시간을 줘도 괜찮다."라고 말하렵니다.

저는 지역에서 최고 명문 고등학교를 졸업했습니다. 지금은 평준화가 되어 예전의 명성은 없어진 학교지만 1990~2000년대에는 졸업생을 포함해 한 해에 서울대생 50여 명을 배출하던 학교였으니까 명문고 맞겠죠? 그런 저희 모교에는 다른 학교에 없는 몇 가지 특징이 있었어요. 교육 전문가가 되고 보니 그때 우리 학교에 있던 '그 제도'가 사실 아이들의 학업 성취에 큰 도움을 주었을 것이라는 확신이 듭니다.

그건 바로 2번의 점심 시간 제도였어요. 3교시 끝나고 20분, 4교시 끝나고 30분 이렇게요. 아이들 대부분은 3교시 끝나고 20분 동안에 점심을 먹고 4교시 마치고 시작하는 2번째 점심 시간에는 각자 자유로운 시간을 보냈습니다. 남학생 대부분은 운동장에서 뛰어놀았고, 여학생은 친구들과 어울려 수다를 떨거나 학원 숙제를 하거나 예습 복습을 하는 친구들도 있었습니다.

저는 그 시간에 친구들과 수다를 떨거나 주로 밀린 잠을 자는 학생이었어요. 중학교 때는 항상 5교시에 급격히 밀려오는 잠 때문에 정신을 못 차리는 편이었는데 고등학교에 와서는 그 30분의 쪽잠이 오후 수업과 야간자율학습까지 맑은 정신으로 집중할 수 있게 해주는 강력한 힘이 되었습니다. 그때 소위 낮잠파(?)로 불린 같이 낮잠 자는 친구들도 있었는데요, 거의 저와 비슷한 성향의 친구들이었죠. 참 좋았던 그 기억이었는데, 학교 졸업 후 까맣게 잊고는 한참 만에 그 기억을 떠올리게 된 계기가 있었습니다.

바로 서울 시청 일부 직원에게 최대 1시간의 낮잠 시간을 보장한다는 기사였어요('낮잠, 꿀일까 독일까', 사이언스타임즈, 2014. 7. 23.). 이 기사에 따르면 점심 시간 이후 업무 효율성을 높이기 위해 오후 1시와 6시 사이에 30분~1시간의 낮잠 시간을 허용한다는 것이었습니다. (물론, 모든 직원을 대상으로 하는 것은 아니고, 낮잠 시간만큼 추가 근무를 해야 한다는 원칙도 있긴 했습니다.) 또 동일 기사에서 일본에서는 학교에서도 이런 제도를 활용하고 있다고 하더군요. 그 기사를 보는 순간, 저의 고등학교 시절의 기억이 떠오른 것이었죠.

추가 기사를 검색해 보니 너무 오랜 시간의 낮잠은 일과 공부를 방해할 뿐만 아니라 건강을 악화할 우려도 있어서 딱 15분~30분의 낮잠이 효과가 있다는 연구 결과도 덧붙여 있었습니다. 자고 나서 상쾌한 기분을 느끼려면 렘수면(얕은 수면) 상태일 때 깨어나야 하는

데 그 기준이 바로 15~30분입니다. 낮잠이 정말 학습에 도움이 된다니 오늘부터 시도해 볼까 하는 생각이 드시지요? 하지만 이 낮잠 휴식을 우리 아이에게 적용할 때에는, 학교에서 우리 아이만 낮잠을 자게 할 수는 없는 노릇이니까요. 학교에 다녀온 직후에 휴식과 다음 스케줄의 집중을 위한다는 측면에서 짧은 낮잠을 허용하는 것을 고려해 보시면 좋겠습니다.

집중력을 최고조로 만드는 나만의 장소 찾기

여러분의 자녀는 어디서 공부할 때 가장 집중을 잘하나요? 혹시 무조건 책상에 앉아서 공부하라고 강요하지는 않으시나요?

핀란드에 교육 출장 차 갔을 때의 일입니다. 초중고, 대학교를 탐방하면서 수업과 아이들의 학교 생활, 선생님 및 교수님과 대화 같은 활동을 주로 했는데요, 하루는 아이들의 실제 수업 시간에 참여했다가 깜짝 놀란 일이 있었습니다. 아직 수업 중이었는데 아이들이 모두 가방을 싸는 거예요. 그러고는 복도에 있는 테이블에서, 복도에 엎드려서, 복도 창가에 앉아서, 교실 맨 뒤에 엎드려서, 교실 책상을 마음대로 붙여서, 다시 책을 펴는 것이었습니다. 한국에서는 도저히 상상할 수 없는 일이죠? 저도 깜짝 놀라 이 현상에 대한 설명을 들어보니 아이들이 칠판을 바라보고 앉아 있는 유일한 시간은 그날 수업의 내용에 대해 선생님의 설명을 들을 때 뿐이고, 혼자 문제를 풀거나 과제를 해야 하는 나머지 시간에는 아이들이 원하는 장소에서 하도록 지도한다는 것이었습니다.

물론 핀란드는 학교마다, 선생님마다 교육의 자율성이 무한으로 보장되는 나라이기 때문에 학교마다 차이점은 있지만 제가 방문했던 학교는 아이들의 공부 환경에 대한 자율성을 적극적으로 부여하고 있는 곳이었습니다. 그리고 더 놀라운 것은 선생님의 눈길이 닿지 않는 곳에 가 있더라도 주어진 과제를 하지 않거나 친구들과 떠들며 노는 아이는 거의 없었다는 사실이에요. 저는 그 환경이 너무 너무 부러웠답니다.

우리 아이들도 성격, 성향에 따라 조용한 곳에 가만히 앉아서 공부하면 집중이 잘되는 아이도 있을 겁니다. 그리고 저처럼 백색소음이 나는 공간, 예컨대 10명 이상이 함께 쓰는 도서관 책상에서 서로서로 눈치 게임을 해가며 공부할 때 집중이 더 잘되는 아이도 있을 거고요.

물론 시험을 앞두고는 시험 환경과 최대한 비슷한 환경에서 실전 연습을 하는 것이 중요합니다. 저 또한 고 3 아이들에게 항상 주지시키는 내용이기도 하고요. 하지만 평소 자신이 가장 집중이 잘 되는 환경을 (시행착오를 거치며) 찾아본 아이들은 시험과 같은 특수한 환경이 닥칠 때에도 어떻게 환경을 제어해야 할지를 알게 됩니다. 내가 어떤 환경에서 가장 적응을 잘하는지를 앎과 동시에 어떤 환경을 피하면 좋을지도 알게 되거든요.

아직 초등인 우리 아이가 제대로 공부를 시작하기 전에, 어떤 환경에서 가장 집중을 잘할 수 있는지, 어떤 환경을 선호하는지 경험해 볼 수 있는 기회를 다양하게 주면 좋겠습니다. 집에서도 책상, 거실 테이블, 식탁, 소파, 침대 등 다양한 환경이 있고요. 시계 소리, 냉장고 소리, 창밖의 자동차 소리에도 얼마나 민감한지 또 민감하다면 어떻게 극복하면 좋을지도 고민해 보는 계기가 되면 좋겠네요. 그 과정이 우리 아이를 더 잘 이해하고 또 아이도 스스로를 이해할 수 있는 중요한 기회가 될 겁니다.

집중력을 높이는 루틴의 힘

집중력이 좋은 사람들이 가지고 있는 중요한 습관 중 하나는 자신만의 루틴이 있다는 것입니다. 루틴이란 어떤 일을 시작하고 진행할 때 따르는 일정한 순서를 말하는데요. 예를 들어 아침에 일어나 침대에서 스트레칭을 하고, 공부를 시작하기 전에 'TO DO LIST'를 점검한다거나 학교에서 다녀오면 가장 먼저 숙제를 꺼내 놓는다거나 하는 행동들 말입니다.

이 루틴이 있고 없고의 가장 큰 차이는 '안정감'입니다. 앞서 계속 언급했던 '공부는 마음이 한다', '집중력을 방해하는 가장 큰 요인은 감정이다'와 같은 전제를 없애 버릴 수 있는 '그냥 공부를 시작한다'

상태를 만들 수 있는 방법인 것이죠. 이 루틴이 있으면 오늘 내가 어떤 상태(집중이 잘되는 날, 잘 안되지 않는 날)인지는 중요하지 않고 일관성 있게 최소한의 집중 상태로 빠져들게 만들 수 있습니다. 물론 집중이 엄청 잘되는 날에 비하면 '가장 최소한'만 할 수 있을지라도요.

그래서 우리 아이들의 루틴을 만들어 보는 것을 추천합니다. 공부를 시작하기 전 사탕을 하나 먹는 사소한 루틴이어도 좋습니다. 달달한 사탕으로 기분 좋은 상태로 공부를 시작하게 될 테니까요. 또는 'TO DO LIST'를 점검하는 것도 좋은 방법 중 하나예요. 어떤 일을 끝마쳤을 때 'TO DO LIST'를 지우는 것이 아니라 새로운 것을 시작할 때 이미 달성한 'TO DO LIST'의 항목을 지우는 거죠. 그러면 '이미 하나 이상을 했으니 지금부터 하는 것도 힘내서 해보자!'라는 긍정의 마음이 생길 겁니다.

또 집중력 강화 측면에서 팁을 하나 드리자면 (제가 자주 하는 방법입니다만) 공부를 시작하기 전 한 점에 집중하는 연습을 해보는 것도 좋습니다. 집중력이란 간단하게 말하면 '하나'에 집중하는 상태라고 말씀드렸죠? 눈을 감고 떠서 책상 앞의 한 점(미리 그려놓으면 좋겠죠?)을 1분 동안 집중해서 바라본 후, 오늘 공부할 책과 교재로 눈을 돌리면 그 집중의 상태가 전이됩니다. 혹시 집이 아닌 공간에서 공부에 집중해야 할 때는 노트나 책에 점 하나를 그려 놓고 바라보아도 좋아요. 순간적인 집중이 자신감과 의욕을 불러일으켜 우리 아이의 공부가 순탄하게 진행될 것입니다.

3

기억력

왜 기억력일까?

다들 아시다시피 남다른 기억력만 있어도 공부는 물론 일상생활에서도 편리한 일들이 많습니다. 그런데 우리 부모의 기억력은 어찌 된 일인지 날이 갈수록 떨어지지만 아이는 내가 기억 못 하는 일들도 기억하고 있는 경우가 많죠? 어른과 아이의 기억력은 어떻게 다르기에, 그런 걸까요?

인간의 기억력이 가장 좋은 시기는 전두엽이 왕성하게 발달하여 뇌 기능이 절정을 이루는 청소년기로 알려져 있습니다. 하지만 어떤 상황에 놓여있든 모두의 전두엽 발달이 원활하게 이뤄지는 것은 아니기 때문에 청소년 시기에 최고의 기억력을 발휘하는 좋은 뇌를 가지고 싶다면, 초등 때 단순하고 반복적인 학습보다는 오감을 자극하고 능동적이며 다양한 경험을 쌓는 것이 중요합니다.

그리고 기억력과 관련해서 하지 말아야 할 오해가 하나 있는데요. 그것은 바로 '나이 때문에 기억력이 떨어지고 있다'는 것입니다. '내가 그런데…'라고 생각하시는 학부모님들은 일단 '아니다!'라는 점을 명심하시고 다음에 이어지는 내용을 봐주시기 바랍니다. 기억력 감퇴는 나이듦에 직접적인 영향을 주지 않습니다. 그러니 아이들의 기억력을 최대치로 끌어올리는 기억력 훈련을 하는 김에 학부모님들도 함께 하시면 어떨까요? 아이들에게도 훌륭한 러닝 메이트가 필요합니다.

기억력은 타고나는 것이 아니다

우리 모두가 하고 있는 기억력에 대한 대표적인 오해는 앞에서도 언급한 '나이와 기억력 감퇴의 상관 관계' 그리고 '기억력은 타고난다'는 것입니다. 전 세계 신경학자들의 연구 결과에 따르면 '나이가 들수록 뇌세포의 수가 감소한다, 뇌가 늙는다'는 변하지 않는 명제가 아니며, 기억력 '훈련'을 통해 오히려 나이가 들어도 새로운 뇌세포를 생성하는 등 뇌는 바꿀 수 있다고 합니다. 게다가 일부 학자는 단기 기억을 장기 기억으로 바꾸는 기술이 나이가 들수록 발달하기 때문에 오히려 나이가 들면 기억력이 향상된다는 주장을 하기도 해요.

연구라는 것이 원하는 결과에 맞춰 얼마든지 실험 조건을 조정할 수 있고 또 일부 사례를 가지고 확대 해석하는 경향도 있어서 이 연구 결과를 모두 다 믿을 수는 없지만 적어도 이런 결과를 통해서 우리가 깨달아야 할 점은 명확합니다.

바로 '기억하려는 의지, 기억력을 개발하겠다는 의지'를 통해 기억력은 개발될 수 있다는 사실을 말이지요.

이러한 사실은 연구 결과뿐만 아니라 사례를 통해서도 어렵지 않게 찾아볼 수 있습니다.

'세계 기억력 대회'를 알고 계시나요? 1991년 영국에서 세계 기억력 대회가 시작된 이래로 각국에서 주최하는 '기억력 스포츠 대회'가 열리고 있습니다. 전 세계에서 누가 가장 기억력이 좋은지를 뽑는 시합이고 국내에서도 기억력 국가대표 선수가 선발되어 세계 대회에 출전하고 있죠. 우승자, 가깝게는 국가대표 선수들의 면면을 보면 초등학생부터 주부, 직장인, 은퇴자 등 생각보다 다양한 분들이에요. 이분들은 하나같이 자신들은 천재가 아니라 보통의 기억력을 가진 평범한 사람이라고 이야기합니다. 다만 일반인과 달랐던 것은 '기억이 작동하는 법을 이해하고 꾸준한 연습'을 했다는 것이라고요.

가장 최근의 대회, 2021년 세계 기억력 대회에서 우승한 사람은 이탈리아 대학생으로 루빅스 큐브를 가지고 놀다가 기억력이 좋아지는 것을 깨닫고 17세부터 본격적으로 (독학) 훈련을 시작해 5년 만에 전 세계 1위의 기억력 챔피언이 되었습니다. 그는 대회에서 카드 35개 세트(카드 1,829장)를 1시간 만에, 이미지 455개를 5분 만, 글자 1,122자를 15분 만에 외웠고요. 하루에 적게는 30분, 많게는 3시간씩 연습했다고 합니다. 그러면서 좀 더 일찍 그 기억력 훈련 방법을 알았다면 학교 다닐 때 성적이 더 좋았을 것이라며 아쉬워했다는 이야기도 있더군요.

부모님도 학창 시절에 같은 내용을 듣고도 그 내용을 대부분 기억하는, 유독 기억력이 좋은 친구를 본 적이 있을 겁니다. 반면 밤새도록 공부하고도 다음 날 공부한 내용을 반의 반도 기억 못 하는 안타까운 친구도 있었죠. 기억력이 좋았던 친구는 아마도 타고난 부분도 있었을 테지만 그보다는 일상생활에서 자신도 모르는 사이에 기억력 훈련을 했을 가능성이 더 높다고 생각합니다. 대놓고 "나 기억력 훈련한다!"라고 따로 말하지 않았을 뿐이지 외워야 할 부분을 사진 찍듯이 이미지화하여 암기하거나 초성을 따서 외우거나 전혀 상관없지만 유사 소리로 스토리를 만들어 외운다거나 각자 나름대로의 기억법을 활용했을 것이라는 말이죠.

이런 경우가 바로 특별히 기억법을 배운 적은 없지만, 학습에 열의를 가지고 열심히 하다 보니 저절로 기억 전략을 습득하게 된 케이스입니다. 적극적으로 '어떻게 하면 더 잘 기억할 수 있을까'를 고민하면서 암기했기 때문에 본인은 의식하지 못했지만, 그 자체가 기억력 훈련이었던 것이죠. 그렇게 공부한 아이들은 남들보다 짧은 시간을 공부하고도 더 잘 기억해서 좋은 성적을 낼 수 있었던 것입니다.

우리 아이들의 기억도 그렇게 되어야 합니다. 기억력 대회에 출전하겠다는 목표로 (공식 대회 종목인) 사람의 얼굴을 외우고, 1,000자리의 무작위 숫자를 외우는 등 특별한 훈련이 필요하다는 얘기가 아니라 학습 역량을 개발한다는 측면에서 배울 수 있는 것은 배워야 한다는 말입니다. 그런데 생각해 보면 누구도 기억을 잘하는 방법을 알려준 적이 없습니다. 그래서 이 책 《공부 독립》이 나오게 된 것이지요.

우리 아이들에게 필요한 공부 기억력이란

우리가 흔히 아는 기억력은 최근 며칠 사이에 있었던 것을 기억하는 단기 기억력과 전화번호 등 익숙한 정보 또는 특정 사건이 일어난 연대표 등의 지식을 기억하는 장기 기억력입니다. 두 기억 모두 살아가는 데 정말 중요하지만 공부를 잘하기 위해서 필요한 기억력은 사실 따로 있는데요,

그건 바로 작업기억(working memory)력입니다.

작업기억에 관해서는 학자마다 견해가 다양합니다. 그렇지만 머릿속에 저장된 많은 기억 정보 가운데 딱 맞는 정보를 꺼내어 문제를 해결할 때 쓰는 기억력, 즉 순간적으로 정보를 선별하여 의식적으로 처리하는 능력이라는 것에 대해서는 공통된 의견을 가지고 있습니다. 조금 어려운 개념이죠?

이렇게 설명하면 조금 이해하기 편하실 것 같아요. 우리가 사회에서 만난 사람 중 복잡한 일 여러 가지를 동시에 처리해야 할 때, 효율적으로 해내는 사람에게 우리는 보통 '일 머리가 있다'고 말합니다 그 '일 머리 있는 사람'이 일종의 '작업 기억력'이 높은 사람을 칭한다고도 보시면 됩니다.

비록 지금은 우리 아이들이 초등학생이고 부모나 선생님에게 부여받은 과제(할 일과 순서 등을 어른이 정해 준 과제)를 하는 상황이기 때문에 이 작업 기억력의 유무가 공부 결과를 크게 좌우하지는 않는 것처럼 보입니다. 하지만 곧 중학생만 되어도 수업, 선행, 복습, 과제, 수행, 친구, 학원 등 직면하는 여러 일을 한꺼번에 처리해야 하는 상황을 맞닥뜨리게 되거든요. 그리고 공부 내용에서도, 특히 수학에서 고등수학으로 갈수록 문제를 푸는 데 이 작업 기억력이 많이 요구됩니다. 단편적인 지식만 쌓아서 해결하려는 아이들이 중등, 고등 수학을 거치며 수학을 점점 어렵게 느끼는 것이 바로 이 작업 기억력이 높지 않기 때문이고요.

제가 앞서 기억력을 높이려면 '그 방법을 알고 충분한 연습을 하면 된다'고 설명드렸는데요, 다행히도 작업 기억력을 높이는 것도 마찬가지입니다. 물론 의식적으로 노력하지 않아도 학년이 올라감에 따라 복잡한 문제들에 반복적으로 노출되다 보면 이 작업 기억력이 저절로 높아지기도 합니다. 하지만 기왕 공부하는 거, 공부하는 중간에 기억력 훈련을 하면 더 효과적이지 않을까요?

기억력만 좋아도 좋은 성적을 받을 수 있는 과목

아이들이 배우는 교과목을 단순 구분할 때 그 기준을 '암기' 과목인가 아닌가로 두는 경우가 많습니다. 이는 특히 시험이 2주 후라면 어떤 과목부터 어떻게 공부해야 효율적이고 또 효과가 높을지를 판단할 때 그 기준이 되기도 하죠.

중등 이상 아이들을 대상으로 '시험 잘 보는 법'을 특강할 때면 아이들의 기억력에 따라 효과의 차이는 있지만 기본적으로 이해를 바탕으로 한 '활용'이 중요한 과목은 '평소 학습'이 가장 중요하다는 것을 매번 느낍니다. 하지만 상대적으로 외울 내용이 많은 과목들, 그중에서도 외워야 할 것이 용어, 숫자 같이 맥락을 통해 암기하기 어려운 경우(예: 화학 주기율표나 세계사 연도 등)에는 시험 일자에 임박해서 외우고 또 시험지를 받는 순간까지 중얼거리다 시험지를 받으면 시험지 맨 위에 적어 두라는 전략까지 다양하게 알려주어야 할 정도로 단기 기억이 중요할 때도 있습니다.

영어 단어 암기법으로는 어원을 따져가며 암기하는 방법이 있기는 하지만 사실 단어와 의미 사이에 큰 상관관계가 없는 경우가 많습니다. 요령이 없는 아이는 영단어 암기가 정말 잘 안되는 사례도 많아요. 그래서 영단어 암기, 기억과 관련된 여러 가지 방법과 요령이 참 많습니다.

저는 중학교 2학년 때 밤새 공부를 하기 시작하면서 몸으로 부딪혀가며 공부법을 깨달은 케이스입니다. 그 전까지는 사실 공부를 많이 하지도 않았고, 특별히 어떻게 공부해야겠다는 생각도 없었습니다. 하지만 단기간에 성적을 올릴 수 있는 방법을 생각하다 보니 역사, 도덕, 기술 같은 과목은 열심히 외우기만 하면 되겠다 싶더라고요. 다행히 기억력은 좀 괜찮은 편이라고 생각했기 때문이에요.

당시는 지금처럼 엄청 다양한 문제집이 나오는 시절이 아니었기 때문에 저는 그냥 무작정 교과서를 외웠습니다. 기왕 외우는 김에 교과서 구석구석에 적힌 작은 글씨까지 싹 외웠습니다. 그런데 놀랍게도 처음으로 제대로 한 시험 공부로, 그것도 말 그대로 '교과서'만 공부했는데 주요 과목을 제외하고는 전부 100점을 받았습니다. 제가 외운 내용 전부에서 시험 문제가 출제되지는 않았지만 어찌된 일인지 모르는 게 없었습니다.

그런데 제가 아무리 기억력이 좋다고 해도 그 많은 세부 내용까지 정말 다 외웠을까요? 아니죠. 게다가 외우지 않은 내용이 나왔는데도 문제를 맞출 수 있었어요. 이상하죠? 그런데 생각해 보니 이유가 있었습니다. '암기 학습'을 하면서 저 나름의 외우는 요령을 찾았던 것입니다. 대표적으로 내 경험과 연관 지어 외우기, 사진 찍듯이 페이지 전체를 이미지화하기, 초성만 따서 노래처럼 외우기 등의 방법으로요. 그리고 외운 내용을 기반으로 응용해서 모르는 문제도 답을 맞힐 수 있었습니다. 객관식이면 틀린 답을 먼저 삭제하는 방식으로도 답을 찾을 수 있으니까요. 그리고 이해를 바탕으로 외우면 더 잘 외워졌겠다 생각하니까 '이제부터 암기 과목은 수업을 더 열심히 들어야겠다'는 생각도 하게 되더라고요.

나중에 곰곰이 어떻게 그 요령을 찾을 수 있었는지 생각해 보니까 '이 과목 공부는 이렇게, 저 과목 공부는 이렇게' 하고 전략을 분리하려고 하지 않고 그저 이번 시험 공부는 무조건 '외우기만 하자!'라고 생각했기 때문이었습니다. 기억력 하나 믿었는데, 공부법을 터득하게 된 거죠.

수학도 사실 암기가 필요한 과목이다

사실 모든 학습 과정에는 암기가 빠지지 않습니다. 수학을 암기 과목이라고 생각하는 분이 계신가요? 별로 없으실 겁니다. 대부분은 '수학은 암기가 아니라 이해하는 과목'이라고 생각하죠. 하지만 수학도 암기해야 할 부분이 많습니다. 아이들 중에는 "선생님이 푸는 걸 보니 다 이해되었다. 해답지를 보니 어떻게 푸는지 알겠다."

라고 말해 놓고 정작 본인이 풀 때는 전혀 풀지 못하는 경우가 많은데요. 이는 이해는 했지만 풀이 과정에서 필요한 암기는 되지 않았기 때문입니다.

보통 수학에서의 암기를 '공식' 또는 '풀이 과정 자체'에만 맞춰 생각하는 경향이 있습니다. 하지만 공식만 안다고 해서 문제를 풀 수 없고 항상 외운 문제만 시험에 출제되지는 않으므로 그렇게만 암기한 내용은 실제로 써먹기가 어렵습니다. 수학에서 필요한 암기는 이 문제에는 어떤 개념과 공식을 어떤 순서에 맞춰 활용해야 하는지, 내가 전에 풀어봤던 문제를 지금 이 문제 풀이에 어떻게 응용할지를 떠올릴 수 있는 '순서와 논리'를 암기하는 것입니다. 그렇기 때문에 암기 없이 그냥 이해만 했다면 누군가의 풀이(사람 또는 해답지)를 보면 고개를 끄덕일 수 있지만 본인 스스로 그 문제를 풀기는 어려울 겁니다. 간혹 그런 것을 암기하지 않았는데도 수학 문제를 잘 풀어내는 아이는 이해와 동시에 자연스러운 암기가 되었을 뿐이지요.

이처럼 아이들의 학습에서 이해와 암기는 동전의 양면과 같이, 함께 가야합니다. 무작위로 나열된 1000자리 숫자와 같이 의미 없는 것들의 암기가 아니라면, 암기를 위해서 이해가 되어야 쉽게 잊어버리지 않을 거고요. 이해는 했지만 자연스러운 암기와 체득이 되지 않는다면 의도적으로라도 암기해야 공부 목적을 제대로 달성할 수 있습니다. 그리고 이때 각자가 가진 인지적 성향에 따라서 암기 방법을 달리할 필요도 있어요. 그래서 우리 아이들의 학습에서 가장 중요한 시작점인 메타인지 (이제 거의 모든 사람이 쉽게 쓰는 일상어의 수준)가 기억력 훈련과도 긴밀히 연관되어 있습니다. 자신에 대해서 잘 아는 만큼 기억력 훈련도 훨씬 효과적이라는 이야기죠.

이 책에서는 아이들의 특성에 맞게 골라서 적용할 수 있는 여러 가지 기억력 훈련법을 소개해 드리려고 합니다. 그 전에 우리 아이는 어떤 특성을 가진 아이인지, 미리 생각해 본다면 적용이 더 빠르지 않을까요?

기억력 훈련에서 복습 못지않게 중요한 예습

수업이 끝나고 다음 수업까지 또는 시험 당일까지 오늘 배운 내용을 잊지 않기 위해서는 어떻게 해야 할까요? 아마도 대부분은 '복습'을 해야 한다고 말할 겁니다. 누군가는 시간이 지날 수록 잊는 것이 기하급수적으로 늘어난다는 '에빙하우스의 망각곡선' 이론을 근거로 수업이 마치자마자 5~10분간은 배운 내용을 다시 한번 읽으면서 복습해야 한다고 강조하고요. 또 누군가는 한 번 배운 내용, 단기 기억을 장기 기억으로 가져가기 위해서 반복적으로 듣고 읽는 '반복 복습'이 중요하다고 강조합니다. 네! 저도 두 의견에 100% 동의합니다. 그런데 이 시점에서 우리는 학습 내용을 더 잘 기억하기 위한 방법으로 '예습'이 활용되는지에 대해서는 생각해 보지 않았어요. 여러분은 어떻게 생각하시나요? 예습이 기억력 보존에 도움이 될까요?

결론부터 말씀드리면, 네, 그렇습니다.

우리는 원래 예습도 복습 못지않게 중요하다는 것을 알고는 있습니다. 하지만 어찌된 일인지 한국에서는 이 '예습'이 '선행'으로 둔갑하여 선행 수업은 학원이나 인터넷강의로 듣고 학교 수업 시간에는 딴짓(?)을 하는 것이 일상이 되었죠. 정말 중요한 예습의 효과는 망각한 채 말입니다.

예습은 '선행: 깊이 있는 사전 학습'의 의미가 아니라 앞으로 공부할 내용을 잘 받아들이기 위해 '뇌를 활성화하는 과정'입니다. 기존에 알고 있던 지식을 불러내서 오늘 학습할 내용을 추측해 보고 실제 수업 내용을 그 추측 내용과 비교하는 등 능동적인 학습을 하기 위해 사전에 필요한 활동이죠. 이 활동의 장점은 심리학 용어로 '점화 효과(priming effect)' 이론으로 설명할 수 있어요.

점화 효과가 나타나는 이유는 기존에 알고 있었던 (장기 기억에 남아 있는) 연관 정보들이 이 점화 현상으로 일어나면서 새로운 내용이라도 유사 정보로 인지하여 더 빨리, 더 쉽게 받아들이기 때문입니다. 그래서 수업 집중력도 더 높아지고 또 수업을 마친 후, 기존 지식과 오늘 새롭게 배운 지식, 이 두 가지 지식을 함께 장기 기억으로 가져갈 수 있게 된다는 것이죠. 마치 웜업(warm up, 본격적인 운동이나 경기를 하기 전에 몸을 풀기 위해 하는 가벼운 운동)이나 스트레칭을 해서 운동 효과를 더 극대화하는 것과 같은 이치입니다.

만일 기존에 배웠던 내용에 이어서 (연관된 내용으로) 오늘 수업을 진행한다면, 오늘 배울 내용도 좋지만 지난 시간에 어떤 내용을 배웠는지 수업 시작 전 적어도 5분 정도는 꼭 훑어보아야 합니다. 하지만 완전히 처음 배우는 내용인 경우에는 교과서의 목차 또는 단원 목표라도 읽으면서 오늘 수업이 어떤 식으로 진행될지를 나름대로 상상해 보는 것이 좋습니다. 우리가 영화를 보기 전 미리 시놉시스를 읽고, 책을 고르기 전에 목차를 읽는 것도 이런 점화 효과와 관련된 활동이라고 볼 수 있어요. 이런 활동을 통해 영화나 책이 어떤 내용인지 궁금해지면 그 내용에 더 몰입함과 동시에 더 오래 기억할 수 있게 되죠. 아이들이 수업에 임하는 자세에도 이를 활용하면 동일한 효과를 볼 수 있습니다.

학습 기억력인 작업 기억력을 높이는 방법

앞서 설명한 작업 기억력이 높은 아이일수록 복잡한 일들을 잘 처리할 수 있습니다. 머릿속에서 여러 기억이 열심히 조합되어 주어진 일을 해결할 수 있도록 뒷받침해 주고 있다고나 할까요? 학급 친구들 앞에서 자신의 생각을 '논리적으로 발표'할 때도, '어려운 수학 문제'를 풀어낼 때에도 이 작업 기억이 관련 기억들을 끄집어 내서 최고의 결과를 도출할 수 있도록 도와줍니다.

하지만 누구나 이 작업 기억 용량을 넘어선 복잡하고 어려운 일 여러 개를 한꺼번에 처리하기는 힘듭니다. 우리 학부모님들도 뭔가 어렵고 복잡한 일에 직면했을 때 아무리 생각해 봐도 '내 머릿속에 있는 정보만으로는 해결할 수 없겠다.'라는 생각과 함께 머리가 아파오는 경험을 해보셨을 겁니다. 그 상황이 작업 기억의 과부하 상태입니다.

문제를 단순화하면 기억이 훨씬 쉬워진다

만약 우리 아이가 갑자기 공부를 하다가 도저히 어려워서 못하겠다고 투정한다면 이렇게 해보세요. 지금 하고 있는 공부, 문제를 '단순화'하는 겁니다. 좀 전에 여러 가지 정보를 함께 처리하는 것이 사람에 따라서는 어려울 수 있다는 말씀을 드렸지요? 학부모님 입장에서는 충분히 할 수 있는 것처럼 보여도 어른과 아이의 차이, 또는 개인차로 인해 당연하게 못 할 수도 있는 겁니다.

그러니 한 번에 처리할 수 있는 양만큼 최대한 문제를 '단순하게' 그리고 가능하면 여러 개로 쪼개어서 해보도록 지도하세요. 책을 읽을 때도 문단마다 간단한 문장으로 요약하는 연습을 하거나 복잡하고 긴 영어 문장을 끊어 읽기 하거나 또 긴 문장제 수학 문제도 문장을 수학적 기호(또는 식)로 바꾸어 표현해 보는 겁니다. 악기를 연주할 때 곡 전체를 한꺼번에 연습하는 것이 아니라 부분부분 연습해서 결국 마지막에는 전체 곡을 연습하듯이 학습의 템포를 조금 천천히 이해하며 짚고 넘어가는 연습을 하면 작업 기억이 조금 부족한 아이라도 어렵지 않게 문제를 해결해 나갈 수 있습니다.

간단한 메모를 기억에 활용하는 방법

적은 작업 기억 용량을 좀 더 늘리기 위해서는 '메모하는 습관'을 들이는 것도 아주 좋은 방법입니다. 우리 아이들이 수업을 듣거나 책을 읽을 때의 인풋(읽고 보고 듣는 것)은 우선적으로 단기 기억과 작업 기억에 저장되는데요, 이 두 단계의 기억을 장기 기억으로 옮겨야 앞으로의 학습에 그것을 활용할 수 있습니다. 아이가 메모를 하면 인풋된 내용을 정리 요약하기 때문에 기억하기가 더 쉬워집니다. 메모가 금방 잊히는 단기 기억이나 적은 작업 기억 용량을 더 확장되게 해 주는 것이죠.

또한 이렇게 메모해 놓은 것을 복습에 활용하면 두 가지 기억을 장기 기억으로 보내는 데 큰 도움이 됩니다. 예습으로 만들어진 점화 효과로 지난 시간에 배운 내용 그리고 오늘 배울 내용을 대략적으로 알 수 있었으니 본 수업 시간에는 핵심을 간추려 더 효과적인 메모를 할 수도 있고요. 그러므로 예습을 홀대하셨던 분, 오해하셨던 분은 오늘부터 5분이라도 우리 아이에게 예습하는 방법을 알려 주시고 학습에 활용하도록 지도해 주시기 바랍니다.

기억력을 극대화하는 메모 쓰기의 원칙

핵심만 적는 메모는 이렇게 합니다. 노트를 마련해도 좋고요, 또는 포스트잇처럼 교과서나 참고서에 옮겨 붙일 수 있는 형태도 좋습니다. 노트를 활용한다면 가운데 세로 줄을 2개 그어서 노트를 3개의 구역으로 나눈 후, 제일 왼쪽에는 예습하면서 기록해 놓을 만한 것을 아주 간단하게 적어 둡니다. 가운데 칸에는 실제 수업을 들으면서 주요 내용을 적는 거예요. 그리고 수업이 끝난 후엔 두 칸에 적힌 내용을 비교해 가면서 복습합니다. 방과후와 주말에 이렇게 복습한 내용을 바탕으로 3번째 칸에 스스로 테스트를 해 보는 것이죠. 예습-수업-복습(테스트)이 노트 한 권으로 정리되는 습관만 들인다면 시험 기간에 이 노트가 아이의 비법 노트가 될 수 있습니다. 교과서나 참고서가 따로 필요 없을 정도의 가치를 지니는 것이죠.

물론 미리부터 훈련하고 익숙해지면 누구나 할 수 있는 방법이지만 아이들 중에는 이런 '적는' 공부가 영 어색하고 잘 안되는 아이들이 있습니다. 그럴 경우에는 수업 전에 눈으로 보고 입으로 중얼거리는 예습을 하고, 수업 내용을 포스트잇에 적어둔 후, 교과서에 붙여 놓고 방과후에 그 포스트잇을 보면서 복습하고 그다음에는 자신의 언어로 누군가에게 설명하는 방식으로 대체해도 좋습니다. 설명할 대상이 없다면 연기하듯이 혼자서 또는 인형을 상대로 연습해도 좋습니다.

복습하면서 잘 기억나지 않는 부분은 다시 교과서 내용을 찾아보거나 또는 질문을 통해 해결하는 습관을 들이는 것이 가장 좋습니다. 하지만 이때 주의할 것은 인풋만 지속되는 학습은 시간만 누적될 뿐 아이에게 실질적인 도움이 되지 않습니다. 아웃풋이 있는 학습이야말로 집중력과 기억력을 극대화 할 수 있다는 점, 꼭 기억해 주세요.

전통적인, 누구나 가능한 기억력 훈련법

우리 아이들이 학습을 위해 암기해야 할 것에는 '이해와 맥락'을 기반으로 암기해야만 하는 지식과 단어나 연도처럼 '의미를 만들어야만' 기억할 수 있는 지식이 있습니다. 하지만 이해가 전제되어야 할 전자의 경우에도 '무턱대고' 외우는 아이가 많습니다. 그래서 대개 얼마 못 가서 공부한 내용을 상당 부분 잊어버리죠. 후자의 경우에도 암기 기술이 없는 아이가 능숙하게 하기에는 사실 굉장히 어렵습니다. 그래서 '영단어'를 학습하는 교재 중에는 기억력 훈련 원리를 기반으로 만들어진 것이 많아요. 만약 뒤이어 소개할 기억법을 바로 활용하여 우리 아이의 영단어 학습을 시키고 싶은 분들은 관련 기억법을 응용한 영단어 교재를 사용하여 실제적인 기억력 훈련을 시작하면 더 좋습니다.

아이 스스로 암기법을 터득하는 경우도 있겠지만 여기에서는 전통적으로 오랫동안 여러 사람을 통해 그 효과가 검증된 방법을 소개합니다. 우리 아이에게 하나씩 적용해 보면서 아이가 쉽게 적용할 수 있는 방법을 찾아보세요.

연상법: 이상할수록 더 잘 기억할 수 있다

앞서 배운 집중력과 기억력 못지않게 상상력과 창의력은 우리 아이들이 갖춰야 할 주요 역량입니다. 하지만 어떻게 상상하고 어떻게 창의성을 키울 수 있는가에 관해서 기술하여 매뉴얼을 만들기 어려운 부분이 있죠. 아이의 상상력과 창의성을 키우려면 일반적으로 가능한 한 많은 자극과 경험을 제공하는 것이 좋다고 하는데, 만약 기억력 훈련을 하면서 이 상상력과 창의성도 함께 키울 수 있다면 어떨까요?

기억력 고수들이 쓰는 주된 연상 훈련 도구는 '글자(숫자)'입니다. 일단 한국사의 연도 외우기 학습을 한다고 가정해 보겠습니다.

조선의 건국 1392년 / 훈민정음 반포 1446년 /
임진왜란 발발 1592년 / 동학농민혁명 1894년 / 을사늑약 1905년이와 같은 조선시대 주요 사건과 연도를 외워야 할 때 사실 그냥 외웠던 분들, 학부모님 중에도 많았을 겁니다. 여기서 소개할 방법은 아주 기초적인 '글자 연상법'인데요, 가장 먼저 기억해야 할 1392년은 13과 92라는 숫자의 조합입니다.

'1-ㄱ, 2-ㄴ, 3-ㄷ, 4-ㄹ, 5-ㅁ, 6-ㅂ, 7-ㅅ, 8-ㅈ, 9-ㅊ, 0-ㅌ'

이라고 합시다. (이렇게 순서대로 하는 이유는, 이 법칙도 외우지 않기 위해서입니다.)

두 자음 사이에 자연스러운 모음을 끼워 넣는다면

'13 = ㄱ+ㅜ+ㄷ, 92 = ㅊ+ㅓ+ㄴ'

이라고 해서 '굳천=좋은 천'이라는 단어를 만들 수 있어요.

조선의 건국, 1392년은 '조선을 만들 때 좋은 천으로 옷을 만들었다'와 같이 스토리를 만들어보는 겁니다. 하나 더 해볼까요?

훈민정음 반포, 1446년은

'14 = ㄱ+ㅡ+ㄹ, 46 = ㄹ+ㅓ+ㅂ, 글럽=글을 사랑함'.

훈민정음은 글을 사랑해서 만들었다.

이 연상법은 유태인의 오래된 숫자 기억법인 '기마트리아(Gimatria)'에 근거한 것인데요. 원래는 숫자와 영어 알파벳 자음을 하나씩 대응시키고 그 사이 알파벳 모음을 넣어 새로운 단어를 만드는 원리입니다. 그걸 한글로 살짝 변형을 했어요. 이런 방법이 오히려 더 번거롭다라고 생각하실 수 있지만 익숙해지면 빠르게 단어를 만들 수 있습니다.

이런 기억력 훈련은 두 가지 장점이 있습니다. 첫째는 억지로 스토리를 만들기 위해 상상력과 창의력을 발휘해야 한다는 거예요. 둘째는 보통 말도 안 되는 우스꽝스러운 단어가 만들어지기 때문에 아이들이 더 오랫동안 기억할 수 있다는 점입니다.

이런 방식의 연상 기억법은 뇌과학적으로도 추천되는 기억 전략 중 하나입니다. 장기 기억에서 가장 많은 역할을 하는 뇌의 기관이 '해마'인데요, 연상이라는 두뇌 활동은 자신이 이미 알고 있는 정보와 새로운 정보를 연관 짓는 경우가 많기 때문에 이 해마를 쉽게 자극하게 됩니다. 앞서 예를 든 '굳천', '글럽'은 그 자체로는 이상한 조합이지만, 조선 건국, 훈민정음 반포와 같이 이미 알고 있는 사실과 연계하여 새로운 단어를 만들수록 더 잘 기억에 남게 되지요. 이런 원리는 영단어 교재 《경선식 영단어》에서도 '해마 학습법'이라는 설명으로 활용되고 있습니다.

장소기억법: 머릿속에 나만의 장소를 만들어라

자, 이번에는 기억력 마스터들이 쓰는 좀 더 유명한 훈련 방법을 소개하겠습니다. 그건 바로 장소기억법, 소위 '기억의 궁전'으로 불리는 전략이에요. 이 전략은 저를 포함해 누구나 좋아하는 명탐정 셜록 홈즈 그리고 우리 모두 흥미롭게 보았던 드라마 <이상한 변호

사 우영우>의 우영우 변호사도 중요 단서들을 기억하는 데 활용한 기억법입니다.

장소기억법이란 '머릿속에 존재하는 상상의 장소'에 외워야 할 단서들을 배치함으로써 보다 쉽게 기억해 내는 전략인데요, 생각보다 재미있으면서 암기에도 효과적이어서 우리 아이들의 암기 학습에 활용하면 큰 도움이 됩니다. 어렵지도 복잡하지도 않으니까 하는 방법을 미리 인지하시고, 아이들과 함께 게임처럼 시작해 보세요.

1. 먼저 익숙해서 쉽게 연상할 수 있는 장소를 고르세요.

대부분의 사람들은 매일 생활하는 우리 집, 내 방, 거실이 가장 먼저 떠오르고, 어머님들은 부엌, 팬트리, 세탁실을 고를 수 있습니다. 아이들은 교실, 체육관, 강당, 학원이나 도서관을 떠올릴 수 있어요. 우선은 그중 딱 한 공간만 떠올리세요. 그렇게 떠올린 공간에 내가 직접 들어간다고 상상해 봅니다. 들어가서 어떻게 시선을 두고 또 이동할지 동선을 짜 보는 거예요. 예를 들어서 이렇게요.

우리 집 현관문을 열고 들어가면, 가장 먼저 왼쪽에 신발장이 있고 오른쪽에는 전신 거울이 있습니다. 신발을 벗고 거실로 들어서면 왼편에 소파가 있고요. 그 앞에는 탁자가 있어요. 소파 옆엔 협탁이, 협탁 위에는 스탠드 조명이 놓여 있습니다. 소파 맞은 편 벽에는 TV가 걸려 있고요. TV 밑에는 스피커가, TV 왼쪽으로는 책장이, 책장 위에는 꽃병이 있습니다.

지금 생각한 이 공간과 공간 속 사물들이 제 위치에 있다고 계속 반복해서 상상하는 연습을 해 봅니다. 그리고 나는 상상 속에서 왔다 갔다 하고 시선을 이리저리 두면서 그 장소의 동선과 시선의 순서가 익숙해지도록 여러 번 반복해 주세요.

2. 외워야 할 것들을 익숙한 사물로 전환해 보세요.

예를 들어 한국사의 역사적 사건들을 기억해야 한다고 해 보겠습니다. (순서가 있어도 되고, 없어도 됩니다.)

자격루(물시계), 칠정산(달력), 훈민정음, 병자호란, 북벌정책, 홍경래의 난, 대한제국

그리고 외워야 할 각 단어가 연상되는 이미지들을 떠올려서 단어를 이미지로 전환하세요.

- 자격루 = 물속에 잠겨 있는 대형 시계
- 칠정산 = 7개의 벽걸이 달력이 바람에 휘날리는 모습
- 훈민정음 = 세종대왕의 동상
- 병자호란 = 양손에 유리병을 든 호란(클래지콰이의 멤버)

- 북벌정책 = 북쪽을 가리키는 나침반 위를 벌 수만 마리가 에워싼 모습
- 홍경래의 난 = 붉은 망토를 입은 사람이 난(인도식 빵)을 먹는 모습
- 대한제국 = "대~한민국!"이라고 외치는 붉은악마 수십만 명

물론 이 과정에서는 말도 안 되고 밑도 끝도 없는 이미지를 떠올려야 할 수도 있습니다.

3. 나의 '기억의 궁전'인 집 안 사물들의 순서에 번호를 붙여봅니다.

1-신발장, 2-전신 거울, 3-소파, 4-탁자, 5-협탁, 6-조명, 7-TV, 8-스피커, 9-책장, 0-꽃병

이렇게요.

4. 각 사물이 있던 장소에 앞에서 '단어→이미지'로 전환한 이미지들을 넣습니다. 그리고 스토리를 만들어 보세요.

신발장을 여니 가득 물이 차 있었고 그 안에 커다란 시계가 잠겨 있다. → 거울을 보니 비치는 내 모습 뒤로 7개의 벽걸이 달력이 바람에 휘날리고 있다. → 소파에는 세종대왕님이 앉아 계신다. →

소파 앞 탁자에는 양손에 유리병을 든 호란이 앉아 있다. → 협탁에는 나침반이 놓여 있고 주변을 벌 수만 마리가 에워싸고 있다. → 조명 아래서 붉은 망토를 입은 남자가 난을 먹고 있다. → TV엔 "대~한민국!"이라고 외치는 붉은악마 수십만 명이 보인다.

조금은 억지스럽고 이상하죠? 그런데 상상력이 풍부할수록 내 기억과 연관이 될수록 그리고 독특하면 독특할수록 더 잘 기억에 남습니다.

이 장소기억법은 사람에 따라서 머릿속 '공간'보다 이미지 '한 장' 속 위치에 이 장소기억법을 활용하기도 하고요. 또 학급 친구들의 번호와 얼굴을 기준으로 '얼굴=고유의 장소'로 치환하여 장소기억법을 응용하기도 합니다.

이 장소기억법은 주로 아이들 학습 과정에서 맥락이 없는 것 (숫자, 기호, 철자 등)을 외워야 할 때 또는 외워야 하는 대상들의 순서를 명확히 기억해야 할 때 특히 도움이 됩니다. 처음에는 익숙지 않아서 어렵고, 또 만들어낼 수 있는 상상력의 한계 때문에 더 어렵게 느껴질 수 있습니다. 하지만 어색해도 여러 번 활용해 보면 자신만의 고유한 장소, 외워야 할 대상과 외우는 방식의 결합을 만드는데 요령이 생기면서 좀 더 편안하고 효과적으로 암기할 수 있게 됩니다. 학부모님들이 먼저 해 보시고, 아이들도 조금씩 훈련시켜 보세요. 아이들은 여러분이 기대한 것보다 더 재미있게 잘해 낼 겁니다.

오감기억법: 오감을 자극하면 기억이 쉬워진다

초성으로 암기하는 방법은 모두가 잘 알고 있는 일반적인 암기 전략입니다. 우리 학부모님들도 학교 다니실 때, 조선시대의 왕 이름, '태정태세문단세'로 시작하는 방식으로 외워 지금까지도 그 순서를 전부 기억하고 계신 분이 있으시죠? 고등학교 화학의 원소주기율표가 아직도 기억이 나는 걸 보면 저도 이 방식으로 한 암기가 효과가 있었던 것 같습니다.

이런 방식은 사실 아무 의미 없는 음절들의 조합이기 때문에 외우는 것이 쉽지 않습니다. 그래서 '반복'이 반드시 필요한 방법인데요, 여기에 간단한 멜로디를 추가해서 노래하듯이 외우면 음 자체가 익숙해져서 뇌 속에 쉽게 정착됩니다. 소리가 기억의 전달 매체가 되는 것이죠.

소리가 정보를 더 잘 기억하게 한다는 것을 저는 다른 사례로도 경험해 본 적이 있습니다. 제 고등학교 시절 친구 중 공부를 같이하기 힘든 친구가 있었어요. 그래서 그 친구는 야간자율학습 시간에 복도에 나가서 친구들과 격리된 채 따로 공부할 수밖에 없었습니다. 이유는 그 친구의 암기 방식 때문이었는데요. 무엇을 외우든 무조건 중얼거리는 친구였거든요. 솔직히 뭘 중얼거리는지는 잘 들리지 않았습니다. 하지만 집중하려는 옆 친구들을 교묘하게 거슬리게 만들었던 아이였어요. 그렇게 해야 잘 외워진다고 정말 미안하다고 하는데, 예민한 고 3 시기에 그 아이로 인해서 말이 좀 많았던 기억이 납니다.

하지만 이 방식은 눈으로 봄과 동시에 소리를 내어 시각과 청각을 동시에 자극함으로써 기억력을 증폭하는 아주 좋은 방법입니다. 아이들이 구구단을 외울 때 소리 내어 외우는 건, 정말 잘하고 있는 방식이에요. 실제로도 이런 원리에 의해 눈으로 보아도 쉽게 익숙해지지 않는 낯선 조합의 외국인의 이름이나 지역, 병명, 꽃의 학명 같은 것은 입으로 몇 번 중얼거려야 분명하게 기억되는 것을 한 번쯤은 모두 경험해 보셨을 거라고 생각합니다.

청각 외에도 무언가를 외울 때 몸의 다른 감각을 이용하면 좀 더 잘 외울 수 있는 방법이 있습니다. 쓰는 행위가 암기에 도움이 된다는 것은 누구나 경험적으로 알고 있어요. 우리가 괜히 고등학교 때까지 '깜지'를 썼던 게 아닙니다. 하지만 쓰는 방식으로 효과적인 암기를 한다고 하면, 그 방식보다는 허공에 대고 쓰는 연습을 하는 것이 더 효과적입니다. 허공에 쓰라고요? 선뜻 이해가 안 가시죠? 특히 이 방법은 다른 언어, 즉 한자나 영어 단어 등을 암기할 때 좋은 방법인데요. 공중에 쓸 때는 쓴 글씨가 눈에 보이지 않으니 그 단어의 마지막 획이나 철자를 쓸 때까지 머릿속으로 계속 떠올려야 하기 때문입니다. 지금 바로 학부모님이 먼저 해보세요. 제 말이 무슨 의미인지 바로 이해가 가실 겁니다.

분류기억법: 나만의 기준으로 묶어라

일상생활에서 새롭게 듣게 된 정보나 지식을 기억할 때, 보통은 한 번에 3~5개의 단어(의미)나 숫자 등을 기억하는 것이 일반적이라고 합니다. 그래서 의식적으로 암기해야 할 것을 특정 단위로 끊어서 외우거나 비슷한 속성끼리, 소위 덩어리로 묶어서 전체 덩어리의 숫자를 줄이는 방법을 쓰면 좀 더 외우기 쉬워지는데요. 덩어리로 묶는 과정에서 분류 기준과 내용 간에 조직화와 구조화가 이루어진다면 더 쉽게 기억할 수 있기 때문입니다.

예를 들어, 아이가 외워야 할 영어 단어가 다음의 7개라고 해 보겠습니다.

학생(student), 종이(paper), 계절(season), 바다(sea), 가족(family), 의자(chair), 8월(August)

물론 여러 번 반복해서 외우는 방법도 있습니다만, 좀 더 쉽게 암기하기 위해 저는 분류를 하겠습니다.

전체적으로 보니 학생-종이-의자/계절-바다-8월/가족 이렇게 세 덩어리로 묶을 수 있겠네요. 또는 8월/의자/가족/종이-학생-계절-바다 이렇게 다섯 덩어리로도 묶을 수 있습니다.

앞의 분류 기준은 관련성이었고요. 뒤의 분류 기준은 알파벳 초성 순서였습니다. 어떤 방식이 더 잘 외워질까요? (정답을 요구하는 질문은 아닙니다.) 이런 분류 기준은 자신만의 주관적인 기준으로 독특하게 나눌수록 더 많은 정보를 더 간단하고 효과적으로 암기할 수 있습니다. 남들이 정해 놓은 기준보다 자신이 (여러 의미를 부여해 가면서) 고민하고 생각한 독창적인 기준으로 분류하는 경우가 기억하는 데 더 많은 도움이 되기 때문이죠.

우리가 보통 마인드맵이라고 부르는 구조는 정리된 시각적인 구조가 직관적인 이해를 돕는다는 장점도 있지만 기억을 쉽게 하기 위해 사용하기에도 좋은 도구입니다. 마인드맵은 내용의 뼈대에 해당하는 키워드를 중심으로 세부 정보와 개별 사실들 그리고 추가 정보를 보기 좋게 배치한 건데요. 탑 다운 방식 (상위 개념 → 하위 개념으로 분류)에 익숙한 인간의 사고 방식을 그대로 옮겨 놓았다는 평가를 받고 있습니다. 이런 방식은 시각적 이미지를 더 잘 외우는 사람에게 훨씬 수월한 암기 방법이기도 합니다.

영단어 교재에는 이런 방식을 활용하여 특정 주제 아래 단어들을 분류하고 구성한 책이 많습니다. 특히 저학년일수록 이미지와 함께 암기하는 방식들을 제시하고 있어요. 예를 들면 몸을 그려 놓고 신체 부위를 의미하는 영어 단어를 배치하여 분류 구조화 방식과 이미지 연상법을 동시에 활용하는 것이죠. 이런 방식은 사진 찍듯이 그 형태를 기억하거나 자신이 이미 알고 있는 단어와 연결해서 해당 분류의 단어들을 좀 더 쉽게 그리고 많이 암기하는 데 효과적입니다.

기억력 향상에 도움이 되는 '시험'

무언가를 학습하는 것은 입력한 내용을 장기 기억으로 바꾸는 과정입니다. 그렇다면 배운 내용을 장기 기억으로 전환할 때 가장 효과적인 방법은 무엇일까요? 여러 학자의 연구 내용을 보면 동일한 내용을 반복 학습하는 것보다 한 번이라도 인출(아웃풋)을 경험하는 것이 장기 기억에 더 도움이 된다고 합니다. 그중에서도 '시험'이라는 인출 방식이 가장 효과적이라는 의견이 많은데요. 일반적으로 시험을 공부의 결과로 생각하시는 분이 많습니다. 물론, 때로는 시험 성적이 아이들의 진학과 미래(?)를 결정하는 중요한 기준이 된다는 것은 동의합니다. 하지만 모든 시험이 그렇지는 않죠.

제가 말씀드리는 시험은 자신의 상태를 스스로 진단하는 용도로 플래시 카드나 백지 테스트 같은 도구를 활용하는 다양한 활동을 포괄합니다. 시험은 장기 기억뿐만 아니라 메타인지를 형성해 주는 효과가 있습니다. 내가 어떤 내용을 알고 모르는지를 시험 결과로 확인할 수 있고 이를 활용해 효과적인 학습 전략을 세울 수 있기 때문입니다.

기억력 훈련의 일환, 일상 시험

아이들이 보는 교과서나 문제집에는 주요 문제들 외에도 제일 첫 페이지에 "오늘은 어떤 내용을 배우게 될지 친구와 대화해 볼까요?"라는 식의 도입형 문제가 있는데요, 이런 문제들도 시험 효과의 도구로 활용하기에 적합합니다. 일상에서의 시험이 스트레스와 긴장을 유발하는 '진짜 시험(성적을 매기고 결과로 진학 여부가 결정되는)'을 좀 더 편안하게 응할 수 있도록 도와주니까요.

일상 시험은 다양한 형식으로 진행할 수 있습니다. 좀 전에 언급한 교과서나 문제집의 구석구석 문제들을 활용해도 좋고요. 제가 자주 추천하는 백지 테스트도 아주 효과적인 시험 도구입니다. 많은 연구에서 시험 효과를 극대화하는 방법으로, 선다형 객관식 시험보다 서술형 시험을, 오픈북 시험보다 클로즈북(일반적으로 책을 보지 않고 보는 시험) 형식을 추천합니다. 백지 테스트는 이 두 가지 조건을 모두 만족하는 가장 좋은 일상 시험이에요.

백지 테스트는 매일, 주말마다, 단원이 끝날 때, 학기가 끝날 때 등 학습을 마무리하는 (개인적인) 시점에서 진행하면 됩니다. 제가 추천하는 방식은 단원을 마무리할 때, 목차를 나열한 후 세부 내용을 채워보는 방식인데요. 만일 채우지 못한 부분이 있다면 오픈북 형태로 그 부분을 찾아 붉은 색 펜으로 채워 넣습니다. 이런 방법을 사용하는 일차적인 목표는 1차 테스트를 통해 배운 내용을 구조화하는 것이고, 다음으로 자신이 알고 있는 것과 모르고 있는 것을 구분해 낸 후 부족한 부분은 직접 찾아서 채워 넣는 과정이 잊었던 기억을 다시 상기하는 데 효과적이기 때문입니다.

하지만 여기에서 그치지 말고 그다음 날 그 백지를 다시 꼼꼼하게 읽고, 또 그다음 날 2차 백지 테스트를 실시합니다. 이때는 기억의 정도에 따라 처음처럼 목차를 먼저 적어 놓고 내용을 채우는 방식이어도 좋고, 아예 주제만 쓰여 있는 백지 상태에서 시작해도 좋습니다.

쉬는 시간이 핵심, 분산 학습법

이제 장기 기억을 극대화하는 가장 대표적인 학습법인 '복습'을 다뤄보겠습니다.

이제는 모두 잘 알고 계시는 에빙하우스의 망각곡선은 '단기 기억을 잘 유지해 장기 기억으로 가져갈 방법은 무엇인가'가 아니라 '얼마나 잘 잊어버리는지를 파악해야 잊지 않을 수 있다'를 깨닫게 하는 연구 결과입니다. 게다가 이 망각곡선에 대해서는 약간의 오해가 있는데요.

'처음에는 배운 것을 빨리 잊어버리지만, 시간이 지나면 그 속도가 느려진다'라는 시사점은 같지만 에빙하우스가 이 실험을 할 때 사용했던 실험 도구가 사실은 별 의미 없는 학습 교재였다는 점에 한계가 있습니다. 우리 아이들은 학습할 때는 무작정 의미 없는 것을 기억하는 것이 아니라 '이해'를 바탕으로 암기하기 때문에 연구 결과를 그대로 적용하기에는 적합하지 않지요.

다시 말해 에빙하우스의 망각곡선에 따르면 20분이 지나면 41.8%가 망각되고, 1시간이 지나면 55.8%를 잊히지만 사실 아이들의 일상 학습 내용은 이보다는 손실량이 더 적다는 의미입니다. 아이들이 입력한 지식은 이해한 내용이므로 훨씬 더 적게 잊힌다는 뜻이죠.

우리가 기억할 것은 '20분 안에 복습해야 한다, 1시간 안에는 무슨 일이 있어도 복습해야 반 이상 잊어버리지 않는다'가 아니라 '처음 복습 후에 시간 간격을 점차 늘리면서 규칙적으로 복습해야 장기 기억을 유지할 수 있다'는 사실입니다. 학습이 끝나면 바로 이어서 복습, 복습, 복습, 이런 식으로 반복 학습을 해야 기억에 도움이 되는 것처럼 보이지만 사실은 간격을 두고 복습하는 것이 가장 효과적이지요.

단기 기억력이 좋은 아이들은 수업이 끝나고 20분이 지나도 수업 내용을 잘 기억해 내기 때문에 자신은 따로 복습 하지 않아도 그 내용을 오래 기억할 것이라는 착각에 빠지기 쉽습니다. 하지만 당연히 그런 아이도 일정 시간이 흐른 후 반복 복습을 하지 않으면 보통의 아이들처럼 그 내용을 많이 기억하지 못합니다.

반대로 단기 기억력이 좋지 않은 아이라도 간격을 두고 복습하면 두 번째 기억을 떠올릴 때(개인차가 있기는 하지만)는 살짝 어려움을 겪을 수 있지만 그 이후에는 오히려 더 잘 기억하게 됩니다. 기억은 물 흐르듯이 순탄하게 지나간 단기 기억은 잘 저장하지 않습니다. 오히려 특이한 상황, 어려움, 좋고 싫음의 감정 등 약간의 굴곡 있는 상황이 더 효과적이죠. 여러 시행착오를 겪으며 끙끙대고 어렵게 공부하면 잊기 어렵다는 것은 모두가 인정하실 거예요. 뇌를 더 자극해서 뇌가 더 활성화되기 때문입니다.

모든 과목의 복습에 분산 학습 이론을 적용해 주세요. 앞서 소개한 백지 테스트를 하는 사이사이에도 활용하시고, 영단어 복습, 수학 오답 풀이에도 추천합니다. 여기서는 올바른 시간 간격을 두고 복습하기 딱 좋은 암기력 훈련 도구인 '라이트너' 학습법을 소개하겠습니다. 방법을 익히고 영단어, 한국사, 과목별 주요 용어 암기에 적극 활용해 보세요!

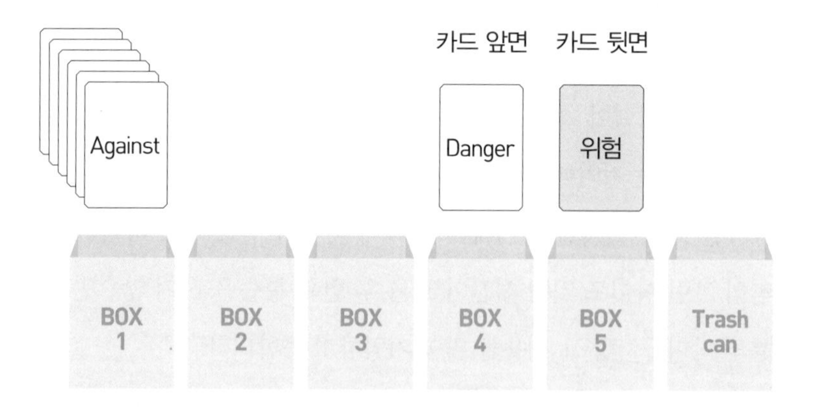

① 우선 6칸의 공간(1, 2, 3, 4, 5, Trash Can)으로 나눈 박스(BOX)와 영단어 카드를 준비한다. 카드 앞면에는 자신이 외우고자 하는 단어를 쓰고 뒷면에는 그 정답을 기재한다

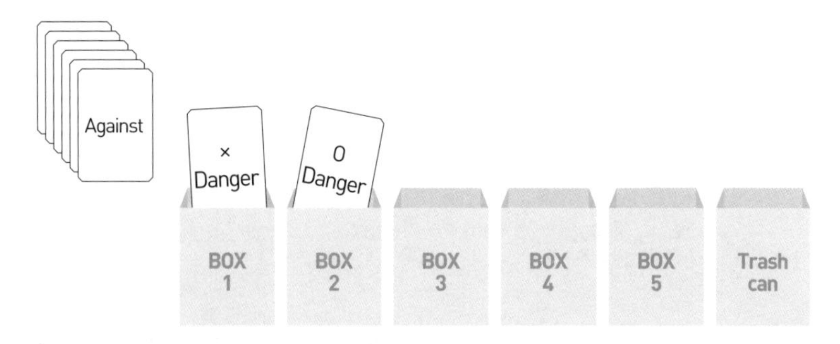

② 이 영단어 카드를 BOX1에 모두 넣는다. 차례로 앞에 있는 카드를 뒤집고 정답을 맞히면 BOX2칸에 넣는다. 오답이면 BOX1칸에 다시 넣는다.

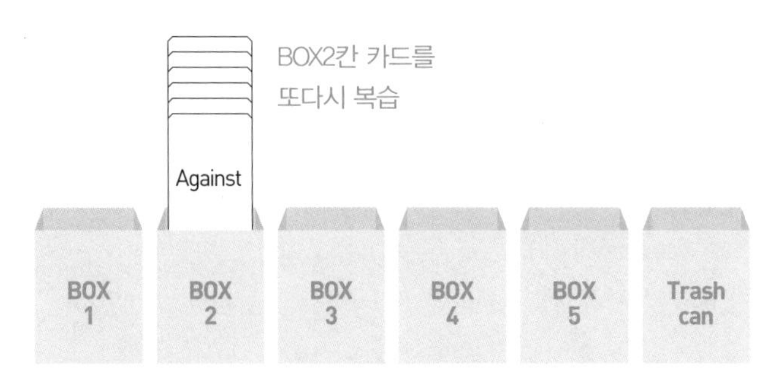

③ 틀린 카드를 모아둔 BOX1칸을 계속해서 복습하다 보면 BOX1칸의 카드는 얼마 남지 않게 된다. 그러면 BOX2칸 카드를 또다시 복습한다.

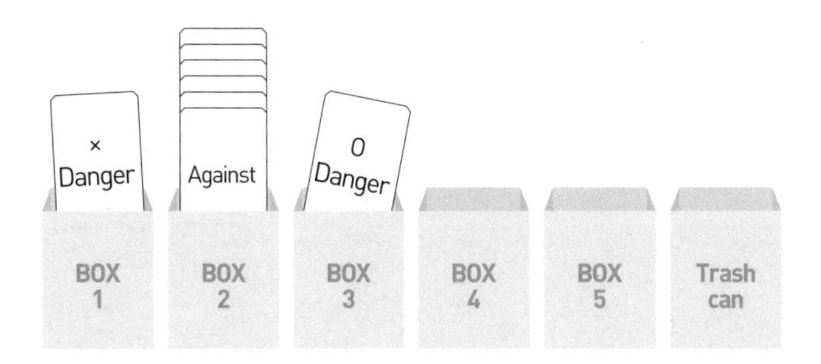

④ 이번에는 정답을 맞히면 BOX3칸으로 보내고, 오답일 경우에는 BOX1칸으로 되돌려 보낸다.

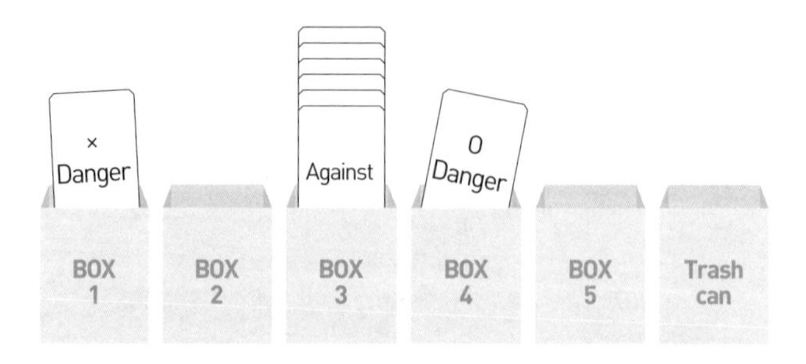

⑤ 어느덧 BOX3칸에도 카드가 차게 되면 BOX3칸의 카드를 복습한다. 이번에도 맞히면 BOX4칸에 넣고, 오답이면 다시 BOX1칸에 넣는다.

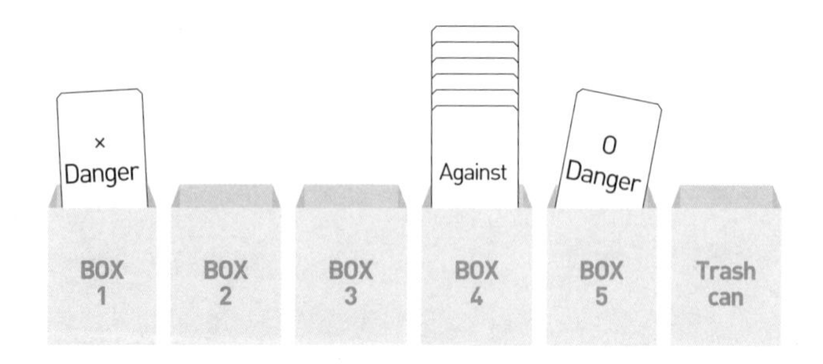

⑥ BOX4칸에도 카드가 차게 되면 BOX4칸의 카드를 복습한다. 이번에도 맞히면 BOX5칸에 넣고, 오답이면 다시 BOX1칸에 넣는다

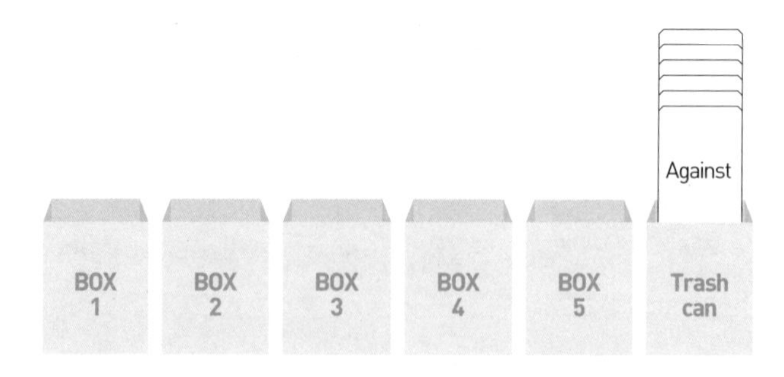

⑦ 이 시스템을 계속 반복하다 보면 어느덧 Trash Can까지 도달하게 된다.

공부 독립

잠을 자야
기억력이 높아진다?

앞서 15~30분의 낮잠이 집중력 향상에 도움이 된다는 이야기를 드렸습니다. 거기에 더해 기억력 파트에서도 기억력과 잠에 대한 이야기를 하려고 합니다.

우리 아이들이 지금은 초등학생이지만 불과 2~3년만 지나도 수많은 과제와 조별 수업, 친구와의 소통, 게임 등을 하느라 밤잠을 줄이는 아이들이 늘어날 겁니다. (이미 그런 아이도 있지요?) '잠을 자야 내일 학교에 가서 졸지 않는다, 밤에 일찍 자야 키가 큰다' 등의 나름 논리적인 주장이나 때로는 협박을 해도 아이들에게 잘 먹히지 않죠. 그런데 그렇게 막연한 이야기보다는 잠이 아이에게 어떤 도움이 될지를 조금 더 이론적으로 설명해 주면 어떨까요? 그리고 아주 간단한 것부터 조금씩 기억력을 높이는 데 잠을 활용해 보는 겁니다. 별거 아닌 루틴인데 아이들 생각보다 효과가 있다면, 이제부터 부모님의 말씀을 좀 더 경청하게 될 거예요.

충분한 수면을 취하지 못한 뇌는 학업에 있어서 여러 가지 문제를 초래합니다. 주의력과 집중력이 떨어지고 소위 빠릿빠릿하게 과제를 처리하지 못하죠. 속도도 떨어지고 정확도도 낮아집니다. 한마디로 잠이 부족하면 인지 능력과 관련된 모든 활동이 제 역할을 하지 못한다는 이야기입니다. 그 이유는 우리의 몸이 수면 부족을 위험과 비상사태로 인지하기 때문이에요. 비상상태의 몸은 생존에 더 집중해야 하기 때문에 심장과 근육 쪽으로 에너지를 보내고 뇌는 상대적으로 주목하지 않게 됩니다. 뇌로 에너지가 몰리지 않으니 정신이 맑을 수가 없겠죠. 잠을 충분히 자야 하는 직접적인 이유입니다.

우리는 자칫 잠을 잘 때 인체의 모든 기능도 함께 쉰다고 생각합니다. 하지만 잘 아시다시피 우리 몸은 365일 한순간도 쉬지 않습니다. 뇌도 마찬가지인데요, 뇌는 하루 동안에 받아들인 수많은 정보를 분류하고 걸러내고 조합해서 장기 기억으로 가져갈 것을 추려내느라 아주 바쁩니다. 이를 기억의 안정화(응고화) 시간이라고 불러요. 특히 자는 동안에는 외부 자극이 상대적으로 적기 때문에 뇌가 열심히 일할 수 있는 환경이 됩니다. 이런 까닭에 시험 전날 밤새서 공부를 해도 항상 효과적이지 않은 것입니다. 적당히(?) 공부하고 잤으면 자는 동안 뇌가 저절로 단기 기억을 작업 기억과 장기 기억으로 바꾸어 놓았을 텐데 밤새면 그 작업이 이뤄지지 않는 것이죠. 그 결과 단기 기억만으로 시험을 보니 쉽지 않았던 것입니다.

단호하게 말씀드립니다. 적당한 잠은 기억력이 향상되게 합니다. 밤새워 공부를 한 사람보다는 공부하고 잠을 조금이라도 잔 사람이 다음 날 더 많은 것을 기억할 수 있습니다. 아이를 앞서 설명한 논리로 설득해 보세요. 진짜 이유를 아는 아이와 부모님의 잔소리라고 생각하는 아이는 정보를 받아들이는 자세부터 다르니까요.

잠들기 5분 전, 효과적인 기억력 훈련

잠들기 직전, 그날 배운 내용 중 중요한 것을 머릿속에 떠올려보는 것도 매우 효과적인 학습법입니다. 잠들기 전에 학습한 내용은 그 이후에는 추가 학습이 없기 때문에 간섭으로부터 자유로워 기억이 더 오래 남는 경향이 있습니다. 그래서 제가 추천하는 방법은 매일의 학습을 '복습'하고 다음 날 수업을 '예습'하는 시간을 잠들기 전으로 루틴화하는 것인데요.

물론 아이가 학원에도 가고 그날그날 해야 할 일이 많아서 그럴 여유가 없다고 걱정하는 분들도 계실 거예요. 하지만 기억력 향상에 도움이 되는 이 시간을 TV 보거나 인터넷을 하면서 보내게 할 생각은 아니시죠? 생각보다 쉽게 시작할 수 있는 방법이니 오늘부터 딱 5분만 아이의 시간을 써보세요.

STEP1. 매일 잠들기 전 5분 동안 오늘 배웠던 내용을 떠올리며 말해 보기
STEP2. 매일 잠들기 전 10분 동안 오늘 배웠던 내용을 떠올리며 학습 일기 쓰기
STEP3. 학교에 다녀와서 오늘 공부한 내용을 떠올리며 백지 테스트(또는 학습 일기 쓰기), 잠들기 전 5분 동안 백지 테스트 한 내용을 다시 읽기

이 3단계 중 우리 아이에게 가능한 것부터 시작하시면 됩니다. 처음부터 원활하게 줄줄 이야기하거나 쓸 수는 없겠지만 일주일만 훈련하면 루틴처럼 쉽게 시도할 수 있게 됩니다.

처음에는 내용에 주목하지 마세요. 내용에 저절로 살이 붙는 것은 시간이 지나면 조금씩 자연스럽게 될 겁니다. 그리고 주의하실 점은요, 이 활동이 끝난 후 바로 잠들게 하셔야 한다는 겁니다. 5분 동안 기껏 학습했는데 잠들기 전에 게임하고 책을 본다면 잠든 아이의 뇌에는 복습한 내용이 아니라 게임과 책 내용만 머물게 될 것입니다. 그러면 이런 노력이 아무 소용 없겠죠!

공부
독립

4

문해력

왜 문해력일까?

초중고 학년을 막론하고, 선생님들이 체감하는 '아이들의 문해력 수준이 날이 갈수록 낮아지고 있다'는 기사는 여러 매체를 통해 반복적으로 노출되고 있습니다. 그 내용인즉, 우리나라는 세계에서 문맹률이 가장 낮은 나라 중 하나로, 글을 읽을 줄 모르는 아이는 하나도 없지만 읽어도 어떤 의미인지 모르는 아이는 점점 늘어난다는 것인데요.

문해력이란 '읽기 능력, 이해 능력, 의사소통 능력'을 모두 포괄하는 어휘로서, 어떤 글을 읽고 단순히 '아! 이런 뜻이구나!'라고 이해하는 수준을 넘어서 다양한 장르의 텍스트, 즉 책, 신문, 광고지, 계약서, 미디어 등을 해석하고 그 안의 어휘의 뜻과 문맥을 깊이 이해함으로써 자신만의 의미 있는 사고로 확장할 수 있는 능력입니다. 최근에는 여기에 더해 이러한 과정에서 형성된 본인만의 생각을 말이나 글로 표현하는 능력까지도 문해력의 범주로 보고 있고요.

실제 초등 교실은 물론이고 중고등 교실에서도 아이들의 심각한 문해력 수준으로 인해 국어 과목이 아닌 타 과목 선생님들이 한글 단어의 뜻을 설명해 주느라 수업 진도에 지장 받을 정도라고 합니다.

어느 정도일까요? 일상생활에서 잘 쓰지 않는 수학 용어 '대칭, 절편' 이런 것은 그렇다 칩시다. (물론, 문제를 풀 줄 아는 아이도 그 뜻을 모르는 경우가 많습니다.) 고등학생 중에 '정의, 기득권'처럼 일상 대화나 기사에서도 쉽게 볼 수 있는 용어의 뜻을 모르는 아이들이 있다고 하니 조금 심각한 문제죠.

문해력을 쌓기 위한 방법으로 학교나 가정에서 독서 교육이 강조되고는 있지만 아이들 대다수는 글 읽는 것 자체를 싫어하고, 읽는다 하더라도 내용을 제대로 이해하지 못합니다. 어휘 하나하나의 의미도 잘 모르거니와 문장과 문맥의 관계와 의미, 긴 글에서 핵심 정보를 요약적으로 이해하는 능력 등이 부족하기 때문이죠.

게다가 친구들과의 대화(그들만의 은어), SNS 등 온라인상에서 접한 줄임말, 신조어만 익숙합니다. 그러다 보니 자신들이 쓰는 은어가 유래된 어휘가 무엇이고 원래는 어떤 뜻이었는지 모르는 주객전도 현상도 쉽게 발견할 수 있습니다. 그냥 상황만 이해하고, 친구들이 그 어휘를 쓰니까 생각 없이 따라 쓰는 아이가 많다는 얘기입니다. 게다가 초등 아이들이 자주 쓰는 말인 '어쩔티비, 킹받네, 못 참지, 개꿀' 같은 건 어느 정도 짐작 가능하지만 '쿠쿠루삥뽕' 같은 이상한 의성어를 아무렇지도 않게 써서 학교에서 금지당했다는 얘기도 들립니다. 그 정도로 아이들의 언어 파괴는 학업에 악영향을 줄 뿐만 아니라 일상에서도 심각한 상태입니다.

국어뿐만 아니라
전 과목에 영향을 미치는 문해력

문해력은 모든 학습의 기초입니다. 문해력이 부족하다는 것은 높은 확률로 어휘력이 부족하다는 의미입니다. 그러므로 수업 시간에 등장하는 수많은 어휘를 제대로 소화하지 못하고 그 내용을 제대로 이해하지 못하죠. 마찬가지로 학교에서 읽는 가장 대표적인 책인 '교과서'도 제대로 읽지 못합니다. 교과서를 읽지도, 수업을 이해하지도 못하는 아이에게 자기 생각을 글로 쓰는 것은 당연히 훨씬 더 어려운 일입니다. 그런 상황에 놓이는 아이는 수업에 제대로 집중할 수 없게 되고 어쩔 수 없이 소외되어 점차 학습에 흥미를 잃게 됩니다. 시작은 문해력 하나가 부족했을 뿐인데 학교에서 무언가를 배우는 데 꼬리에 꼬리를 물고 엄청난 장애물이 등장하는 셈이죠. 학교에서의 모든 학습 과정이 단언컨대 바로 문해력과 긴밀

한 관계를 맺고 있기 때문입니다.

많은 분이 문해력을 책 읽기와 연관 지어 국어 학습 역량으로만 한정하여 생각하는 경우가 많습니다. 그런데 책을 많이 읽었다는 아이의 학부모님들이 "선생님, 저희 아이가 영어 지문의 이해는 물론이고 그 지문의 한글 해석본을 보고도 무슨 내용인지 잘 모르겠대요.", "선생님, 수학 문제가 조금만 길어져도 아이가 풀려고 하지 않아요. 무슨 말인지 이해가 안 간대요."라고 고민을 토로하십니다. 이건 어찌된 일일까요? 그건 바로 이 문해력이 국어에만 필요한 역량이 아니기 때문입니다.

같은 언어 계열인 영어는 물론이고 사회, 과학도 문해력이 있어야 하며, 문해력과 가장 거리가 먼 것처럼 생각되는 수학도 결코 문해력에서 자유로울 수 없습니다. 하지만 (국어) 문해력이 키워진다고 해서 저절로 영어와 수학 실력의 향상으로 이어지지는 않기 때문에 영어는 영어대로, 수학은 수학대로 각각의 문해력을 따로 길러줘야 합니다.

예를 들어 드릴게요. 요즘은 전 과목에서 서술형 평가가 강조되는 추세인 것, 알고 계시지요? 수학도 마찬가지인데요, 서술형으로 답안을 써내야 하는 문제라면 간단한 연산 문제(예: 52.2+43.545 같은 문제)가 아니라 문장으로 되어 있는 다소 긴 문제일 가능성이 높습니다. (저는 문장제 문제와 서술형 문제를 구분합니다. 문장제 문제는 읽기 시험, 서술형 문제는 쓰기 시험이기 때문이에요. 이 두 유형의 복합 문제도 자주 출제됩니다.)

하지만 다행인 것은 수학 문제는 길이가 길어져도 문장 하나하나에 힌트가 숨어 있다는 거예요. 등장하는 수학 용어를 제대로 이해하고 문장 속 힌트를 잘 해석해 낸다면 문제를 푸는 것이 상대적으로 어렵지 않습니다.

하지만 애초에 수학 문제에 등장하는 수학 용어(어휘)의 의미를 모르면 문제가 이해되지도 않고 결국엔 문장 속에 담긴 힌트도 찾아내지 못합니다. 결국 아이는 그 문제를 절대로 풀어낼 수 없지요.

문해력은 그저 책만 무작정 읽는다고 저절로 개발되는 것이 아닙니다. '올바른 독서 방법'이 전제되어야 하며, 문해력을 위한 다른 효과적인 방법(심지어 각 과목에 맞는 방법으로!)도 같이 꾸준히 실천되어야 하죠. 그런데 우리 학부모님들은 문해력을 키울 수 있는 구체적인 방법을 얼마나 알고 계실까요?

이 책에서는 수많은 '문해력 향상 비법' 중 아이들의 공부 독립을 위해 가장 필요한 문해력 학습법인 읽기(독서와 어휘 학습)와 쓰기 전략을 소개하려고 합니다. 여기 소개된 내용 외에 좀 더 자세한 전 과목 문해력 향상 비법을 알고 싶으시다면 저의 전작 《초등 국영수 문해력》을 참고하세요.

문해력을 높이는 3단계 독서 지도법

어떤 가정이든 가정 내 첫 교육은 독서(촉감책, 멜로디책 등)로 시작하기 때문에 사실 아이들 대부분은 책이 낯설지 않습니다. 하지만 독서에 얼마나 흥미를 갖고 초등 입학 이후까지도 그 습관을 가져가는지는 가정마다, 아이마다 굉장히 다르죠.

이상적으로 아이들의 독서는 학년이 올라감에 따라 글밥도 많아지고 장르도 문학에서 비문학으로 확대되어야 하지만 책을 읽는 습관조차 안 된 아이들에게는 나이에 상관없이 일단 부담 없고 즐거운 독서, 가능하면 문해력에 도움이 되는 방향의 전략적인 독서가 이루어져야 합니다. 그래서 지금부터 문해력을 쌓는 올바른 독서 방법을 3단계로 소개하겠습니다.

우리 아이에게 어느 단계의 독서를 시도해야 할지를 판단하는 기준으로 활용해 보세요. 독서 교육을 이미 실천하고 계신 가정에서는 방향성 및 활용 팁 등을 참고하시면 됩니다.

STEP 1. 읽어주는 독서

아이들이 한글을 배우기 전의 독서 교육은 주로 '보는 독서'와 '듣는 독서'입니다. 아이들이 한글을 배우기 시작하면 글밥이 아주 적은 그림책부터 혼자 읽기 시작하여 '읽기 독립'을 목표로 독서 교육을 하시죠. 그래서 사실 초등 저학년 시기를 지나면 아이들에게 책을 읽어주는 가정이 많지는 않습니다.

'읽을 줄 아는데 굳이', '읽어주는 것에 익숙해져 스스로 읽지 않으면 어쩌나', '혼자 글을 읽어봐야 한글 수준도 더 성장하지 않을까' 등과 같이 교육적인 판단을 하고 의도적으로 책을 읽어주지 않는 가정도 있으시고요. 또는 독서 외에도 챙겨야 할 학습의 범주가 늘어나다 보니 자연스럽게 읽어주지 않는 상황이 된 가정도 있지요. 하지만 매일은 아니어도 아이에게 책을 읽어주는 행위는 우리가 생각하는 것 이상으로 훨씬 더 교육적인 효과가 있습니다.

읽어주는 독서의 효과

일단, 아이에게 책을 읽어줄 때 생성되는 아이-부모 간의 애착은 책 읽기의 즐거움과 연결됩니다. 부모님이 책을 읽어주는 시간은 아이들에게 부모님의 사랑을 느끼는 시간이거든요. 책을 읽어 줄 때는 수학 문제를 알려줄 때처럼 교재를 앞에 두고 마주앉아 “자, 집중하고 이거 잘 봐봐.” 하며 문제 풀이(또는 평가)에 집중하는 모습이 아니지요. 무릎이나 옆에 가까이 앉히고 눈을 맞추며 함께 이야기 속으로 들어가는 경험을 합니다. 그때의 즐거움, 기분 좋음, 설렘 등의 복합적이고 긍정적인 감정이 책 읽는 행위에도 동기화되어 ‘책 읽기는 곧 즐거운 경험’이라는 생각이 아이들의 무의식에 자리잡게 되는 것이죠. 그래서 글을 잘 읽는 아이라도 최소한 초등 저학년까지는 학부모님이 아이에게 직접 책을 읽어주시는 것을 추천합니다.

책을 읽어주다 보면 간혹 ‘이 많은 분량을 언제 다 읽어주지?’라는 걱정이 생기기도 하고, ‘글밥이 많지만 힘내서 끝까지 다 읽어줘야지!’ 하며 열의를 보이는 분도 있습니다. 하지만 제가 드리는 정답은 ‘책 전부를 읽어줄 필요는 없다’는 거예요. 흥미를 끌 만한 책의 도입부부터 조금씩 읽어주시고, 매일 짧게라도 함께 책 읽는 시간을 정해서 그 시간을 기다리도록 만드시기 바랍니다.

적어도 아이가 책을 읽는 시간에 옆에서 ‘같이 읽는다’는 원칙만 지키시면 돼요. 만약 아이가 마음이 급해서 뒷이야기가 궁금해 죽겠다고 하면 혼자서 그 책을 읽게 하셔도 됩니다. 그러고는 어떤 내용이었는지 엄마(아빠)도 궁금하니 설명해 달라고 하세요. 지금까지 책을 함께 읽은 '동지'에게 아이는 신이 나서 열심히 책의 내용을 말해 줄 거예요. 이런 과정이 거듭되면 독서 교육의 최종 목표인 '좋아서 스스로 읽는 독서'가 한 걸음 가까워질 겁니다.

읽어줄 책 고르는 방법

아이에게 읽어줄 책을 고를 때에는 글밥이 많은 책보다 그림과 짧은 글이 함께 있는 그림책 종류가 좋습니다. 아직 글자를 모르는 아이도, 글을 읽을 줄 아는 아이도 '글자'를 읽는 것에 집중하기보다는 그림을 보며 부모님의 목소리에 집중하고 또 다음에 이어지는 내용을 상상하고 예상해 보는 연습을 할 수 있도록 말이죠. 그러면 아이는 좀 더 쉽게 책 내용에 몰입하게 되고요. 책 읽는 동안 상상력과 예상력이 키워져 문해력도 쑥쑥 자라나게 됩니다.

그림책을 읽는 동안 아이에게 이런 질문을 해주세요. "다음 페이지에 어떤 내용이 나올까?" "와! 주인공은 이렇게 행동했네. 너라면 어떻게 했을 거 같아?" 이와 같이 아이가 책 속의 등장인물(동식물이라면 동식물)이라면 어떻게 행동했을까 또는 이 책을 쓴 작가라면 어떻게 이야기를 만들어 갈까와 같은 주제의 질문이요. 이렇게 키워지는 예상력, 곧 '다음에 나오는 내용을 예상할 수 있는 능력'은 문해력을 구성하는 주요 역량 중 하나입니다.

STEP 2. 흥미 독서

책은 I형 독서에서 시작하여 T형 독서로 확장해야 합니다. I형 독서는 뭐고 T형 독서는 뭔지 궁금하시죠? 이렇게 설명드리면 이해가 쉬우실 것 같아요.

간혹, 아이가 한 분야의 책만 고집하는 것이 고민이라는 분이 있습니다. 예를 들어 주구장창 자동차 관련 책만 읽는 아이처럼요. 결론부터 말씀드리면, 막 책에 재미를 붙이기 시작한 초기 독서 교육 단계에서는 오히려 한 분야의 책만 읽는 것을 권장합니다. 흥미를 잡아끄는 책을 막 읽기 시작한 '독서 초보' 단계의 아이가 이 흥미를 계속 이어 가기 위해 필요한 것이 또 다른 비슷한 이야기이기 때문이죠.

저는 이 단계의 독서를 'I형 독서'라고 표현하고요. 그다음 단계는 지금보다 좀 더 어려운 수준의 책으로 넘어가는 i+1(나보다 한 단계 높은 수준의 책) 독서입니다. 그리고 그다음이 확장된 독서 방식인 T형 독서 단계예요. (알파벳 대문자 T 모양의 아래에서 위로! 한 분야에서 다양한 분야로 확장한다는 의미입니다)

i+1 독서는 같은 분야의 다른 관점의 책도 좋고, 지금 읽고 있는 책보다 글밥이 조금 더 많은 책, 혹은 심화된 내용의 책이면 좋습니다. 그리고 같은 작가의 책, 좋아하는 작가와 비슷한 스타일의 책을 쓰는 작가의 작품 등이 될 수도 있어요. 한마디로 지금 가지고 있는

흥미의 깊이를 조금 더해 가는 과정이라고 이해하시면 됩니다. 우리 아이의 흥미를 잡아끄는 그 무언가에서 가능한 한 많은 지식 확장의 가능성이 뽑어져 나올 때까지 계속하시는 것이 좋습니다. 그래서 한 분야의 책만 고집하는 아이를 걱정하지 않으셔도 된다고 말씀드린 거예요.

i+1 독서 후의 T형 독서는 좋아하는 분야에서 연관된 다른 분야로 확장된 독서를 의미합니다. 다양한 분야로의 융합 독서는 다채로운 배경 지식을 쌓는 데도 좋고, 실제 다양한 과목의 성취에까지 긍정적인 영향을 미치죠. 우리 아이가 학교에서 배우는 '배움'의 과정은 다양한 주제의 글을 통해 이루어지는데요, 이미 책에서 읽은 내용을 학교 수업 시간에서 만나면 아이의 자신감은 실로 어마어마해집니다. 이러한 긍정적인 경험이 다음 책을 읽게 만드는 동기가 되기도 하고요. 또 '칭찬'과 '성적'이라는 열매를 얻기도 하며, 과목에 따라서는 자연스러운 선행학습의 도구가 되기도 합니다.

읽고 싶은 책을 고르는 방법

2단계의 책 읽기가 어느 정도 정착된 아이는 독서를 꾸준히 이어가기 위해서 읽고 싶은 책을 직접 고르는 경험을 해봐야 합니다. 그러려면 무엇보다 내가 어떤 주제에 관심이 많은지, 어떤 것을 좋아하는지 '나'에 대해서 잘 알아야 하겠죠? 그리고 책을 보는 눈을 키우기 위해서 여러 시행착오도 겪어봐야 합니다. 아이 스스로 생각한 좋아하는 장르나 주제에서부터 마음에 드는 책을 직접 고르도록 지도해 주세요. 책의 표지, 제목, 목차, 저자의 말 등 어떤 식으로 책을 골라야 내가 기대한 내용을 볼 수 있는지, '진짜 책'을 고르는 구체적인 방법을 연습하는 겁니다.

책을 고르는 경험은 도서관부터 서점까지 단계적으로 이루어져야 합니다. 요즘은 예전에 비해 어린이 도서관이 잘 조성되어 있어서 도서관에 가는 것이 '너무 싫은' 아이는 별로 없을 거라 생각합니다. (키즈 카페 같은 곳도 많고요!) 저도 지역 도서관에 정말 자주 가는 편인데요, 갈 때마다 아이들이 그득그득한 걸 보니 더 그렇게 생각되더라고요. 아직 아이가 도서관이 익숙지 않아서 또는 그냥 책만 빌려오는 게 목적이어서 혼자 도서관에 가셨던 부모님들도 이제부터는 아이와 같이 도서관에 가보세요. 함께 가기로 결심한 순간을 기점으로 저와 함께 독서 교육을 시작해 보는 겁니다.

똑똑한 도서관 이용법

아이와 함께 도서관에 도착하셨다면 먼저 어린이 도서관에 들릅니다. 처음에야 뭣 모르고 엄마 따라 도서관에 간 아이도 도서관에서 자기 또래들이 책을 읽고 있는 모습이나 책을 빌려가는 모습을 보면 따라 하고 싶은 마음이 슬쩍 들 겁니다. 호기심이 들거든요. 그러면 그 마음을 행동으로 옮기기 위한 첫 번째 방법으로 도서관에서 책을 찾는 방법을 알려주세요. 해보지 않은 일에 대한 호기심과 궁금함을 증폭해 주는 겁니다.

아이가 좋아하는 주제가 만약 '공룡'이라면 도서 검색 컴퓨터에서 '공룡'을 검색하는 것을 보여주세요. (아이가 컴퓨터 자판을 누를 줄 안다면 직접 시켜 보셔도 됩니다.) 그리고 청구 번호에 따라 책을 찾아보자고 제안해 보세요. 아이가 잘 못하는 것 같다면 살짝 힌트를 주면서 아이가 '스스로 했다'고 착각하도록 하는 것, 이게 포인트입니다. 그리고 찾은 책 주변에 있는 책들을 보며 이렇게 말해 보세요. "이런 책도 있구나! 우아! 이것도 ○○이/가 좋아하는 책 아니야?" 이렇게 살짝 바람을 잡는 식으로요. 그러고 나서는 엄마도 책을 빌리러 왔으니 우리 10분 있다가 여기서 다시 만나자고 하세요. (어린이 도서관에도 사서 선생님이 계시니까 자리를 비우시면서 살짝 아이가 밖으로 나가지 않는 것만 봐 달라고 부탁해 보세요.) 그리고 10분 후 돌아오면 어떤 일이 벌어져 있을까요? 아마도 아이는 (분위기를 타고) 어떤 책이든 책을 펴서 읽고 있거나 아니면 이미 빌릴 책을 들고 엄마(아빠)를 기다리고 있을 거예요. 자, 다 됐습니다. 도서관 독서 교육 성공을 앞두고 있습니다.

아이가 도서관에서 책을 빌리겠다고 말한다면, 원칙을 분명히 알리고 빌려주세요. 아이는 지금 도서관에 대한 사전 지식이 없는 상태일 테니까 지금 말하는 원칙을 '꼭 지켜야 할 것'이라고 생각할 가능성이 높습니다. 학교에서, 가정에서 꼭 지켜야 할 규칙처럼요. 그러니 신중하게 다음 원칙에 학부모님의 생각을 가감하셔서 명확하게 설명해 주시기 바랍니다.

① 빌린 책은 반드시 다 읽어야 한다.
② 대출 일자가 있으니 책을 정해진 기간 안에 읽어야 한다.

그러고는 ②번을 위해서 어떻게 해야 할지 아이랑 의논해 보는 겁니다. 이런 계획과 실천 과정이 아이에게는 자신의 행동에 대한 결과 자체에 책임감을 느끼는 첫 번째 경험이 될 수도 있어요.

책을 사줄 때의 원칙

도서관에서 이런 경험을 충분히 쌓은 후, 빌려 읽은 책 중에서 꼭 사고 싶은 책이 있다고 하면 서점에 가서 사 주세요. 물론 아무 때나 사 주는 것보다는 '칭찬 스티커'가 모였을 때, 축하해 줄 일(생일 등)이 생겼을 때처럼 '갖고 싶은 책'에 대한 열망을 조금은 자극해 보는 것이 책을 소중히 여기는 마음을 갖는 데 도움이 됩니다.

아이와 서점 나들이를 했다가 책을 사 주셔야 할 때는 아이가 책을 고르면 "이 책은 안 돼.", "엄마가 보니까 이 책이 더 좋아. 이걸 사자."라는 말은 절대 하시면 안 됩니다. 어떤 책이든 아이가 원하는 책을 사주세요. 그리고 한 가지 더 주의하실 점은요, 도서관에서 빌려 온 책과 마찬가지로 아이가 산 책도 엄마가 꼭 같이 보실 것을 추천합니다. 우리 아이가 어떤 책을 읽는지, 어떤 책을 좋아하는지 독서 취향을 알 수도 있고요. 책 내용으로 질문도 하고 서로 대화도 하면서 독후 활동까지 자연스럽게 연결할 수 있는 좋은 방법이기 때문입니다.

STEP 3. 독서도 학습 과정입니다

우리 부모 세대가 자라던 시대와는 다르게 지금은 교육 자료의 홍수 시대입니다. 게다가 코로나19 대유행 이후에 온라인 교육이 더욱 활성화되었고 자기주도학습은 더 강조되고 있죠. 그 덕분에 교육전문가인 제가 봐도 '이런 교재나 자료가 있으면 좋겠는데?'라는 생각을 하고 찾아보면 이미 있습니다. (하하) 비슷한 상황에 있는 사람들의 필요와 생각은 어느 정도 비슷하니까요. 그래서 아이들이 교과 내용을 이해하고 배경지식을 쌓고 나아가 더 깊이 있는 학습을 가능하게 하는 학습 보조 도구도 참 많아요. 그중 가장 대표적인 것이 '과목별 주제 도서'입니다.

우선 국어 교과서 수록 도서에는 시, 소설, 수필 등 문학 서적과 정보 도서 등 비문학 책(예: 《식물이 좋아지는 식물책》, 김진옥, 궁리출판, 초등 3-1 국어 활동 교과서 9단원 수록)이 있습니다. 국어 교과서에는 이 수록 도서의 일부만 수록되기 때문에 한 학년 국어 교과서에 수록된 도서는 (학년마다 다르지만) 22~56권에 이르는데요, 생각보다 많죠? 또 수학, 사회, 과학 연계 추천 도서도 있고, 초등학생들이 주로 읽는 리더스북, 챕터북 등의 영어 원서도 다양합니다. 각 과목 연계 도서, 추천 도서만 읽어도 아이가 읽고 싶은 책을 읽을 여유가 없을 만큼 그 양이 방대하죠.

하지만 걱정하지 마세요. 당연히 이 책들을 다 읽을 필요는 없습니다. 읽을 수도 없고요. 다만 2단계 책 읽기 과정을 통해 정말 독서를 즐기는 아이가 되었다면 그다음 단계의 '독서 교육'은 교과와 연계해 문해력을 키울 수 있는 '학습 도서'로 자연스럽게 이끄시는 것이 좋습니다.

학습 도서를 고르는 방법

모든 교과의 추천 도서와 연계 도서를 다 읽을 필요는 없다고 말씀드렸는데요, 그래도 그 리스트를 기반으로 책을 고르고자 한다면 다음의 2가지 기준으로 아이와 함께 고르시면 좋습니다.

첫째, 아이가 교과 공부를 하다가 생긴 지적 욕구의 확장,
'더 알고 싶은 개념과 주제'의 책을 고르는 겁니다.

물론 심화 학습을 위해서는 해당 내용의 문제집을 풀고, 인터넷 강의을 보는 등의 방법도 있습니다. 하지만 더 자세하고 깊이 있는 내용을 알기 위해서는 관련 주제의 독서만 한 것이 없죠. 우선 아이

눈높이에 맞는 초등 책을 찾아주세요. 그리고 가능하다면 온라인 서점에서 '주제' 키워드로 검색해서 찾아보시고, 그중에서 초등용이 아닐 수도 있는 책은 도서관에서 빌려 아이와 함께 읽어 보시는 것이 좋아요. 초등 아이가 읽을 만한 난이도가 아니라면 아이가 책을 읽을 때 부모님이 옆에서 어휘의 뜻을 설명해 주면서 함께 보는 것이 좋습니다.

둘째로, 이번엔 반대로 아이가 교과 내용 중 어려워하는 부분의 책을 찾아보는 겁니다.

교과서나 선생님의 설명 또는 부모님의 설명은 아무리 쉽게 한다고 해도, 아이가 느끼기에 이해가 어려울 수 있어요. 어떤 개념이든 찰떡같이 알아듣는 아이도 있지만 그렇지 않은 아이도 있으니까요. 우리 아이가 그렇다면, 초등 아이들의 눈높이에서 이해하기 쉽게 쓰인 책들을 골라서 읽어보는 겁니다. 예를 들면 3학년 분수 개념이 어렵다고 하면 《견우와 직녀가 분수 때문에 싸웠대》(이안, 과학동아북스) 같은 책이요. 아이들이 좋아하거나 잘 알고 있는 고전 스토리에 교과 지식을 빗대어 설명하기 때문에 아마도 훨씬 더 쉽게 이해할 수 있을 거예요.

교과 독서를 한 이후에는 최소한 책에서 본 기본 어휘들은 정리하는 것이 좋습니다. 특히 수학, 사회, 과학 도서들은 맨 뒤에 책에 소개된 어휘만 정리해 놓은 페이지를 따로 구성해 놓은 경우가 많아요. 만일 아이가 읽은 책이 그렇게 구성되어 있지 않다고 해도 책을 통해 알게 된 어휘 부근에 포스트잇을 붙여 놓고 책을 모두 다 읽은 후 다시 한번 확인해 보도록 지도해 주세요. 퀴즈처럼 물어봐 주셔도 좋고, 다시 보았는데도 잘 모르겠다고 하면 사전에서 그 의미를 찾아보게 하셔도 좋습니다. 노트에 정리까지 하면 너무 좋겠지만 그 단계까지 가지 않더라도 다시 한번 읽어보고 찾아보는 과정은 반드시 거쳐야 합니다. 그리고 아이가 각 어휘의 뜻을 잘 기억하고 있다면 책에 표시해 두었던 포스트잇을 떼어버리세요. 제가 항상 말씀드리지만 이렇게 사소한 행동을 통해 '성취도'와 자신감이 쌓입니다.

초등학생에게 교과서 읽기가 문해력의 시작인 이유

초등학생이 되면 아이들이 읽어야 하는 책의 장르에 '교과서'도 반드시 포함해 주셔야 합니다. 물론 교과서는 앞서 설명한 교과에 도움이 되는 추천 도서에 비해 상대적으로 개념과 내용이 자세하지 않습니다. 당연하죠. 교과서는 선생님의 수업을 보조하기 위한 수업 도구이니까요.

그럼에도 불구하고 교과서 읽기가 중요한 이유는 따로 있습니다. 우선 각 과목 교과서의 단원 맨 앞에 공통적으로 기재되어 있는 '단원 목표' 때문인데요, 단원 목표는 이 단원에서 배우고 가야 할 것을 몇 문장으로 정리해 놓은 부분입니다. 잘 아시다시피 무엇을 공부해야 할지 모를 때, 공부가 가장 어렵고 효율도 떨어지잖아요. 반대로 이야기하면, 무엇을 공부해야 할지를 알면, 보다 쉽게 효율적으로 공부할 수 있다는 이야기입니다.

한마디로, 교과서에 명시된 이 '단원 목표'가 아이들 과목 공부의 나침반인 셈이죠.

그러니 교과서를 읽을 때에는 반드시 각 단원의 제일 앞에 있는 '단원 목표, 도입 문제'부터 꼼꼼하게 읽도록 지도해 주세요.

문해력 교육에서 교과서 읽기가 중요한 또 다른 이유는 교과서 속 '어휘' 때문입니다. 학교 수업은 수업 중 선생님의 강의 내용 및 흐름, 수업 보조 자료(영상 자료, 교구, 인쇄물 등)가 교과서를 기반으로 구성되어 있어요. 그렇기 때문에 교과서에 등장하는 '새로운 어휘'만 미리 알아도 수업 내용을 훨씬 더 잘 이해할 수 있습니다. 교과서를 읽으면서 예습할 때, 처음 보거나 뜻을 잘 모르는 낯선 어휘를 만나면, 동그라미 또는 밑줄로 표시해 두고 미리 그 뜻을 찾아보게 하세요. 단원 목표가 효율적인 공부가 가능하게 하는 나침반 역할을 한다면 교과서 어휘는 좀 더 자세히 들여다볼 수 있는 돋보기 역할을 합니다. 교과서 속 어휘 학습 방법은 뒤에서 좀더 자세히 소개하겠습니다.

교과서를 활용한 문해력 학습법

교과서를 활용한 문해력 학습이 더 효과를 보려면 각 단원이 끝난 후, 그 내용을 한 문단 정도로 요약해서 최대한 간단하게 정리하는 연습을 시켜보세요. 긴 글을 보고 요약할 수 있으려면 어휘와 문맥을 이해하는 데 어려움이 없고, 여러 문장 사이에서 가장 핵심이 되는 문장이 무엇인지를 파악할 수 있어야 합니다. 그러므로 당연히 처음부터 잘되지는 않을 거예요. 하지만 국어, 사회, 과학, 수학 등 한글로 된 긴 글의 각 문단을 요약할 수 있어야 영어로 된 긴 글에서도 핵심 주제를 파악할 수 있습니다.

중고등 이후에 영어 실력에 큰 모자람이 없는데도 수능형 문제(중심 내용 파악, 논리적 흐름 파악 등)의 답을 제대로 내지 못하는 것은 영어 실력 이전에 국어 문해력이 빈곤하기 때문입니다. 그러니 초등 때 사소하게라도 기회가 될 때마다 주제를 파악하고 요약해 보는 연습을 하는 것은 문해력 향상에 큰 도움이 됩니다. 만약 여러 번 연습해도 교과서 요약이 어려운 아이들은 먼저 짧은 문학 도서나 애니메이션 등을 보고 어떤 내용인지 다섯 문장 이내로 요약하는 연습을 시켜주세요. 아무래도 전후 관계가 있는 스토리 중심이고 아이들에게 친숙한 내용이어서 교과서보다 쉽게 느낍니다. 이 과정이 익숙해진 다음에 자연스럽게 교과서를 요약하는 새로운 미션을 주세요. 예전보다 훨씬 쉽게 잘할 수 있을 겁니다.

모든 교과서는 문해력을 높일 수 있는 다양한 방법과 힌트를 제공해 주는 가이드북입니다. 국어 교과서를 통해서는 문학, 비문학,

실용문 등 다양한 종류의 글을 이해하는 방법을 교과서에 수록된 발췌 지문으로 단계적으로 배울 수 있고요. 사회, 과학, 수학 교과서는 비문학 파트의 지문이라고 이해하면 문해력 교재로서 손색이 없습니다. 문해력은 다양한 주제의 글을 읽고 각 글의 주제에 맞는 해석 방법을 터득하는 과정에서 눈에 띄게 성장합니다. 교과서를 읽으면 손해는 제로(0)이고 얻는 것은 무궁무진하니 오늘부터 당장 교과서 읽기를 실천해 보세요.

일상에서 부모와 함께하는 문해력 연습

일상을 살아가면서 우리는 여러 가지 글을 읽습니다. 우선 학부모님부터 가장 일상적으로 카카오톡 메시지나 여러 SNS의 글을 읽고 계실 거예요. 또한 각종 고지서와 아이 학교에서 온 가정통신문도 봅니다(요즘은 온라인으로 받는 경우도 많죠?). 포털 사이트에서 뉴스 기사도 읽고요. 워킹맘(대디)인 경우에는 업무와 관련된 문서나 전자문서(이메일 등)를 읽는 일이 너무나도 많죠.

그래서 때로는 문해력의 수준이 낮으면, 다시 말해 내용을 제대로 이해하지 못하면 최악의 경우에 불이익이나 손해를 입기도 합니다. 하지만 대부분이 일상 속에서 문해력을 높이는 방법에 대해서는 구체적으로 생각해 보거나 실행하지 않는 것 같아요.

그런데 일상에서 문해력이 필요한 순간을 우리 아이들의 문해력 학습에 적극적으로 활용해야 합니다. 아이들도 일상 속의 이런 '학습 아닌 학습 상황'을 책을 읽고 공부하는 것보다 더 친숙하게 느끼고 더 쉽게 수용하기 때문이죠. 동시에 생활 속 문해력이 높아질수록 생활이 점점 더 편리해짐을 몸소 느낄 수 있어서 학습 동기가 강화된다는 장점도 있습니다.

그렇다면 일상에서 어떻게 문해력 학습을 쉽고 재미있게 효과적으로 진행할 수 있을까요? 지금부터 우리 주변에서 쉽게 볼 수 있는 도구 2가지를 가지고 문해력 연습을 하는 방법을 소개하겠습니다. 꼭 아이들과 함께 실천해 보세요.

광고물로 하는 문해력 연습

우리 일상 속 광고는 엄청나게 다양한 목적과 형태를 가지고 있습니다. 종이 형태로 된 전단지부터 웹사이트에 들어가면 뜨는 배너와 팝업창, SNS에서 내 취향과 관심사를 반영해 추천해 주는 게시물 광고까지 말이죠. 게다가 마케팅 경쟁이 치열해지고, 맞춤형 광고 기술이 발전함에 따라 자극적이고 너무나 유혹적인 광고물이 쏟아지고 있습니다.

그런데 그중 전단지는 여러 가지 이유로 아직도 많은 업체에서 선호하는 홍보 방식이에요. (코로나19 확산 이후로 오프라인 홍보가 온라인으로 많이 옮겨가고 있는 추세이지만 말입니다.) 그래서인지 특히 아파트에 거주하고 계시다면, (보안 수준에 따라 다르긴 하지만) 현관문, 엘리베이터 안 거울이나 버튼 근처, 아파트 공동 현관 앞 게시판 등지에서 전단지를 자주 볼 수 있습니다. 사실 평소에는 별로 관심을 갖지 않으셨을 거예요. 때로는 쓰레기처럼 느끼셨을 수도 있지요. 하지만 이 전단지가 우리 아이들의 문해력 학습 도구로 아주 유용하게 쓰일 수 있다면, 오늘부터 좀 달라 보이지 않을까요?

전단지를 만들어 배포하는 사람은 수많은 전단지 사이에서 본인 가게의 전단지가 눈에 띄도록 여러 가지 방법을 사용합니다. 강렬한 색상, 눈에 띄는 폰트, 강력한 표현과 공격적인 홍보 문구 등을 사용하죠. 어떤 종류든지 전단지 한 장을 가지고 오셨다면 일단 이렇게 시작해 보세요.

우리 아이가 유아나 초등 저학년이라면, 일단 전단지를 보고 글자 읽기부터 훈련하세요. 거기에 더해 한글 읽기가 충분히 가능한 아이들이라면 이 전단지를 활용하여 집에서 다음과 같은 다양한 활동을 해볼 수 있습니다.

우선 준비물이 조금 필요한데요, 같은 분야(치킨집 VS 치킨집, 세탁소 VS 세탁소 등)의 전단지를 두 종류 이상을 모아주세요. 전단지에 아이가 모르는 어휘가 있다면 그 뜻을 함께 사전에서 찾아보는 것부터 가볍게 문해력 활동을 시작합니다.

다음은 아이와 전단지들을 함께 보며 공통점과 차이점을 찾아서 이야기해 보세요. 만약 기재된 글의 양이 많은 전단지라면, "그래서 이 전단지에서 하고 싶은 말이 뭘까?"라고 질문해서 아이가 요약해 보게 하는 연습도 할 수 있어요. 아이 눈에는 어떤 전단지의 상품이 더 좋아 보이는지, 사고 싶은지, 가치 판단을 해 볼 수도 있습니다. 또 선택하지 않은 전단지는 왜 선택하지 않았는지, 무엇이 잘못된 것 같은지 비판적인 입장에서 남의 글을 평가해 볼 수도 있어요.

더 나아가 아이가 평소에 좋아하는 아이템을 하나 정해서 우리 아이만의 전단지를 한번 구성해 보세요. 그때는 앞서 훈련했던 결과들, 이를테면 홍보 문구의 장단점, 하고 싶은 말을 효과적으로 표현하는 법, 다른 사람을 설득할 때 강조해야 하는 부분, 사람들에게 외면받지 않는 전단지를 만드는 방법 등을 반영하는 겁니다.

이렇게 주변에서 쉽게 구할 수 있는 전단지를 가지고 한글 읽기, 어휘 공부, 요약하기, 가치 판단, 비판적 읽기, 설득하는 글쓰기 등 다양한 문해력 연습을 할 수 있습니다.

만일 '마트 할인 판매' 전단지를 구하신다면 그것으로는 수학 문해력을 키울 수도 있습니다. 보통 할인 판매 전단지에는 할인율이 가장 크게 표기되어 있어요. '%'부터 요즘 많이 쓰이는 'UP TO'와 같은 표현이 어떤 의미인지 알려 주시는 것도 좋습니다. 또 묶음 판매와 낱개로 구매할 때, 또는 '1+1' 구매의 경우, 같은 상품이라면 어떤 것이 합리적인 소비인지 쿠팡 등 물품 소매 사이트와 비교하면서 계산해 볼 수도 있고요. 이런 활동은 아이를 숫자와 좀 더 친해지게 만드는 동시에 경제 관념을 키워줄 수도 있어요.

제 경험상 아이들은 이런 원리를 일단 배우면 거의 대부분이 써먹고 싶어서 안달이 납니다. (평소에도 그랬겠지만) 마트에 따라가고 싶어 하는 경향이 더욱 두드러질 거예요. 그럴 땐 학습한 문해력을 실전에 써먹는다는 마음으로 아이를 마트에 데려가서 한 품목쯤은 아이가 판단한 대로 합리적인 소비를 해 볼 기회를 주시는 것이 좋습니다. 하지만 (당연하게도) 아이들은 본인들의 마음처럼 배운 개념(할인율 등)을 척척 잘 적용하지 못 합니다. 그럴 땐 살짝 힌트를 주면서 아이가 주도적으로 판단해 보도록 도와주세요. 단, 손해 보는 판단을 했더라도 그 경험에서 배우는 점도 분명히 있을 테니까 평가하는 대신에 시도해 본 그 자체를 칭찬해 주는 것도 잊지 마시기 바랍니다.

이렇게 주변에서 쉽게 볼 수 있는 광고물로도 아이들과 문해력 연습을 해볼 수 있습니다. 그러니 오늘부터 마트 입구에 붙은 할인 전단지, 인터넷 서핑 중 만나는 광고 중에 우리 아이와 함께 문해력 공부를 핑계 삼아 놀아볼 좋은 소재가 있는지 눈을 크게 뜨고 찾아보시기 바랍니다. 아, 그리고 아이가 광고로 문해력 공부를 할 때 학부모님도 함께 즐겨 주세요. 이번 기회에 우리 어른들의 문해력도 함께 키워보자고요!

신문으로 하는 문해력 연습

실생활과 깊숙이 관련되면서 접근성이 좋고 흔하게 활용할 수 있는 문해력 연습의 좋은 도구는 누가 뭐라 해도 뉴스 기사입니다. 과거에는 신문과 TV 뉴스라는 한정된 채널 때문에 뉴스는 아이들에게 조금 멀게 느껴지는 어른들만의 정보였습니다. 하지만 지금은 스마트폰으로도 인터넷상에서 뉴스를 언제든 쉽게 볼 수 있고, 또한 여러 언론 매체에서 어린이용 신문을 발간하고 있으므로 뉴스는 더 이상 어른들만의 영역이 아니죠.

뉴스는 우리가 하루에 읽는 글 중 시의성과 정보성을 가장 잘 갖춘 글인데요, 뉴스에는 '일어난 일(사실)'과 이 사실을 바탕으로 한 '기자의 생각(가치)'이 함께 쓰여 있습니다. 이를 통해 뉴스를 보는 사람들은 사실을 바탕으로 예상되는 것, 기대되는 것, 좋고 나쁜 것을 구분하고 자신의 생각을 대입해 봄으로써 비판적인 사고를 할 수 있습니다. 그런데 가끔 인터넷 뉴스 기사의 댓글을 보면 기사 본문의 내용을 전혀 이해하지 못한 댓글도 많이 보여요. 어른이라고 해서 모두가 기사의 내용을 100% 이해하는 것은 아닐뿐더러 자신의 의견을 체계적으로 정리해서 쓸 수 있는 사람도 많지 않기 때문입니다.

그런 모습을 보더라도 최소한 우리 아이들만은 우리가 사는 사회에 관심을 가지고 능동적으로 행동할 수 있도록 뉴스 기사를 어느 정도는 이해하고 자신의 생각을 글로 표현할 수 있도록 지도해야 합니다. 그러려면 기본적인 문해력은 필수예요. 기사 내용을 전적으로 믿는 것이 아니라 비판적인 시선으로도 볼 수 있고 또 사실 관계도 정확하게 파악할 줄 알아야 합니다. 그래서 뉴스, 특히 손으로 만질 수 있는 실체가 있는 종이신문 교육은 일상생활에서 우리 아이들의 문해력을 키울 수 있는 좋은 도구라는 것이죠.

어른들이 보는 뉴스 기사는 솔직히 아이들에게 어렵고, 관심 영역도 매우 동떨어져 있습니다. 그렇기 때문에 처음 뉴스 기사로 문해력 훈련을 할 때에는 어른용 신문보다는 아이들의 눈높이에 맞춰 주제를 선정한 어린이용 신문으로 하는 것이 좋아요. 게다가 이 어린이용 신문들은 아이들의 학습 보충용으로 개발된 것이기 때문에 대부분 한자, 글쓰기 등의 부가적인 학습란이 별도로 구성되어 있어 다양한 목적으로 활용할 수 있습니다.

아이가 신문을 읽을 때는 관심 있는 내용부터 읽도록 하는 것이 좋습니다. 신문 읽기도 '읽기'의 일환이기 때문에 독서 교육과 맥을 같이한다고 생각하면 이해하실 수 있을 거예요. 게다가 신문 전체를 다 읽어야 한다는 생각도 하지 마세요. 사실 신문 읽기가 학습의 일부이긴 하지만 아이에게는 이 활동이 학습의 연장선이 아니라 '어른들만의 어른스러운 행동'을 미리 해보는 즐거운 경험이기도 하니까요. 아이들이 즐거워하는 것은 그대로 즐기게 해줘야지 처음부터 학습, 완료, 신문 내용 정리 및 토론, 이런 구체적인 활동이 따라붙으면 신문 읽기 자체에 흥미를 잃어버립니다. 그러니 처음엔 아이가 신문에서 관심 있는 내용만 읽는다고 해도 충분히 의미 있다고 생각해 주세요. 다만 이때 부모님도 아이와 함께 부모님의 신문(뉴스)을 읽는다면 아이도 매일 아침 신문 읽기를 더 자연스럽게 루틴으로 만들 수 있습니다.

즐거운 경험이 어느 정도 루틴, 곧 습관화되면 이제부터는 아이가 읽은 신문 기사 내용을 가지고 부모님이 아이와 함께 대화를 나눠 보세요. 하지만 주의하실 건, '신문 읽기를 했으니까 결과물을 반드시 내자'는 마음으로 접근하면 안 된다는 것이고요. 아이가 읽은 기사의 내용을 너무나 궁금해하는 '호기심을 가진 사람'으로 접근하셔야 합니다. 그 단계의 아이는 신문 내용을 완벽하게 정리 요약할 필요도 없고요. 쓸 필요는 더더욱 없습니다. 쓰는 것을 좋아하는 아이라면 써봐도 좋겠으나 지금은 오히려 아이가 "나, 이것도 안다."라고 뽐내기 하듯이 부모님께 수다쟁이가 되는 것만으로도 충분합니다.

그러다 아이가 읽은 기사가 어떤 내용인지 한두 문장으로 요약하여 말할 수 있다면 신문 읽기의 최종 목표를 달성한 겁니다. 아이가 스스로 그 단계까지 가면 너무 좋겠지만, 만약 수다쟁이에만 머문다면 학부모님이 살짝 "무슨 내용이야? 너무 궁금하다. 한 문장으로 요약하면 뭘까?"라는 질문으로 간단한 퀴즈를 통해 요약 정리하는 연습을 시켜 주시면 됩니다. 긴 글을 요약할 수 있는 능력은 문해력의 일부라는 것, 앞에서도 말씀드렸죠? 기사 요약도 문해력 연습의 중요한 부분이니 마지막 단계에서는 꼭 이런 훈련을 시켜 보시기 바랍니다.

기사의 헤드라인도 문해력 향상을 위한 좋은 도구입니다. 헤드라인은 글 전체의 내용을 압축적으로 표현하는 한 문장이에요. 헤드라인을 보면서 "왜 저런 헤드라인을 적었을까?"라고 아이의 비판적인 사고를 이끌어낼 수도 있어요. "너라면 헤드라인을 뭐라고 정할 것 같아?"라고 위에서 언급한 '한 문장 요약'의 질문을 하는 것도 유용합니다.

또 기사를 읽고 난 후에 "나는 그래서 무엇을 알게 되었을까? 나는 기사 내용에 비추어 어떤 행동을 해야 할까?"라는 질문을 통해서 아이의 생각을 말로 표현하는 연습을 할 수도 있습니다.

신문 읽기는 아이가 다양한 분야의 실제적인 배경지식을 쌓을 수 있는 좋은 방법입니다. 어린이 신문을 당장 구독하기가 어렵다면 어린이 신문사의 홈페이지를 먼저 방문해 보세요. (포털사이트에서 '어린이 신문'을 검색하면 여러 사이트가 뜹니다.) 그리고 구독하기 전에 무료로 공개된 뉴스들을 아이와 함께 보면서 앞서 소개한 다양한 신문 읽기 연습을 시작하시기 바랍니다. 그러다가 종이신문을 손에 들고, 아예 아이의 루틴으로 신문 읽기를 시키고자 한다면 무턱대고 구독하지 마시고, 일단 아이가 정말 신문 읽기를 매일 잘할 수 있을지 종이신문 샘플로 미리 판단해 보는 것이 좋습니다. (신문사별로 샘

플 신문을 보내주는 곳이 있습니다.) 덮어놓고 신청했다가 부모님이 (아이에게 좋다고) 아무리 권해도 안 하려는 아이와 감정적으로 부딪히면 그건 그 일대로 허무하고, 처음부터 안 하면 안 했지 결국엔 재활용 쓰레기로 내다 버리게 되면 그 또한 속상한 일이니까요.

성적을 크게 좌우하는 질문 문해력의 힘

좋은 독서 습관을 지니고 있는 아이라도 교과 문제집을 풀다 보면 유독 '질문'을 이해하지 못해서 엉뚱한 답을 내거나 문제를 전혀 풀지 못하는 경우가 있습니다. 학부모님 입장에서는 한글을 모르는 것도 아니고, 책을 그렇게나 읽었는데 문장 구조, 구문 해석도 안 된다니 상식적으로 납득이 안 가시죠. 하지만 이런 사례는 생각보다 굉장히 흔합니다. 이 경우는 독서 부족보다는 '질문 문해력'이 부족한 게 문제입니다.

책을 읽듯 문장을 쓱 읽는 데는 문제가 없더라도 질문 속 어휘가 무슨 뜻인지 모른다면, 또는 문장이나 어휘 하나하나의 의미는 알겠는데 문제를 구성하는 전체 문장을 연결 지어 실마리를 생각해내지 못한다면, 아이는 절대 문제를 풀 수가 없습니다.

질문 문해력이 부족한 아이의 안타까운 현실

'질문 문해력'이 부족한 아이는 초등 저학년 때는 주로 '어휘'의 의미를 모르거나 중의적으로나 관용적으로 쓰이는 구문을 알지 못하는 경우가 많고요. (이는 어느 정도의 반복 학습과 경험으로 극복이 가능한 부분인데 말입니다.) 고학년이 되면 저학년 때와 비교해서 조금은 다른 형식인 긴 지문과 문제 유형으로 인해 고통을 받게 됩니다.

초등 고학년 이후부터 아이들의 국어 성적을 좌우하는 것은 '비문학 지문', 즉 수학, 과학, 사회 교과와 관련된 문학이나 실용문이 아닌 지문인데요. 이 비문학 지문은 거기에 등장하는 어휘와 생소한 내용은 물론이고 그 지문에 달린 '문제'들까지 아이들을 큰 혼란에 빠트리는 주인공입니다. '과학 분야'의 글을 예로 들어 볼게요.

"기체 상태인 수증기의 온도가 낮아지면 액체 상태의 물이 됩니다.
물은 0도 이하의 온도로 내려가면 고체 상태의 얼음이 됩니다."

이 두 개의 문장 안에는 주요 어휘가 '기체', '상태', '수증기', '온도', '액체', '물', '이하', '고체', '얼음' 등 9개가 들어 있습니다. 어른 입장에서는 별거 아니네 하실 수도 있지만 아이들에게 익숙하지 않은 '과학 어휘'가 나왔죠. 조금 난도를 더 높여볼까요?

"기체의 온도를 일정하게 하고 부피를 줄이면 압력은 높아 진다. 한편 압력을 일정하게 유지할 때 온도를 높이면 부피는 증가한다. 이와 같이 기체의 상태에 영향을 미치는 압력(P), 온도(T), 부피(V)의 상관관계를 1몰*의 기체에 대해 표현하면 P=RT/V (R: 기체 상수)가 되는데, 이를 ㉠이상 기체 상태 방정식 이라 한다. 여기서 이상 기체란 분자 자체의 부피와 분자 간 상호 작용이 없다고 가정한 기체이다. 이 식은 기체에서 세 변수 사이에 발생하는 상관관계를 간명하게 설명할 수 있다."

<출처: 2013학년도 수능 언어 영역 29~31번 지문에서 발췌>

위 내용은 수능 국어 영역이 언어 영역이던 시절에 출제된 수능 시험지에서 발췌한 비문학 지문입니다. 소재는 '이상 기체 상태 방정식'이에요. 생소하시죠? 화학 선택이 아닌 아이라면 평생 들어보지도 못할 소재가 모든 학생이 보는 공통 영역에서 출제되었습니다. 이 지문에 속한 문제는 총 3개로 일치, 사실 확인, 추론 문제였어요. 지문만 꼼꼼히 읽는다면 아주 어려운 수준의 문제가 아니지만 한 줄 한 줄 읽어가면서 낯선 어휘와 표현 때문에 머릿속에서 내용 정리가 쉽지 않았을 거예요. 극도의 긴장 상태에서 시간은 계속 흘러가고, 집중을 깨는 낯선 어휘들이 툭툭 튀어나오면 아이들의 멘털은 바로 무너집니다. 언어 영역 총 50개 문항 중 거의 절반쯤에서 이 지문을 만났을 텐데 과연 그 이후 시험에 지장 받지는 않았을

지 단언하기 어렵네요.

평소 글을 읽을 때, 어려운 어휘나 표현을 만나면 문해력을 쌓을 기회라고 생각하고 뜻을 찾아보거나 여러 번 읽어보는 방식으로 보충 학습을 하면 됩니다. 하지만 시험에서 낯선 비문학 소재, 곧 무슨 뜻인지 잘 모르는 어휘들, 입에 붙지 않는 영어 단어나 수학·과학 기호, 일상적으로 쓰는 구어체나 문어체가 아닌 어느 정도 전문성을 갖춘 지문을 만날 수 있습니다. 그런 어려운 글을 만났을 때 앞의 상황처럼 당황하지 않기 위해서는 기본적인 '질문 문해력'을 갖추는 것이 훨씬 더 중요해요. 질문을 이해하지 못한다면 당연히 주어진 지문 읽기도 잘하지 못하기 때문입니다. 질문이 주어진 지문의 독해 방향을 결정하기에 그렇습니다.

예를 들어 '일치하는 것'을 묻는 질문과 '글의 주제'를 묻는 질문은 애초에 지문을 읽는 방식 자체가 달라야 합니다. 일치 문제는 글의 세부적인 내용에 대해 사실을 확인해 가면서 읽어야 하지만 주제 문제는 세부적인 내용보다는 글의 흐름을 파악하면서 읽어야 하거든요.

학년이 올라가면서 지문의 길이가 길어질수록 이런 방식의 읽기가 더욱 중요해집니다. 글이 담고 있는 정보량은 많아지는데, 방향성이나 목적 없이 그냥 읽기만 한다면 세부적인 내용도, 주제도 모두 제대로 파악하지 못하게 되기 때문입니다. 또한 글의 통일성을 이해하고 적용할 수 있는 읽기 훈련이 필요합니다. 하나의 글은 하나의 주제를 나타내기 위해 서로 긴밀하게 연결되어야 하는데요, 이를 글의 통일성이라고 합니다. 이런 문제 유형의 읽기는 주제와 관련 없거나 순서가 어긋난 내용을 찾아내는 목적을 가진 읽기 실력이 요구됩니다. 이를 위해서는 지문 전체의 주제를 파악하며 읽어야 제대로 된 답을 찾을 수 있습니다.

영어와 수학에서 필요한 질문 문해력

영어와 수학 문제 같은 경우에는 여타 과목과 비교했을 때 '질문 문해력'을 갖추기 위한 더 많은 주의가 필요합니다. 영어 질문은 국어 질문과 유사하지만, '영어'로 쓰인 지문에 정신이 쏠려서 한글로 된 질문은 대충 보는 아이들이 훨씬 더 많고요. 수학은 수식을 이해 못 하는 아이, 한글 질문을 수식으로 변환하지 못하는 아이 등 다양한 이유로 문제를 이해하기 어려워합니다.

영어 질문 문해력을 키우는 방법

영어는 '한글로 된 문제'를 제대로 읽지 않는 아이가 정말 많습니다. 문제(질문)는 대충 보고 영어 지문과 선지로 곧장 뛰어드는 경우죠. 엄청나게 잘못된 이런 습관 때문에 수능시험에서 문제를 착각해서 잘못 푸는 아이가 매년 적어도 수만 명은 족히 될 거라고 장담

합니다. 가장 대표적인 사례는 '-인 것 / -이 아닌 것' 중에서 답을 반대로 고르는 경우, '남자가 할 일'을 '여자가 한 일'로 고르는 경우(반대도 많죠), '이유'를 묻는 문제를 '원인'을 묻는 문제로 답하는 경우 등이 있는데요. 아니, 기껏 영어 공부를 죽어라 해 놓고서는, 수능처럼 중요한 시험에서 이런 실수를 한다면 얼마나 억울한 일인가요? 그러다 아이가 속상해하며 울기라도 하면 사실 "그러게 네가 제대로 읽었어야지!"라고 아이를 탓하는 말이 절로 나오는 답답한 상황입니다. (하지만 그러시면 절대로 안 됩니다!)

영어 질문 문해력을 키우기 위해서는 우선 '문제'를 천천히 읽는 습관을 들여주셔야 합니다. 문제를 보면 흥분부터 하는 아이에게 우선 '멈춤'의 습관을 들여주시는 겁니다. 이를 위해서는 위에 있는 지문을 손으로 가리고 문제로 지문, 즉 글의 내용을 예상해 보는 활동이 도움이 됩니다. 문제는 형식적으로 존재하는 것이 아니라 그 하나가 독자적인 읽기의 영역이므로 그 또한 꼼꼼하게 읽어야 함을 자연스럽게 깨닫게 하는 부분이기 때문입니다.

또 문제를 읽고 나서는 지문을 어떻게 읽을지를 문제 위에 써보게 하는 것도 큰 도움이 됩니다. 내용을 꼼꼼히 확인하면서 읽을 것인지, 이야기의 흐름을 이해하면서 읽을 것인지, 내 생각과 의견을 정리하면서 읽을 것인지 등을 생각해 보는 기회인 것이죠. 이 단순한 과정을 통해서 문제의 정확한 이해 그리고 지문 읽기 전략이 수

립되면 문해력 성장의 선순환이 만들어집니다. 국어 지문과 문제 해결에도 그대로 적용해 보세요.

수학 질문 문해력을 키우는 방법

수학 문제에는 글자 못지않게 수많은 기호와 문자가 등장합니다. 특히 중등 이후에는 미지수 x와 상수 a 등의 기호와 문자가 폭발적으로 많이 나오죠. 그래서 문장 하나하나를 따져가며 이해하기 위해서는 생각보다 많은 시간과 집중력이 필요합니다. 그런데 그때 이렇게 복잡한 기호(문자)가 섞인 긴 글로 이루어진 문제를 풀어내기 위해서 가장 중요한 것은 '문제 상황을 정확하게 파악'하는 것인데요, 이때 가장 유용하게 쓰이는 것은 단연 그림이나 도표와 같은 시각적인 요소입니다.

부모님들은 보통 아이가 수학 문제를 풀 때 식이나 연산을 위한 계산 과정을 써야 하는 것이 아니냐고 생각하실 수 있어요. 오히려 상황을 정확하게 인식하면 암산으로 문제가 쉽게 풀리는 경우도 있습니다. 여러 수식 어구와 상황 설명으로 인해 문제가 복잡하게 보였을 뿐인 거죠. 그러니 '아이가 끄적끄적 뭔가를 그리고 쓴 거 같긴 한데 풀이 과정은 아닌 거 같고….'라는 의심이 드실 때에는 무턱대고 "아니, 풀이 과정을 써야지! 식을 써야 문제를 풀 거 아니니!"라고 면박 주지 마세요. 왜 그렇게 그림을 그렸는지를 조심스레 (궁금한 듯이) 물어봐 주세요. 아이가 자신의 머릿속에 떠올린 것을 어설픈 그림으로 표현하기 어려웠다면 부모님에게 설명하면서 생각이 정리되기도 한답니다. 이해하셨지요?

이렇게 수학 학습은 '읽고, 쓰면서 풀고!'가 전부가 아니라 아이 각자만의 방식으로 진행해도 괜찮습니다. 그러니 초등학생 때부터 두 줄 이상의 길이를 가진 수학 문제를 만날 때마다 달려들어 식부터 쓰게 하는 것보다는 문제 상황을 그림이나 도표 등으로 표현하는 연습을 먼저 하도록 지도해 주시기 바랍니다. 시각화는 어떤 방식이 더 좋다고 할 수는 없습니다. 하지만 가장 쉽게 도전할 수 있는 것이 그림이에요. 이 그림은 아주 잘 그릴 필요도 당연히 없고요. 아이가 문제 상황을 이해했고, 그린 그림을 어떻게든 설명할 수 있는 수준이라면 추상적이거나 이상한 그림이어도 괜찮습니다.

수학 문제는 대체로 조건과 질문으로만 이루어져 있습니다. 문제를 구성하는 글 전체에 필요 없는 문장(요소)은 하나도 없어요. 그래서 잘 모르는 문제를 푸는 요령으로 '조건과 질문을 구분하고 조건들을 나열하다 보면 실마리가 보인다'는 필승 전략이 있을 정도입니다. 그런데 짧은 문제에서는 명확하게 보이던 조건과 질문이 문제가 길어지면 길어질수록 아이들은 무엇이 무엇인지 구분하기 어려워하고 그 사이의 연관성을 찾아내지 못하게 됩니다. 그럴 땐 이렇게 하세요.

보통 수학 문제에서 묻고자 하는 것(질문)은 가장 마지막 문장에 나옵니다. “나타내시오.”, “구하시오.”, “쓰시오.”, “몇입니까?” 등이 바로 그것이죠. 그래서 아이들을 지도하실 때에는 우선 전체 문장과 마지막 문장 사이를 구분하는 것을 가장 먼저 알려주세요. 무엇이 질문인지를요.

그리고 ‘끊어 읽기’라고 하죠? 보통 국어나 영어 과목에서 긴 글을 이해하기 위해 한 호흡 쉬어가는 부분에 빗금(/) 표시를 이용하는 것처럼 수학 문제도 끊어 읽습니다. 그리고 마지막 문장을 제외한 전체 문장을 읽을 때도 여러 군데 끊어 읽기를 해보는 겁니다. 처음엔 아무데서나 끊어 읽는 경우도 있겠지만 훈련이 지속되다 보면 어느새 조건과 전제, 질문을 명확하게 보는 수준이 될 것입니다. 누구나 말이지요.

문해력의 핵심, 어휘력 학습법

아이들이 교과서를 읽는 데 가장 큰 걸림돌이 되는 것은 앞서 설명한 '어휘력의 부재'입니다. 한 문장을 읽을 때마다 모르는 어휘가 두세 개씩 등장하면 문장 하나를 읽는 데도 엄청난 시간이 걸리지요. 그 사이 집중력은 흩어져 버립니다. 그러고 나면 당연히 더는 읽고 싶지 않게 돼요. 그래서 수업 시간이 힘들어집니다. 선생님이 하시는 수업에 등장하는 '그 어휘'를 나는 처음 들어보는데 주변 친구들을 돌아보니 모두 아는 것 같아 보이고, 선생님도 (모두 알고 있다는 전제하에) 따로 설명해 주지 않고 넘어가 버리면 그때부터 우리 아이는 수업이 제대로 이해되지 않습니다. 무슨 말인지 잘 알아듣지 못할 테니까요. 그런데 만약 아이가 적극적인 성격이라서 수업 시간이든 수업이 끝난 후에 질문을 한다거나 자기주도적으로 사전을 찾아본다면 어느 정도 보충은 됩니다. 하지만 미리 알고 수업을 듣는 것보다는 이해도가 많이 떨어질 수밖에 없겠죠. 그래서 최소한 교과서 어휘는 예습 단계에서 미리 학습해야만 합니다.

초등학생인 우리 아이, 그렇다면 어휘력을 어느 정도 수준으로 갖춰야 할까요?

당연히 다다익선입니다. 많이 알면 알수록 이해의 폭이 넓어지는 것은 부인할 수 없는 사실이죠. 하지만 이를 위해 일부러 본인 수준보다 높은 수준의 책(한 문장에 모르는 어휘가 서너 개 등장하는 수준)을 읽는다면 어떨까요? 글쎄요. 마음먹으면 사전을 옆에 끼고 읽을 수는 있겠으나 그렇게 '공부'처럼 하는 어휘 학습이 과연 아이들에게 얼마나 도움이 될까요? 부모님의 기대와는 달리 공부가 되기는커녕 아이는 책도, 사전도 당장 던져버리고 싶은 마음이 될 겁니다. 어휘 공부에 학을 떼게 만들고 싶진 않으시죠? 이는 아이의 시간을 버리고 공부 마음도 망가뜨리는, 절대 시도하지도 말아야 할 방법입니다.

우리 아이가 최소한 갖추어야 할 어휘력 수준은 어느 정도일까?

일반적으로 추천하는 어휘력 수준은 '본인 학년의 어휘 수준+1' 정도입니다. 본인 학년의 어휘 수준이란 국어, 영어, 수학을 비롯한 주요 교과서를 기준으로 판단하시면 돼요. 한 단원에서 1~2개의 어휘를 모르는 수준이라면, 중상 정도의 실력이라고 판단하시면 됩니다.

처음 교과서 예습을 할 때에는 이보다 더 많은 수의 어휘를 모를 수 있습니다. 하지만 예습과 복습, 학교 수업을 제대로 들었다면 모르는 어휘의 개수가 가능하다면 0이 되어야 합니다. 적어도 제 학년 수준의 어휘력을 갖추기 위해서라면 말이죠. 그리고 +1이란 교과서 외의 아이들이 평소 읽는 책과 어휘력 교재 등에서 추가되는 것이라고 생각하시면 되는데요, 사실 추가적인 어휘는 독서 과정에서 자연스럽게 익히는 것이 가장 좋습니다. 하지만 독서 습관이 잘 잡히지 않은 아이이거나 평소 책을 좋아하지 않는 아이라면 시중에 나와 있는 어휘력 관련 문해력 교재를 활용한 어휘 학습도 괜찮습니다.

낯선 어휘를 추측하는 방법

기본 수준의 어휘력을 갖췄다고 하더라도 아이들이 독서를 하거나 시험을 보다 보면 분명 모르는 어휘는 계속 등장할 겁니다. 그럴 땐, 그 낯선 어휘를 추측하는 방법을 알려주세요. 보통은 모르는 어휘의 앞뒤 문장과 문맥을 살펴보면 (정확하게 모르더라도) 그 뜻을 미루어 짐작할 수 있습니다.

또 대부분의 잘 쓰인 교과서나 아동용 책의 글은 어휘의 반복 사용을 가능하면 지양하기 때문에 해당 어휘가 쓰인 문장의 앞뒤로 유사한 어휘가 쓰였을 가능성이 높죠. 그 유사 어휘를 통해서 몰랐던 어휘의 진짜 뜻을 유추할 수도 있습니다. 이런 방법은 평소에 독서하는 과정에서 연습하면 가장 좋고요. 사전을 찾을 기회가 될 때마다 해당 어휘의 뜻은 물론이고 유의어, 반의어 등을 같이 보는 습관을 들인다면 금상첨화입니다.

마지막으로 한 가지 팁을 드리자면, 수학, 과학, 사회 과목의 기본 어휘는 앞뒤 문장 없이 그 자체만 가지고 뜻을 상상해 보는 연습을 시켜 보시기 바랍니다. 그런 어휘 대부분은 한자어라서 한자의 독음을 자연스럽게 익히는 기회도 되거든요. 예를 들어 '온도'의 한자는 溫度인데 한자어의 뜻만 풀어보면 '따뜻할 온'과 '법 도'여서 따뜻함과 차가움의 정도라는 원래 뜻을 쉽게 유추할 수 있습니다.

어휘력 향상을 위해 한자는 따로 공부해야 할까?

예나 지금이나 한자를 많이 알면 어휘력을 쌓는 데 큰 도움이 됩니다. 아이들이 학교에서 배우는, 사회에서 쓰이는 대부분의 어휘가 한자어이기 때문이죠. 하지만 요즘 아이들은 한문을 여러 이유로 중요하게 배우지 않습니다. 그나마 '한문 시험'이 중요하다면 억지로라도 공부하겠지만 평가도 한자 쓰기 위주가 아닌 객관식 위주, 수행평가 위주로 진행되고 있죠.

그래서 가정에서 따로 챙기지 않으면 한자어 학습에 소홀해지기 쉽습니다. 하지만 한문 세대 또는 한자를 중요시하는 부모님들은 한자 공부의 필요성을 느끼지만 어떤 목표로 어떻게 시켜야 할지 고민이 많습니다. 물론 구몬, 눈높이 학습지 등을 꾸준히 하고 한자 급수까지 딸 정도로 열심히 해 두면 분명 다양한 과목 공부를 할 때 큰 도움이 됩니다. 하지만 아이들의 시간은 유한하고 학습에는 우선순위가 반드시 필요하기 때문에 한자 공부에 많은 에너지와 시간을 쓰기보다는 뜻과 독음 중심으로 앞서 소개했듯이 어휘 학습과 병행하는 것이 좋습니다.

어휘력을 2배 더 키우는 사전 활용법

사전을 잘 활용하면, 어휘력 향상에 큰 도움이 됩니다. 우선 국어 사전은 국어 교과뿐만 아니라 모든 교과목의 이해를 돕는 필수 도구인데요, 국어사전은 크게 종이 사전과 온라인 사전으로 나눌 수 있습니다.

먼저 아이들을 위한 종이 '국어사전'은 가능한 한 아이들 눈높이에 맞춘 쉬운 설명과 특히 저학년일수록 관련 그림도 곁들여진 형태가 좋습니다. 저는 초등용 국어사전으로 《보리 국어사전》과 《속뜻 풀이 초등국어 사전》을 추천해요. 종이 사전은 온라인 사전이 '검색'만으로도 뜻을 찾을 수 있는 편리함을 갖춘데 비해 '사전 찾는 방법'부터 익혀야 쉽고 빠르게 원하는 어휘의 뜻을 찾을 수 있습니다. 그래서 아이가 기초 한글을 어느 정도 익혔다면 학교에서 배우기 전에 '사전 찾는 방법'을 학부모님이 미리 지도하시는 것이 좋아요. (참고로, 정규 교육과정에 따르면 초등 3학년 국어 시간에 처음 사전 찾는 법을 배웁니다.)

사전은 낱말의 짜임과 자음, 모음의 배열을 고려하여 체계적으로 정리된 것이기 때문에 누구나 처음에는 간단한 어휘를 찾는 데도 상당한 시간이 걸립니다. 어렵기도 해서 저학년 아이들이 익숙해지기까지는 수많은 시행착오를 겪어야 하죠. 하지만 찾는 과정이 익숙해지면 사전 찾기가 편해지고, 앞서 소개한 뜻, 유의어, 반의어는 물론이고 활용 문장에 이르기까지 사전을 통해 배울 수 있는 것이 많습니다. 또한 검색 결과가 아니라 어떤 낱말의 조합으로 찾아야 할지 직접 '생각'해서 결과물을 찾았다는 측면에서 온라인 사전 검색 결과보다 훨씬 더 오래 기억에 남는다는 장점도 있습니다.

온라인 사전은 네이버 등의 포털사이트에서 '사전 탭'을 이용하는 방법과 사전 기능을 갖추고 있는 별도 '앱'을 이용하는 방법이 있습니다. 어휘의 뜻을 찾는 방법은 간단하게 '검색창에 어휘를 직접 입력하여 검색'하는 것이고요. 이 방법은 자판을 칠 수만 있다면 (소리로 입력할 수도 있습니다), 낱말의 짜임에 대해 배우지 않은 상태에서도 '검색' 기능을 이용하여 아주 빠르게 뜻을 찾을 수 있다는 장점이 있습니다. 하지만 아이들이 어휘 공부를 할 때마다 PC나 스마트폰 등을 사용하는 것이 교육적으로 좋지 않다고 생각하는 분도 많으시죠. 그런데도 온라인 사전은 휴대성과 신속성, 그 밖에 각 웹사이트나 앱에서 제공하는 유용한 기능(대표적으로 지식 검색 기능의 연계)의 사용이 가능하기 때문에 분명 장점도 많은 도구입니다.

결론적으로, 종이 사전 및 온라인 사전을 두루 사용해 보고 우리 아이에게 필요할 때 선택적으로 활용하시는 것이 가장 좋습니다.

문해력의 완성,
쓰는 아이로 키우는 2가지 비법

지금까지 우리 아이의 문해력 향상을 목표로, 앞서 소개한 내용들을 빠짐없이 잘 이해하고 따라오셨으리라고 믿습니다. 이제 마지막으로 문해력 훈련의 '핵심 활동'인 글쓰기 과정에 대해서 말씀드릴 게요.

글쓰기는 문해력의 완성 단계로서 효과적인 의사소통 도구이자 자신의 감정이나 생각을 표현하는 과정입니다. 동시에 더 잘 읽고, 더 잘 이해하기 위한 문해력 선순환의 가장 핵심적인 활동이기도 하죠.

굳이 '글쓰기는 너무 중요하다'고 구구절절하게 설명하지 않아도 이미 여러분은 글쓰기의 중요성을 잘 알고 계십니다. 초중고 교육과정에서 글쓰기 역량은 권장 수준을 넘어서 실제 성적(지필평가의

서·논술형 문항, 수행평가)을 좌우하는 중요 요소로 자리 잡아 가고 있고요. 초등 아이들이 대학에 진학하는 고교학점제 시대의 수능은 분명 지금 수능의 객관식 일변도와는 굉장히 다를 것으로 전망되고 있습니다. 누군가는 서·논술형 수능이 될 가능성이 있다고도 하죠. 설령 그렇지 않더라도 수능이 자격고사처럼 되면 면접이나 대학별 고사가 중요해져서 글쓰기 역량도 진학의 주요소가 될 것으로 전망됩니다.

우리 아이들을 포함한 학생들이야 글쓰기가 일종의 '학습'이니, 글쓰기 연습을 적극 권장해야 하는 것이 맞습니다. 그런데 업무와 관련된 실용적 글쓰기를 제외하고 치유의 글쓰기, 자아를 찾는 글쓰기, 행복을 위한 글쓰기 등 글쓰기 책이 넘쳐나니 학부모님들도 예전에 비해 요즘 유독 개인이 글을 쓰는 아니 정확하게 말하면 '글 쓰는 것을 권하는 사회적 분위기'를 느끼실 것 같아요. 최근에 도서관에서 《글쓰기가 필요하지 않은 인생은 없다》(김애리, 카시오페아, 2017)는 책을 보았는데요, 저는 그때 '아, 정말 우리는 누구나 글쓰기를 해야만 하는, 할 수밖에 없는 사회에 살고 있구나'라는 생각을 새삼 다시 했습니다. 실제로 우리는 전화보다는 카카오톡, 문자메시지, 이메일을 쓰면서 살고 있잖아요. 그럴 듯한 글만 글쓰기라고 생각하기 쉽지만, 우리는 진작부터 의식하지 못한 채로 매일 글을 써 왔습니다. 그리고 아마 학교를 졸업한 이후 아이들도 우리와 다르지 않을 겁니다.

보통 글을 쓰게 되는 계기는 무엇일까요? 내 안에 무언가 쓰고 싶은 열망이 있어서 글쓰기를 시작했다? 글쎄요. 마치 성공한 시나리오 작가나 드라마 작가가 연말 시상식에서 하는 말 같은데요?

저는 그렇게 거창하기보다는 매일 습관적으로 쓰는
사소한 기록이 쌓여서 글이 된다고 생각합니다.

저는 자타공인 메모 중독자입니다. 카카오톡 내게 쓰기, 저만 쓰는 비밀 네이버 밴드, 네이버 카페, 브런치, 아이패드 굿노트, 스케줄러, 기록장, 5년 다이어리 등 기록하는 도구만 해도 여러 개예요. 이렇게 기록, 메모를 많이 하는 건, 그냥 성격상 기록을 하지 않으면 체계적으로 살지 못하는 것 같은 약간의 강박 때문이기도 하고요. 고등학생 때부터 해온 습관이기도 합니다. 최근에는 여기저기 흩어진 기록들을 하나로 통합하고 싶어서 '불렛저널 노트'를 쓰고 있어요. (이건 정해진 틀 없이 자신만의 취향대로 구성해서 쓰는 다이어리의 일종이에요.) 이 불렛저널에는 거창하지 않은 제 매일의 일상 메모와 스케줄, 생각이 들어 있어요. 그중 일부, 아이들 교육과 관련해서 메모해 둔 평소 생각과 아이디어들이 모여 지금 이렇게 《공부 독립》이라는 책이 된 것입니다. 저에게 글쓰기는 '매일의 기록'이에요.

아이들의 글쓰기도 그렇게 진행되어야 한다고 생각합니다. 물론 아이들에게 저처럼 매일 일상을 세세하게 기록하라고 권하고 싶지는 않아요. 그렇게 하기도 당연히 어렵고요. 하지만 '내가 본 것, 들은 것, 먹은 것, 맡은 것, 말한 것'과 같은 사실의 기록부터 '하고 싶은 것, 쓰고 싶은 것' 등 일차원적인 욕구의 기록까지, 즉 '꾸며지지 않은 나를 그대로 옮기는 과정'은 그렇게 어렵지 않습니다. 누구에게 보여주는 글이 아닌, 말 그대로 내 안의 것을 인출하는 것에 불과하니까요.

거창하게 시작할 필요도 없습니다. 매일 한 줄로 시작하는 거예요. 수많은 글쓰기 훈련법 중에서 저는 오늘 아이들이 가장 쉽게 시도할 수 있지만, 습관이 되어 써 낸 문장이 많아지면 엄청난 결과를 가져올 것임이 분명한 글쓰기 방법 2가지를 소개하겠습니다. 학부모님도 아이 글쓰기 훈련의 러닝메이트이자 독립된 기록자로서 글쓰기를 함께 시작하시면 더욱더 좋겠네요.

글쓰기의 시작, 메모 글쓰기

글쓰기의 시작을 '메모 글쓰기'로 정한 데는 두 가지 이유가 있습니다. 첫째는 거창한 글쓰기 노트나 원고지(노트) 같은 것들로 시작하기도 전에 아이에게 부담을 주지 않으려는 의도에서 포스트잇과 같은 '메모'지로 글쓰기를 시작해 보자는 것입니다. 둘째는 메모지의 모양(모양을 고르는 재미도 있어요!)과 크기가 다양한 것처럼 아이들이 쓰는 글의 양에 어떤 제한(최소-최대)도 두지 않으려는 것입니다. 처음부터 거창한 글을 쓸 필요도, 많이 쓸 필요도 없다는 점에서 아이들의 마음이 한결 가벼워질 테니까요.

아이가 매일 한 문장씩 쓰는 것 자체를 어려워하지 않는다면 메모 글쓰기, 시작이 좋습니다. 아이가 쓴 메모지를 잘 모아두었다가 한 달 정도 지나 30장 정도가 되면 우리 아이가 어떤 문장을 주로 쓰는지 아이와 함께 관찰해 보세요. 공통적으로 등장하는 소재, 표현 등을 보면 우리 아이가 무엇을 쓰고 싶어하는지 알 수 있거든요. 쓰고 싶은 글의 방향을 찾으면 그때부터는 그 방향의 소재와 형식으로 집중 글쓰기를 시도해 보세요. 쓰고 싶은 글을 쓰게 되면 그때부터는 하루 한 문장이 아니라 쓰고 싶은 만큼 쓰도록 놔두시면 됩니다. 여기까지 오셨다면 성공이에요. 우리 아이의 일차적인 글쓰기 습관, 드디어 만들어졌습니다!

하지만 너무 막연해서 어떻게 지도를 해야할지 모르겠다는 분들께 제안하는 몇 가지 단계가 있습니다. 그대로 따라 해보세요.

첫째, 무엇을 쓸지 막막하다면 다음의 문장을 활용하세요. (이 같은 형식으로 자유롭게 응용해도 좋습니다)

나는 오늘 ______________________을/를 봤다.

나는 오늘 ______________________을/를 들었다.

나는 오늘________________________을/를 먹었다.

나는 오늘 ________________________을/를 하고 싶었다.

나는 오늘 ________________________이/가 재미있었다.

둘째, 각 문장이 적힌 메모지는 아이 방 벽에 하나씩 모두 붙이세요. (꼭 정렬하지 않아도 됩니다.)

셋째, 메모지가 10개 이상이 되었다면, 메모지를 옮겨 가면서 이야기가 되도록 구성해 봅니다. (필요 없다고 생각하는 문장은 따로 빼 둡니다.)

넷째, 연결해 놓은 메모지 사이에 들어갈 적절한 문장을 하나씩 보충해 보세요.

만일 우리 아이가 이 단계에 따라 매일 한 문장씩 썼다면 한 달(30일)을 목표로 이렇게 구성된 이야기가 좀 더 그럴듯해지도록 추가 문장을 만들게 하세요.

아이는 이 과정에서 사소한 '내 일상'도 기록하다 보면 글이 된다는 것을 알게 됩니다. 또 이 이야기의 주인공은 '나'이기 때문에 이야기에 더욱 몰입하게 돼요. 게다가 사실과 상상력이 결합하면 그럴듯한 이야기를 만들 수 있다는 것도 배우죠. 만약 아이가 평소 문학 독서를 열심히 하고 있다면, 자연스럽게 내가 주인공이고 어떤 사실로부터 시작된, 상상으로 지은 이야기에 더욱 매력을 느끼게 될 거고요. 더 잘 쓰기 위해서 더 많이 읽는 선순환이 이뤄질 가능성도 높습니다.

하루 한 문장 메모지에 글을 썼을 뿐인데, 파급 효과는 엄청나죠? 지금 당장 우리 집에 어떤 메모지가 있는지 체크해 보세요. 글을 쓰고 싶은 아이의 감정을 미리 느껴보고 싶으다면, 학부모님부터 먼저 시작해 보시기 바랍니다.

일기 쓰는 아이는 누구나 작가가 될 수 있다

일기 쓰기는 가장 부담 없이 시작할 수 있는 글쓰기 훈련법이지만, 그만큼 성공하기도 쉽지 않습니다. 일단 앞서 소개한 메모 글쓰기에 비해 써야 하는 문장 수가 조금은 늘어나요. 한 문장 쓰기를 일기로 보기는 어려우니까 적어도 두세 문장은 돼야 하죠. (한 문장 쓰기는 메모 글쓰기이고요.)

게다가 '일기'는 매일 써야 하는 글, 오늘 내가 경험했던 일 중에 가장 기억에 남는 일을 쓰는 것'이라는 인식이 강합니다. 그 때문에 큰 틀에서 반복적인 일상을 사는 사람(아이들도 보통 그렇죠)은 딱히 새로운 이벤트가 없어서 매일 똑같은 내용만 쓰게 되고, 그 상황이 반복되면 일기 쓰기가 지루해지는 것은 당연하지요. 그 결과 일기 쓰는 의미를 점점 잃어버리게 됩니다.

그래서 '일기 쓰기'에도 재미 요소를 넣을 수 있는 다양한 아이디어가 필요합니다. 그렇다고 '신박한 아이디어? 아이들의 흥미를 반드시 끌어야만 하는 아이디어? 어떻게 생각해 내지?'라고 미리 걱정하지 마세요. 그저 아이들이 쉽게 두세 문장이라도 쓸 수 있는 소재를 주는 것만으로도 충분합니다.

대화 속에서 찾은 일기 소재

가장 대표적인 방법은, 아이와의 대화 속에서 일기 소재를 찾아주는 거예요. 하지만 대화하다가 "아! 좋다! 그거에 대해서 일기를 써."라고 딱 찝어서 과제처럼 던져 주면 절대로 안 됩니다. 그것보다는 아이가 일기를 쓸 때 옆에서 슬쩍 이렇게 말해보는 거예요. "아까 엄마랑 재미있게 대화했었지? 그 얘기 중에 네가 쓰고 싶은 것을 떠올려서 써보면 어떨까?"라고 말이죠.

그 말을 들은 아이는 하루 중 엄마와의 대화 상황을 자연스럽게 머릿속에 떠올리게 될 겁니다. 그리고 어떤 글감(소재)으로 일기를 쓸지 고심하게 될 거예요. 그 과정에서 '대화하지는 않았지만 번뜩 떠오르는, 또 다른 일과'를 일기로 쓰기도 하고요. 엄마에게 직접 말하지는 않았지만, '아까 하고 싶었던 말들'을 써낼 수도 있습니다.

무엇보다 이 과정에서 아이들에게 '일기'란, 쓰기 싫은데 억지로 써야만 하는 과제가 아니라 오늘 하루 일과를 자연스럽게 돌아보게 하는 계기라는 것을 알려줄 필요가 있어요. 그렇게 되면 이제 아이는 매번 엄마의 코멘트가 없어도 일기 쓰기 전에 자연스럽게 오늘 하루를 되돌아보게 될 겁니다. 일기 쓰는 시간은 점차 오늘 하루, 나 스스로를 칭찬하고 격려하는 시간이 되고, 오늘 꼭 해야 할 일을 끝마치지 못했거나 아쉬운 일이 있었다면 내일은 꼭 그 일부터 하겠다고 결심하는 시간이 되는 것이죠. 글쓰기 연습이 되는 것은 덤이고요.

대화를 넘어 아이의 일상으로 깊숙이 들어가면 일기의 소재로 삼을 만한 것이 더 많습니다. 평소 아이가 좋아하는 놀이, 장난감, 프로그램, 게임 등이 있나요? 그 대상을 소재 삼아 쓰는 일기도 좋습니다. 다른 누군가에게 "나는 ____________하기 때문에 이걸 좋아해요!"라고 간략하게 소개하는 몇 문장을 쓰는 것도 일기죠.

감정을 소재로 한 일기 쓰기

동생과 싸운 날, 친구 때문에 슬펐던 날, 선생님께 칭찬받아서 기분이 너무 좋았던 날 등, 아이의 '감정'에 집중하는 것도 일기 소재로 좋습니다. 이때는 아이와 감정에 대해서 충분히 이야기를 나누시면 더 좋은데요, 어린아이일수록 자신의 감정에 대한 정의가 잘 되지 않아 '좋다', '싫다', '아니다', '맞다'와 같은 단순한 감정밖에 표현할 줄 모르고, 타인의 감정을 이해하기도 어려워합니다. 더불어 사는 삶에서 자신의 감정을 이해하고, 다스릴 줄 알며 타인의 감정도 보듬을 수 있는 기본적인 소양은 초등 때 배워야 할 중요한 덕목 중 하나죠. 아이들 감정 일기 쓰기를 지도할 때 기회가 된다면 개인적으로 제가 좋아하는 책 《나를 표현하는 열두 가지 감정》(임성관, 강은옥, 책속물고기, 2018)을 참고하셔도 좋겠습니다.

책 읽기와 함께하는 일기 쓰기

꺼내고 꺼내 써도 계속 소재가 발굴되는 화수분 같은 '일기 소재 꾸러미'가 있습니다. 그건 바로 책이에요. 저는 독후 활동이 너무 형식적이면 오히려 아이들의 독서 흥미를 빼앗는다고 생각합니다. 그래서 가능하면 부담 없는 독후 활동이 되어야 한다고 생각해요. 독서 일기가 독후 활동의 일환이기는 하지만 육하원칙에 맞춰 책 내용을 요약 정리하고 느낀 점을 써내는 독서록은 아니어야 합니다. 그 대신 아이의 책에 대한 감정 위주의 문장을 간략하게 써내는 것으로 충분해요.

우선 책을 읽고 간단한 감상을 두세 문장으로 쓰는 것부터 시작할 수 있게 지도하세요. 그 이후에 조금 더 욕심을 내 보자면 주인공에게 편지 쓰기, 나라면 어떻게 했을까, 책의 외전이 있다면 어떤 내용을 이어 쓰면 좋을까 등 다양한 글쓰기로 확장하시면 되고요. 만약 읽은 책이 크게 인상적이지 않아서 '재미있었다/재미없었다' 정도의 감상밖에 적을 수 없다면 그것보다는 책 속에서 기억에 남는 문장 하나를 찾아서 그대로 옮겨 쓰고 그 문장에 대한 자신의 생각이나 감정을 간단하게 써보아도 좋습니다.

매일의 복습, 교과 일기 쓰기

일기의 목적을 조금 더 확장해 보면, 하루 중 내가 겪은 일 중 가장 인상적인 일이 '공부'가 될 수도 있지 않을까요? (우리 모두의 희망 사항일지도 모르지만요.) 그렇다면 교과 내용도 일기의 소재가 될 수 있습니다.

처음에는 앞서 언급한 일기 유형들처럼 "오늘 수학 공부는 ○○○을/를 배웠는데 생각보다 어렵지 않고 재미있었다. 다음에는 오늘 배운 ○○○을/를 이용해 문제를 풀어봐야겠다."라는 식으로 사실의 기록, 대상에 대한 감정, 내일의 다짐을 적는 등 그저 '교과 내용'을 일기의 소재로 활용하는 것으로 충분해요. 이런 교과 일기가 익숙해지면 학습의 연장선, 복습 방법의 하나로서 일기 쓰기를 활용해 보시는 것을 권합니다.

바로 이어서 영어와 수학 교과 일기의 예를 소개해 드릴 건데요. 처음에는 아이가 부담스러워 할 수도 있고, 기껏 썼는데 학부모님들이 보기에는 썩 만족스럽지 않으실 수 있습니다. 하지만 간단하게 기록하는 연습만 꾸준히 시켜 주셔도 각 과목의 복습과 인출 활동에 도움이 되는 것은 물론이고 글쓰기 연습으로도 큰 의미가 있다는 점을 기억해 주셨으면 합니다.

영어 교과 일기 쓰기

'한글 글쓰기도 겨우 시켰는데, 영어 글쓰기를?' 그렇죠. 그렇게 생각하실 수 있습니다. 게다가 영어 글쓰기가 아이들이 하기에 너무 어렵다고 생각하는 분도 많아요. 하지만 잘 쓴 영어 글쓰기가 아니라 '연습하는 글쓰기'는 전혀 어렵지 않습니다. 틀려도 되는 게 '연습하는 글쓰기'이기 때문이죠.

아이들이 글쓰기를 할 때, 혹시 빨간 펜을 들고 맞춤법과 띄어쓰기, 조사, 접속사 사용 등을 지적하지는 않으시죠? 제가 앞서 '아이들 글의 수정'에 대해서 언급하지 않은 이유는 '당연'하기 때문이었는데요, 글쓰기를 처음부터 반기는 아이는 없습니다. 그래서 글을 쓰게 하려면 '써보니 별거 아니구나. 나도 잘 쓸 수 있구나.' 하는 긍정적인 경험을 조금씩 쌓으면서 익숙하게 하는 것이 최선의 방법이죠. 그런데 부모님이 빨간 펜을 드는 순간, 글쓰기는 기록이 아니라 학습이 되어 버립니다. 하기 싫은 공부가 될 수도 있어요. 그러니 일단은 틀리고 어설프더라도 쓴다는 행위 자체에 큰 의미를 두세요. 즐겁고 부담이 없어야 아이들이 영어를 포함한 어떤 글쓰기든 두렵게 생각하지 않을 수 있습니다.

영어 글쓰기는 무엇이든 상관없이 하루에 딱 한 문장만 쓰도록 하세요. 무슨 내용이든, 문법에 상관없이 하루에 딱 한 문장 쓰기 습관 만들기를 목표로 삼는 겁니다.

예를 들어, 다음과 같이 하시면 됩니다.

오늘 배운 영단어로 한 문장 쓰기(예문도 좋고, 문장을 만들어 써도 좋아요) / 오늘 읽은 글 중에서 한 문장 필사하기 / 영어 일기 쓰기 / 오늘 하루 가장 재밌었던 일을 한 문장으로 쓰기 / 오늘 가장 맛있게 먹은 음식에 대해 한 문장으로 쓰기 / 오늘 리스닝한 문장 중 한 문장을 따라 쓰기 등

여기 한 문장은 어떤 내용이든, 어디에 기록된 글이든, 길이가 길든 짧든 상관없습니다. 대원칙은 딱 하나! 하루에 딱 한 문장 쓰는 것만 지켜주시면 돼요. (아직 문장을 쓰지 못하는 아이는 위 예시에서 '문장'을 '단어'로 바꿔서 하루에 단어 1개를 쓰면 됩니다.) 제가 영어 일기의 최소 단위를 두세 문장도 아닌 딱 한 문장이라고 한 이유는 '작정하고 영어 일기 쓰자'가 아니라 교과 일기는 평소 일기에 한 줄 더하는 것으로도 충분하기 때문입니다.

아이가 영어 한 문장 쓰기를 매일의 습관처럼 받아들이기 위해서는 학부모님의 코칭이 정말 중요합니다. 계속 말씀드리지만 우선 거부감을 최대로 줄여주세요. 한 문장이 힘든 아이는 어휘 1개로 시작해도 좋습니다. 처음에는 영어 글쓰기를 아주 금방 끝나는 부담 없는 '놀이 학습'처럼 느끼도록 도와주세요. 평가를 받는 시간이 아니라 무엇이라도 쓰면 어쨌든 칭찬받는 즐거운 시간이라고 생각하도록요. 쓴 내용이 별로일 때도 쓴 행위 자체를 칭찬해 주세요. 그게 바로 습관을 만드는 가장 효과적인 방법입니다.

수학 교과 일기 쓰기

수학 글쓰기는 국어·영어 글쓰기에 비해 정말 생소하실 겁니다. 그리고 실제로도 다른 과목 일기와는 차이가 있습니다. 수학 글쓰기는 작문이라기보다는 '요약, 정리'에 가깝거든요. 즉, 오늘 공부한 내용을 끄집어내어 직접 정리해 보는 일명 '복습 글쓰기'입니다.

복습 글쓰기의 대상은 수학 동화(도서)를 읽고 난 후의 독후 활동, 수업 시간에 배운 수학 개념과 수학 어휘 학습의 결과물, 오늘 풀었던 인상적인 수학 문제, 오늘 공부한 수학 공식 등 다양한 것이 될 수 있습니다. '어떻게' 쓰느냐가 중요한 것이 아니라 '무엇을' 쓰느냐가 중요하기 때문입니다.

수학을 공부한 날은 가능하면 복습 글쓰기를 하도록 지도해 주세요. 처음에는 아주 간단한, 오늘 배운 내용의 핵심만 적을 수 있으면 됩니다. 예를 들어 다음처럼요.

오늘 읽은 수학 동화(도서)에서 새롭게 알게 된 것을 한 문장으로 쓰기 / 오늘 읽은 수학 동화(도서) 중에서 가장 기억에 남는 것을 한 문장으로 쓰기 / 수학 동화(도서)를 읽고 난 후 나의 감상(느낌)을 한 문장으로 쓰기 / 오늘 공부한 수학 교과서나 문제집에서 새로 알게 된 수학 어휘 1개의 의미를 설명하는 한 문장 쓰기 / 오늘 공부한 수학 개념을 설명하는 한 문장 쓰기(그림을 그려도 좋고, 수학 어휘를 적절하게 사용해도 좋음) / 오늘 풀었던 인상적인 문제 또는 어려웠

던 문제를 옮겨 적기 / 직접 풀어보기 등

이렇게 그날그날 배운 수학 공부 내용을 떠올리며 정리하는 글쓰기를 해보는 겁니다. 문장을 쓰다 보면 수학 어휘가 반드시 포함되기 마련인데요, 수학 교과 일기를 쓰면서 자연스럽게 그날의 수학 어휘를 복습할 수 있습니다. 만약 기억이 안 나거나 몰랐다면 교과서나 사전을 찾아서 채워 넣을 수도 있죠. 적어도 그날 배운 것이 무엇인지만이라도 다시 떠올릴 수 있다면 쉽게 잊어버리지 않을뿐더러 그다음에 배우는 내용과 연결되어, 수학 개념 학습에서 중요한 '개념 연결'이 한층 더 편해질 겁니다.

여기에 한 가지만 더! 수학 공부를 하면서 깨달은 점이나 궁금한 사항이 있었다면 그 내용을 짧게 써보는 것도 좋습니다. 아이도 수학 공부에 대한 '감정'을 느껴보는 것이 좋거든요. 그 감정은 '자신 있다', '할 만하다', '나, 이런 것까지 안다'와 같은 긍정적인 감정이면 더 좋고요. 처음에는 별 감정이 없을 수도 있고 반대로 부정적인 감정이 생길 수도 있지만 이 '복습 글쓰기'를 통해 아이는 점차 차오르는 자신감과 함께 공부 마음을 채워갈 수 있습니다. 이렇게 쌓인 긍정적인 감정은 수학 공부를 하면서 누구나 겪는 어려운 순간이나 슬럼프를 견딜 수 있는 힘이 됩니다.

처음부터 아이가 수학 글쓰기를 척척 해낼 것이라고 기대하시면 안 됩니다. 처음에는 한 문장, 그날 배운 교과서의 단원명을 적는 것만으로도 충분해요. 평소 일기의 마지막에 한 문장을 더하는 것부터 시작하세요. 그리고 습관처럼 이 글쓰기가 끝나야 '오늘 수학 공부를 끝냈다!'라는 생각이 들 수 있도록 지도해 주시기 바랍니다.

일기는 이렇게 다양한 형식으로 다양한 글쓰기를 이끌어 냅니다. 쓰기가 문해력 향상 과정의 정점에 있는 만큼 쓰는 것을 망설이거나 어려워하지 않는 아이라면, 더 잘 쓰기 위해서 문해력의 다른 요소들, 즉 독서력이나 어휘력을 쌓는 데 욕심을 낼 겁니다. 그날이 현실이 되도록 학부모님께서는 방법을 모르는 아이에게 작은 물고만 터주시고, 우리 아이의 남다른 문해력이 공부 독립 시기를 조금이라도 당길 수 있는 주요 역량이 되기를 바라겠습니다.

5

자기주도력

왜 자기주도력일까?

지금까지 우리는 아이들의 공부 독립을 준비하기 위한 핵심 역량 4가지, 곧 공부 마음, 집중력, 암기력, 문해력에 대해 알아보았습니다. 이제 마지막으로 앞선 역량들을 최대한으로 발휘하여 실제 공부에 적용하게 하는 역량인 '자기주도력'이 남았어요.

사실 이 자기주도력이 지금까지 소개한 역량들에 비해서 훨씬 아이들 공부에 직접적이고 또 바로바로 성과가 나는 부분이기 때문에 읽으시는 중이라도 당장 우리 아이 학습에 활용해야겠다 싶은 부분이 있다면 지체 없이 실천하시기 바랍니다. 자기주도로 공부 독립을 해야만 하는 고등학생이 되기까지 생각보다 시간이 별로 많이 남지 않았거든요. 그리고 공부 마음을 갖추고 집중해서 잘 기억하고 문해하면서 자기주도가 되는 순간! 우리 아이의 공부 독립을 선언하셔도 됩니다.

자기주도력이란 자신이 주체가 되어 계획하고 실행하며,
성공과 실패를 모두 직접 경험하는 '주도적인 힘'을 말합니다.

또한 아이들의 공부와 관련해서는 자신의 현 상황과 실력을 정확하게 파악하는 것부터 어떤 목표를 세우고 어떤 도구로 어떤 방법을 사용해 공부를 할 것인지 그리고 실행한 후의 결과를 겸허히 받아들이는 동시에 자기 반성을 하고 반성의 결과물을 다음 공부에 반영하기까지 그 모든 일련의 과정을 이끄는 힘이지요.

초등 저학년은 아이 스스로 자기 객관화가 잘 안되는 시기이며, 공부가 무엇이고 공부의 목적과 방법이 무엇인지도 알기는 아직 어립니다. 그래서 이때만큼은 유일하게(유일해야 해요!) 엄마 주도 학습을 할 수밖에 없어요. 누군가는 방법을 알려주어야 하니까요. 하지만 초등 고학년 시기, 부모님께 배우고 익힌 방법을 그대로라도 아이 스스로 할 준비가 되면 '자기주도학습'으로 자연스럽게 넘어가야 합니다.

초 5, 자기주도학습 시작의 마지노선

학부모님들 중에는 초등 5학년이 자기주도학습을 하기에 최적의 타이밍이라는 제 이야기에 걱정을 표하시는 경우가 있습니다. 자기주도학습은 중고생들이나 할 수 있는 것이 아니냐라고요. 물론 아이마다 개인차가 있는 것은 사실이지만, 이 초등 5학년은 자기주도학습의 완전한 성공 시기라기보다는 적어도 '넘겨주기 시작해야 하는 마지노선'이라는 의미가 더 강합니다.

이 시기는 보편적으로 아이들의 사춘기가 시작되는 시점입니다. 이 시기를 놓치면 사춘기 이후 부모님의 손길이 닿지 않을 때(사춘기를 보내고 나면 여러 가지 이유로 부모의 손길이 닿기 어려워집니다) 아이는 아직 혼자 공부할 수 있는 능력도 갖추지 못하고 부모님의 간섭도 싫어해서 결국에는 '자기주도학습'이 아닌 '학원주도학습'을 선택할 수밖에 없습니다. 그걸 막기 위한 최소한의 마지노선이 초등 5학년 때라는 이야기지요.

'학원주도학습'은 잘못되었습니다. 하지만 '학원을 다니는 것'은 전혀 잘못된 일이 아니죠. 학원이 필요한 아이는 반드시 있고, 학원에 다니는 것과 학원주도학습은 엄연히 다르기 때문입니다. 제가 앞에서도 언급했듯이 '공부의 주도권이 누구에게 있느냐'로 '엄마주도, 자기주도, 학원주도'라는 용어가 만들어졌다고 할 때, 학원주도학습은 '학원이 주도하는 공부'를 말합니다. 이 학원주도학습은 학원이 아이의 공부 계획(진도, 방법 등)을 세우고, 아이는 그 틀에 맞춰 그냥 시키는 대로 하기만 하면 되는 그런 상황을 의미합니다.

얼핏 들어서는 그게 뭐가 잘못되었는지 모르겠다는 분도 계실 거예요. 또 그런 사례가 너무나도 많기 때문에 당연한 것 아니냐고 반문하실 수도 있죠. 하지만 학원주도학습을 한 아이들은 부득이하게 학원에 못 다니는 상황이 오면 절대 혼자서는 공부할 수 없게 됩니다. 당연히 키워졌어야 할 자기주도력이 학원의 편의(?) 덕에 만들어질 기회를 얻지 못한 거죠.

초등부터 자기주도학습을 해야 하는 이유

자기주도학습은 왜 해야 하는 걸까요? 단지 학원 없이 공부해야 할 부득이한 상황을 대비해야 해서일까요? 당연히 아니겠죠.

단언컨대 스스로 하는 공부가 '진짜 공부'이기 때문입니다.

그래서 입시 과정에서도 특목 자사고나 대학에서도 '진짜 공부'를 하는 학생을 선발하고 싶어 합니다. 그중에서 과학고를 비롯한 고입 전형의 이름은 '자기주도학습전형'인데요, 교육부에서는 이 전형의 취지를 사교육을 통해 '만들어진 스펙'을 갖춘 학생이 아니라 학교 공부를 충실히 수행한 학생을 선발하기 위함이라고 설명합니다.

학교별로 약간씩 차이는 있지만, 과학고에서는 소집 면접 대상자를 선정하기 전인 1단계에서부터 과학고 지원 동기 및 꿈과 끼를 살리기 위한 '활동 계획과 진로 계획', 학습을 위해 주도적으로 수행한 '자기주도학습의 전 과정' 등 다양한 항목을 통해 지원 학생의 자기주도성을 판단합니다. 자기주도력을 갖춘 아이들이 인지조절 능력(메타인지)과 내재된 학습 동기, 적극적인 행동과 참여와 같은 특징을 지녔다고 보기 때문이에요.

입시를 준비하는 과정에서 학생이 스스로 하지 못하는 부분이 있다면 누군가(사교육)의 도움이 필요할 수도 있습니다. 하지만 적어도 학생에게 그 도움이 필요하다는 자의적인 판단과 실행의 주도권 및 통제권은 있어야 하겠죠. 그래야 기숙 생활을 하는 과학고는 물론이고 전공과 흥미에 따라 본인의 수업 시간표부터 구성해야 하는 대학생이 각 시기를 제대로 의미 있게 보낼 수 있습니다.

또한 아이들이 살아갈 가까운 미래는 지금보다 더 빠르고 많은 변화에 노출될 텐데요, 그런 사회에서 '자기주도적인 삶'을 살기 위해서라도 반드시 시행착오를 포함한 연습이 필요하기 때문입니다. 요즘은 결혼 이후까지 자식의 일에 왈가왈부하는 헬리콥터맘(대디)이 있다고 해요. 그런 부모의 자식은 정말 자신의 인생을 살고 있을지 의문이 듭니다. 그래서 초등 5학년부터 시작하는 자기주도 연습은 반드시 누구에게나 필요하다고 하는 것입니다.

최상위권 아이들의 공통점

주변의 엄친아, 엄친딸 그리고 전국 상위 1% 성적을 가진 아이들은 성격과 성향이 모두 다른 만큼 각자의 공부 스타일이 있습니다. 하지만 저 자신과 제가 가르쳤던 학생들, 상담했던 학부모님 자녀들의 사례를 종합해 보면 다양성 안에서도 누구나 가지고 있는 공통점이 발견돼요. 만약 우리 아이가 아직, 자기 자신이나 부모님의 기대에 못 미치는 상태라면 이 공통점을 통해 어떤 부족한 역량을 보충하는 것이 좋을지 그리고 본받을 만한 것은 무엇인지를 판단해 보셨으면 하고요. 또 이보다 더욱 중요한 것은, 우리 아이의 장점 중 하나가 이 리스트 안에 있다면 그 장점을 더욱 강화해서 우리 아이만의 '특장점'이 될 수 있도록 칭찬과 응원을 맘껏 해주셨으면 합니다. 그럼 하나씩 소개해 드릴게요.

자신을 객관적으로 판단하는 메타인지

제가 가르친 대상 중 가장 쉬우면서도 동시에 어려웠던 아이는, 자신이 '무엇을 알고 무엇을 모르는지'를 모르는 아이였습니다. 예를 들어 이런 식이에요.

"선생님, 이 문제 모르겠어요."

"어디를 모르겠니?"

"음… 몰라요. 그냥 다 모르는 거 같아요."

이럴 때 제가 취해야 할 행동에는 두 가지 선택지가 있었습니다. 우선은 다 모르겠다는 아이이니 그냥 아무것도 모른다고 생각하고, 처음부터 끝까지 다 설명해 주는 방법이 있고요. 다음은 아이가 무엇을 모르는지를 어떻게든 파악해 내는 겁니다.

다 설명해 주는 것은 쉽습니다. 하지만 아이가 무엇을 모르는지를 찾아내려면 중간에 계속 질문해야 하고, 그때마다 모르겠다고 하는 아이가 '진짜 모르는 것인지'를 파악해 내야 하는데, 그것은 굉장히 어려운 일이에요. 상당히 많은 시간과 인내도 필요하죠. 그렇게 해서 결국엔 허무하게도 정말 아무것도 모른다는 것을 확인하는 경우도 있었고요. 질문을 통해 아는 것과 모르는 것을 구분해 내기도 했습니다.

만약 이 아이가 메타인지, 즉 자신이 무엇을 알고 무엇을 모르는지를 잘 아는 아이였다면, 굉장히 짧은 시간에 효율적으로 아이의 약점을 보완해 줄 답을 주었을 겁니다. "선생님, 제가 여기까지는 풀었는데요, 여기부터 이렇게 하니까 잘 안되더라고요. 어디가 잘못된 걸까요?"라고 질문할 테니까요.

공부할 때 부족한 부분이 없는 아이는 없습니다. 그 부족한 부분의 크기가 얼마나 크고 작은지에 따라서 성적의 차이가 날 뿐이죠. 그런데 메타인지가 뛰어난 아이들은 자신의 인지 수준과 한계 등을 비교적 정확히 파악하는 편이라서 다른 아이들보다 시간을 효율적으로 쓸 수 있습니다. 잘하는 부분은 유지하고 부족한 부분만 집중적으로 학습할 수 있기 때문이에요. 두루뭉술한 질문이 아니라 정확히 '이 부분만 알려주세요'와 같이 핵심을 꿰뚫는 질문으로 말이죠. 제가 아는 공부 잘하는 아이 대부분은 이렇게 메타인지가 뛰어났습니다.

메타인지를 키우는 학습법

메타인지를 키우려면 평소 인출 학습을 자주 해봐야 합니다. 앞서 여러 번 소개한 백지 테스트나 교과 일기처럼 '쓰는 방식'도 좋지만 그 방식들은 '쓰기에 익숙지 않은 아이들'은 거부할 수도 있고, 적응하는 데 많은 시간이 필요합니다. 그보다는 '설명하기'가 어떤 아이든 가장 쉽게 시도할 수 있는 인출 방법이에요. 설명의 대상은 엄마, 아빠, 동생 또는 내 방에 있는 인형이어도 상관없습니다. 하지만 처음에는 아무래도 응원과 격려를 해줄 사람이 필요하니 부모님이 아이의 설명을 들어주는 것을 추천합니다.

누군가에게 내가 아는 것을 설명하려면 어떤 부분을 가장 중점적으로 설명해야 하는지 핵심을 파악해야 합니다. 설명을 준비하는 과정에서 어떤 것이 핵심인지 고민해 보는 기회를 가지게 되는 것이죠. 또 설명하다가 막히거나 얼버무리게 되면 그 내용을 잘 이해하고 있지 못한 것이기 때문에 아이 스스로 다시 공부할 필요도 느끼게 됩니다. 이처럼 실제로 설명해 봐야 내가 어느 정도 이해하고 있는지를 스스로 판단할 수 있게 되죠. 그리고 모르는 부분이 무엇인지를 알게 되면 그 부분만 따로 공부하면 되니까 공부 효율성은 극대화됩니다.

혹시 우리 아이가 남들 앞에서 말하는 것을 좋아하는 아이인가요? 그렇다면 이 기회에 거실에 큰 화이트보드를 마련해 놓고, <○○의 강의실>이라고 써서 일주일에 한 번쯤은 온 가족이 아이의 강의를 듣는 날로 정해 보세요. 아이가 여러 명이라면 각자 미션을 주셔서 선의의 경쟁을 하게 하셔도 좋고요. 칭찬 스티커나 뽑기판을 이용해 이중으로 성취감을 유도하셔도 좋습니다.

'WHY' 집착증 환자들

아이들을 가르칠 때, 가끔은 저도 질문을 피하고 싶을 때가 있습니다. (물론 그런 마음이 살짝 들었다는 것이고, 결국엔 모두 답을 해 주었습니다.) 송곳 같은 질문이 아니라 꼬리에 꼬리를 물며 연속되는 난처한 질문은 특히 그랬어요.

예를 들면 "왜요? 정말요? 아, 근데 왜요?"라는 식의 질문입니다. 정말 그런 아이들이 있냐고요? 네. 있어요.

어쩐 일인지 저는 매년 그런 아이들 서너 명씩은 만났습니다. 거의 대부분이 전교권 아이들이었다는 것이 특징이었죠.

어릴 때 "왜?"라는 말을 안 해본 아이는 거의 없을 겁니다. 아니 오히려 '왜(WHY)병'(그 이후엔 '어떻게 돼요?'병, '내가'병도 있습니다)을 앓고 있다는 표현까지 있을 정도죠. 시간이 지나면 치유되는 병이라고 선배 맘들이 위로 아닌 위로를 하긴 하지만, 초보 맘들은 하루 종일 계속되는 아이의 질문에 많이 지치곤 합니다. (옛 추억이 떠오르시나요?)

하지만 그것도 한 때, 초등 고학년과 중등만 되어도 "왜"라는 질문은 고사하고, 질문 자체를 안 하는 아이가 많습니다. 여기에는 여러 가지 이유가 있습니다. 아이의 성격일 수도 있고, 질문했다가 핀잔을 들었거나 사람들은 질문을 받는 걸 별로 안 좋아한다고 느껴서 사회화가 되었을 수도 있으며, 또 질문했을 때마다 뚜렷한 답을 못 들었기 때문일 수도 있죠. 저는 중고등학생인데도 질문이 많은 아이를 보면, 그런 여러 가지 사정을 넘어서까지 이런 호기심을 아직도 가지고 있구나 싶어 신기하고 때론 그 아이의 부모님이 다시 보이기까지 하더라고요. '부모님이 인내심이 있는 분들이구나. 노력을 많이 하셨겠다.'라는 생각이 들어서요. 때로는 힘들어도, 아이의 호기심과 탐구심을 꾸준히 채워주고 독려하셨다는 명백한 증거이니까요.

아이들이 호기심이 있다고 무조건 질문을 많이 하는 것은 아닙니다. 외향적인 아이들은 앞의 사례처럼 타인에게 질문을 많이 하는 편이고, 내향적인 아이들은 자신의 내부로 끊임없이 질문하며 스스로 해결하려고 인터넷이나 책 같은 것을 파고들죠. 무엇이 더 바람직하다고 할 수는 없지만 어찌되었든 그런 집요함이 아이의 지식 수준을 한참 올려놓는 것만은 사실입니다. 만약 우리 아이가 지금까지도 질문(특히 '왜')이 많은 편이라면 지금이 기회입니다! 앞으로도 유지되도록 도와주셨으면 좋겠습니다. 물론 밖으로 표출하는 것이 좋을지, 스스로 해결하는 것이 좋을지는 아이 성격을 충분히 고려해야겠지만, 적어도 부모를 포함한 누군가의 반응 때문에 질문을 점점 안 하게 되는 상황만은 막아 주셨으면 하는 거죠.

호기심과 탐구심을 이어가는 방법

제가 제안하는 이 쉬운 방법으로 호기심과 탐구심을 유지하게 해 주세요. 아이의 질문이 많아 감당하기 어려우실 때는 아이에게

'질문 노트'를 만들어 보자고 권하세요. "너의 궁금증을 바로 해결해 주기 어려운 사람이 많고, 바로 답을 안 해주면 네가 실망할까 봐 걱정하는 사람도 있을 거야. 궁금한 것이 생기면 여기에 잘 적어두었다가 질문하고, 천천히 답해 줘도 괜찮다고 말하거나 네가 스스로 답을 찾아 보면 좋겠다."라는 말과 함께 말이지요.

처음에는 엄마(아빠)랑 같이 찾아보자고 제안하셔서 아이가 궁금해하는 것에 '나도 관심이 있다, 나도 궁금하다'는 생각을 가진 동지 역할을 해주시기 바라요. 그 '호기심 많은 동지'가 할 일은 '인터넷 검색, 관련 책 찾아보기' 등인데요, 정보를 찾을 때 어떤 검색어로 어떻게 찾아보면 좋은지를 알려주는 역할이지요. 그럼 아이들은 자신의 궁금증과 호기심을 해결하는 더 빠르고 쉬운 방법을 알게 됩니다. '꼭 누구에게 질문을 해서 답을 얻지 않아도 스스로 해결할 수도 있구나!'라고 말이죠. 동시에 혼자 해결을 못할 땐 답을 해줄 것 같은 사람에게 질문하는 것이 좋겠다는 판단도 할 수 있을 겁니다.

그리고 그 과정에서 적어도 본인이 궁금한 내용을 알기 위해 끝까지 파고드는 '근성'만은 지킬 수 있게 될 겁니다. 이해가 안 가고 잘 모르는 것을 그냥 흘려 보내지 않고 알기 위해 애쓰는 자세! 이런 태도가 공부 잘하는 아이들의 성적을 뒷받침한 중요 요소가 아니었을까요?

세상에서 내가 제일 잘 나가

유독 어떤 한 분야에 집요할 만큼의 욕심을 가진 아이들이 있습니다. 그리고 '이것만큼은 내가 최고'라는 마음도 가지고 있죠. 그런 마음을 앞서 '자기 효능감'이라고 설명드렸는데요, 공부 잘하는 아이들은 본인의 능력을 객관적으로 파악하고 있어서 자신의 장단점을 잘 알고 있습니다. 동시에 주변(특히 부모님)의 지지로 인해 '자아존중감'도 높아서 매사에 자신감을 가지고 있고, 노력만 뒷받침된다면 누구보다 능력 발휘를 잘할 수 있을 것이라고 스스로 믿고 있습니다.

라이벌의 효과

일반적으로 아이들의 심리적 동기부여와 자극을 위해서 우리는 라이벌을 두는 것이 좋다고 생각합니다. 하지만 많은 경우 오히려 공부 마음이 무너지는 등 악영향을 끼칩니다. 하지만 지금 설명하고 있는 이 자존감이 높은 아이들은 '라이벌'의 존재가 실제적인 도움이 되는 얼마 안 되는 부류인데요. '라이벌'로 인해서 진짜 기대치만큼의 효과가 있으려면 다음과 같은 몇 가지 특징을 가지고 있어야만 하기 때문입니다.

첫째는 우리 아이가 강력한 멘털의 소유자여야 합니다.

라이벌과 경쟁하게 되면 한 명은 승자, 다른 한 명은 패자가 될 수밖에 없습니다. 패자가 되었을 때마다 좌절하고 그런 감정이 우울감이나 시기심으로 발전한다면 공부에 제대로 집중할 수가 없겠죠.

둘째는 우리 아이와 라이벌이 앞서거니 뒤서거니 할 정도로 실력이 비슷한 수준이어야 합니다.

내가 훨씬 잘하면 라이벌이라는 생각이 안 들고, 상대방이 훨씬 잘하면 '감히 범접할 수 없다'는 마음이 들고 열등감도 생기기 쉬워서 대부분 의욕을 잃어버리기 때문이에요.

그런데 이런 두 가지 조건을 충족하기가 쉽지 않습니다.

'지기 싫어하는 마음'은 분명 공부를 더 잘하게 만드는 요인 중 하나임이 분명하지만, 그 마음을 자극하기 위해 라이벌을 만드는 것은 득보다 실이 더 많습니다. 공부 자존감이 높지 않은 아이라면 라이벌보다는 +1 단계의 목표를 세우고, 자기 자신과 경쟁하는 방법을 알려주시는 편이 훨씬 더 아이의 성장에 도움이 됩니다.

싫어하는 과목을 대처하는 방법

누구나 좋아하는 과목과 싫어하는 과목이 있습니다. 그런데 수학을 가르치는 선생님으로서 참 속상한 것은, 아이들이 싫어하는 과목으로 수학을 참 많이 꼽는다는 점이에요. 좋아하는 이유는 개인별로 조금씩 다르지만 싫어하는 이유는 거의 비슷하게도 '어렵고, 잘하지 못하기 때문에'라는 점도 그렇습니다.

우리도 학창 시절을 되돌아보면 좋아하는 과목과 싫어하는 과목이 있었습니다. 그래서 공부할 때도 이 두 과목을 대하는 자세가 달랐죠. 아이들도 우리 때와 똑같습니다.

자습을 시작하면 일단 가장 좋아하는 과목부터 시작합니다. 그리고 자습 시간이 거의 끝나갈 때쯤에야 싫어하는 과목 교과서에 손을 댈 듯 말 듯 하는 것이 일반적이에요. 이런 학습 패턴이라면 당연히 좋아하는 과목은 더 잘하게 되고 싫어하는 과목은 더 못하게 되어, 좋고 싫음의 사이클은 악순환을 반복합니다. 그리고 당연하게도 이렇게 과목 간의 호불호가 명확한 아이는 절대 공부를 잘할 수 없습니다.

물론 공부 잘하는 아이들도 좋아하는 과목과 싫어하는 과목이 있습니다. 하지만 일반적인 아이들의 학습 패턴과는 매우 달라요. 우선 그날의 시작은 가장 싫어하는 과목(잘 못하는 과목)입니다. 그리고 낙담(?)으로 인해 그날 공부에 영향을 미치지 않기 위해 최소한의 양으로만 목표와 계획을 세웁니다.

예를 들어 다른 과목 공부로 문제집 2~3페이지를 푼다면, 이 싫어하는 과목은 딱 1페이지만 공부하는 거죠. 하지만 매일 싫어하는 그 과목부터 공부하겠다는 원칙은 유지합니다. 그런 아이의 공부 과정에서 제가 정말 '잘하고 있구나.'라고 생각했던 포인트는 바로 이것이었는데요, '싫어하는 과목'에서 좋아할 요소를 그 무엇이든지 찾아내려고 애쓰는 점이었습니다.

수학은 잘하지만 영어를 잘 못하고 싫어했던 A 학생은 매일 영어 공부로 그날의 학습을 시작했습니다. 목표는 단어 10개를 외우고 독해문제집 1페이지를 푸는 것이었어요. 그 아이만의 공부 루틴이었죠. A가 수학에 비해 영어를 싫어했던 첫 번째 이유는 다름 아닌 단어의 철자와 뜻을 맥락 없이 외워야 한다는 것이었어요. 두 번째 이유는 긴 지문을 일일이 분석해가며 공부하는 것이 지루했기 때문이었습니다. 수학은 문제를 읽는 과정보다 풀이에 할애하는 시간이 훨씬 긴데, 영어는 반대로 지문을 철저하게 봐야 문제의 답을 찾을 수 있다는 점이 다르고 싫다고 생각했던 거예요.

하지만 A는 매일 최소한의 영어 공부를 하면서 그 마음을 고쳐먹었습니다. 영어 단어는 모든 단어가 그렇게 만들어진 것은 아니지만 가능하면 어원을 찾아서 연관성을 만들어 암기하려고 노력했고요. 독해 문제는 지문부터 완벽하게 읽는 것에 집착하기보다는 문제를 먼저 읽고 답을 찾는 방식으로 지문을 발췌해서 읽으면서 문제 풀이에 더 집중했어요.

그동안 영어를 잘 못했기 때문에 영어 공부하는 방법을 잘 알지도 못했고, 막연히 어렵고 싫다는 생각만 했었던 것이었습니다. 다행히 자신의 성향에 맞는 영어 공부법을 찾았고, 그때부터는 영어 공부를 하는 것이 더는 싫지 않았다고 하네요.

혹시 우리 아이가 너무 싫어하는 과목이 있나요? 좋아하는 과목도 분명 있겠죠? 그렇다면 좋아하는 과목을 왜 좋아하는지 그 이유를 찾아서, 싫어하는 과목을 공부할 때 적용해 볼 수 있지 않을까 고민해 보세요. 모든 과목을 좋아하며 공부한다면 더할 나위 없겠지만 현실적으로 가능하지 않다면 억지로라도 좋아할 수 있는 방법을 찾아야 하지 않을까요?

그런 방법이 있을까 걱정이시라고요? 확실히 말씀드리죠. 우리 아이가 그 방법은 모를 뿐 해결할 수 있는 방법은 늘 있습니다.

"We will find a way, we always have"

우리는 방법을 찾을 것이다. 늘 그랬듯이

영화 〈인터스텔라〉의 대사 중에서

자율적이지만 엄격한 집안 분위기

전통적으로 매체에서 보여주는 '공부 잘하는 우등생'은 보통 두꺼운 안경을 쓰고 구석에 앉아 공부만 하는 아이로 묘사됩니다. 선생님과 부모님이 시키면 시키는 대로 뭐든 군소리 없이 하고, 소심하며 말도 없는 편이지만 공부와 관련된 것에서는 손해 보려고 하지 않는 이기적인 모습도 보이죠. 그런데 그거 아시나요? 사실 요즘 공부 잘하는 아이들 중에는 유달리 예의 바르고 밝으며 활동적이라서 소위 '인싸' 같은 아이들이 많다는 것을요. 한마디로 놀 땐 놀고 공부할 땐 공부하는 아이들 말입니다.

물론 일반화할 수는 없습니다. 그리고 '공부 실력이 부족한 아이는 곧 반대 이미지의 아이'도 아니고요. 하지만 확실한 건 모범생의 이미지가 예전과는 확연히 달라졌다는 사실입니다.

공부 성과를 만드는 자기조절능력

'놀 땐 놀고 공부할 땐 공부하는 아이'는 사실 '자기조절능력'이 뛰어난 아이입니다. 자기조절능력이란 자신의 생각이나 감정, 행동 등을 스스로 조절하는 능력을 말해요. 예를 들어 놀고 싶고, 게임하고 싶어도 해야 할 일이 있다면 참고 하려는 힘(자기 통제)과 기쁘거나 화나는 일이 있더라도 상황에 맞게 자신의 감정을 드러내거나 숨길 수 있는 능력(정서조절)을 포괄하죠. 이런 능력은 어떻게 길러질까요?

아이가 하고 싶은 것은 마음껏 할 수 있도록 자율성을 최대로 보장하면서도, 아이가 하고 싶어 해도 하면 안 되는 상황에서는 참을 수 있고 해야 할 일은 책임감을 갖고 최선을 다하도록 단호하게 훈육하는 분위기에서 만들어집니다.

당연히 이 자기조절능력은 공부 성과와 굉장히 깊은 관련이 있어요. 누구나 공부를 하다 보면 힘들어도 어쩔 수 없이 참고 이겨내야만 하는 순간을 만나기 때문입니다. 그럴 때 누군가는 끝없는 슬럼프에 빠지기도 하지만 누군가는 '이 또한 지나가리라.'라는 마음으로 버티고 어떻게든 그 상황을 이겨내죠.

저는 힘든 공부를 건강하게 버티기 위해서 아이들이 자신만의 탈출구를 반드시 가져야 한다고 얘기하곤 해요. 그것이 운동장에서 뛰며 땀을 흘리는 것이든, 좋아하는 그림을 그리고 음악을 듣는 것이든 힘든 마음을 위로받고 또다시 시작할 수 있는 힘을 얻을 수 있는 것이어야 합니다. 이건 부모님이 정해줘서 할 수 있는 것이 아니에요. 아이가 스스로 찾아야 하죠.

지금 초등학생인 우리 아이가 혹시 편안한 마음으로 하고 있는 취미가 있다면 시간을 너무 많이 빼앗기지 않는 선에서 아이의 공부 탈출구로 남겨 둬 주세요. 아마도 나중에 '그대로 두길 정말 잘했다'라고 생각하실 날이 반드시 올 겁니다.

선생님, 어른에 대한 신뢰와 존경

학원 선생님을 믿고 따르는 아이들 중에는 "(학원) 선생님이 훨씬 더 잘 가르쳐요! 우리 담임쌤은 실력도 없는 거 같아요."라며 학교 선생님을 깎아내리는 이야기를 하는 아이가 종종 있습니다. 저는 가끔 그런 말을 들을 때마다 나를 좋게 봐주니 좋다가도 그런 얘기를 서슴없이 하는 아이라면 '정말 그렇게 생각하는 걸까' 하고 걱정이 되더라고요. 그리고 '아이의 그 생각은 어디에서 왔을까?'라는 생각에까지 뻗어 나가곤 합니다.

어쩌면 아이들 중 누군가가 그런 말을 꺼내서 아이들 사이에 분위기가 형성됐을 수도 있고 또는 혼자만 그렇게 생각했을 수도 있겠지만 그런 말은 참 위험합니다. 그리고 만약 학부모님이 아이의 그런 말을 듣고 동조하신다면 이 상황은 걷잡을 수 없이 더 악화될 거예요. 실제로 저는 엄마들의 단톡방에서 그런 이야기가 확산되는 것도 보았습니다. 절대 있어서는 안 될 일이에요.

아이들이 '배우는' 가장 중요한 공간은 학교입니다. 학원이나 가정은 그저 아이들의 학습을 보완하고 진짜 자기 공부를 하는 공간일 뿐이죠. 그런데 초중고 교실을 막론하고, 선행학습을 많이 하는 과목일수록 학교와 학원의 역할이 바뀌어 주객이 전도된 것 같은 상황이 많이 생겨납니다. 학원에서 미리 공부를 하고 왔으니 아이는 학교 수업이 시시하게 느껴지고, 그래서 집중도 안 하게 되죠. 그런 아이가 많은 교실일수록 선생님도 그 분위기를 느끼고 결국 집중하는 아이 몇 명만 데리고 수업을 진행할 수밖에 없습니다. 학교 수업의 권위가 엄청나게 떨어지는 순간이에요.

그런데 중요한 것은 공부 잘하는 아이 99%는 수업 시간에 '집중하는 그 아이'라는 거예요. 그 아이도 학원에서 수업 내용을 미리 배웠습니다. 하지만 수업을 대하는 태도와 선생님에 대한 자세가 일반적인 아이들과 굉장히 다르다는 것을 알 수 있어요. 우리 아이는 반드시 그 '집중하는 아이' 중 1명이 되어야 합니다.

학교 수업에 집중해야 하는 이유

이미 학원에서 공부했기 때문에 수업이 시시하다는 말은 이미 다 알고 있다는 말과 같은 말인데요, 우선 이 말은 대부분의 아이들이 하는 '착각'입니다. 설령 그렇다고 하더라도 학교 수업을 들으면서 내가 이미 공부한 그 내용을 제대로 이해하고 있는지를 '확인'해야 해요.

학교 내신 시험을 위해서라도 학교 수업은 매우 중요합니다. 학교 시험 출제자는 담당 교과 선생님이시고, 시험은 정말 중요한 핵심 내용 그리고 선생님이 유난히 강조했던 곳에서 출제되는 것이 불변의 진리이기 때문이에요. 게다가 아무리 수행평가 채점 기준이 명확하더라도 사람이 채점하는 순간 거기에는 어느 정도의 감정이 들어갈 수밖에 없습니다. '수업 태도' 같은 영역에 얼마나 수업에 잘 참여했는지를 평가하는 것은 선생님이니까요.

물론 학교 수업을 잘 들어야 하는 이유가 단순히 시험 때문만은 아닙니다. 저는 성장하는 아이들이 섣부른 판단으로 타인을 쉽게 '평가'하는 것을 경계해야 한다고 생각합니다. 특히 자신이 상대방보다 부족한 부분이 있어서 배워야 하는 입장이라면 배우는 사람으로서 가르치는 분을 더욱 존중해야 하고요.

이는 교육에서 점점 강조되고 있는 인성과도 관련이 깊은 부분입니다. 그러니 설령 우리 아이가 그렇게 말한다 해도 학부모님께서는 오히려 "아니야. 너희 담임선생님이 얼마나 훌륭하신 분인데. 그런 말 말고, 선생님 말씀 잘 듣고 수업 열심히 들어야 해. 알겠지?"라고 말씀해 주셔야 합니다. 아시겠죠? 아이가 학교를 우습게 보는 순간, 공부를 잘했으면 좋겠다는 생각은 버리셔야 합니다.

공부하는 방법을 아는 아이들

서점과 도서관 그리고 유튜브를 비롯한 인터넷에는 '공부법' 관련된 내용이 참 많습니다. 그 많은 책과 영상은 과연 누가 보는 걸까요? 물론 지금 이 책은 우리 아이들의 공부 독립을 위해서 학부모님들이 꼭 읽으셔야 하는 책입니다만, 대부분의 공부법 도서와 영상의 주 대상은 '학생들'입니다. 특히 중등 이상의 학생들이요. 성적대를 보면 보통 어떨까요?

사람마다 의견이 다를 수 있지만 가장 중심이 되는 학생의 등급은 2~3등급일 겁니다. 등급이 그 이하인 학생들은 솔직히 말씀드리면 '내가 공부를 잘하고 싶어서 공부법을 찾아봤다'며 '자기 위안'을 삼는 경우가 많고요. 공부법보다는 오히려 '공부 자극' 영상이나 책을 더 많이 찾습니다. 공부 자체를 안 하는 경우가 훨씬 더 많은 아이들이니까요.

제가 공부법 책과 영상의 주된 대상이 2~3등급이라고 단언한 이유는 이렇습니다. 이 등급의 아이들은 공부하는 방법 자체를 잘 모르는 경우가 많고, 특히 자신에게 맞는 공부법을 찾지 못한 경우가 대부분이기 때문이에요. 1등급 아이들은 이미 자신만의 공부법을 터득한 아이가 많기 때문에 이런 것들을 보는 것은 시간 낭비라고 생각하는 경우가 많습니다.

공부를 진지하게 시작할 때, 누군가는 우리 아이에게 공부하는 방법을 알려줘야 합니다. 그래서 초등 저학년 때 '엄마주도학습'을 하신다면 내용 설명에 치중하지 마시고, 공부하는 방법도 알려주셔야 합니다. 그러자면 학부모님들도, 바로 다음에 소개하는 '자기주도학습' 방법을 잘 알고 계셔야 합니다. 그리고 초등 고학년과 중학생이라면 그렇게 (부모님께) 배운 방법대로 혼자 공부를 시작하되 수많은 시행착오를 할 각오를 단단히 해야 합니다. 아무리 좋은 방법이라고 해도, 나의 성향과 성격에 맞지 않으면 공부가 오히려 더 힘들어질 수도 있거든요. 그래서 과목별로 나와 딱 맞는 공부법을 찾기 위한 많은 '공부'가 필요합니다.

물론, 이런 것 없이 공부 잘하는 아이들도 있습니다. 하지만 그런 아이들은 앞에서 언급한 공부 마음, 집중력, 암기력, 문해력 등

이 남들보다 특출 난 역량을 가진 경우예요. 그리고 이를 바탕으로 본인도 알지 못하는 사이, 공부를 지속하는 중에 어느새 공부법을 자연스럽게 터득한 아이들입니다. 그러니 일단 평범한 우리 아이가 앞으로 공부 독립을 하기 위해서는 바로 지금 학부모님의 공부법 지도가 절실하게 필요합니다.

지금부터 자기주도력을 키우기 위한 핵심 5단계를 자세하게 소개해 드리겠습니다. 잘 기억하셨다가 꼭 우리 아이에게 알려 주세요.

효과적인 자기주도학습의 5단계

STEP 1. 진단하기

자기주도학습의 가장 첫 단계는 자신의 정확한 상황을 파악하는 것입니다. 여기서 상황이란, 자기주도학습 역량이 얼마나 되는지, 학교 수업 진도를 기준으로 어느 정도 성취도를 보이고 있는지, 그리고 강점 과목, 단점 과목, 우리 아이의 역량, 과목별 공부법 등을 점검하는 거예요.

대부분의 아이들이 이런 진단 없이 그저 공부를 해왔을 가능성이 높아서, 지금 당장 자기주도를 할 수 있는 상황이 아닌 초등 저학년이라도 꼭 한번 체크해 보시기를 추천합니다. 왜냐하면 진단이 정확하게 되어야 그다음 단계인 목표 설정부터 자기주도학습 설계가 정확하게 진행될 수 있기 때문이에요.

그런데 주의할 점은요, 이 항목들의 결과는 아이의 성장(학년)에 따라 얼마든지 유동적으로 바뀔 수 있기 때문에 한 번 진단을 했더라도 매 학기 초마다 주기적으로 판단해 주는 것이 좋습니다.

초등학생의 경우, 선생님에 따라 (저학년이라면) 받아쓰기, 수학 단원 평가를 기본으로 주기적인 단원 평가를 하는 분이 있지만 대부분 공식적인 시험은 없기 때문에 아이들의 현재 위치를 파악하는 것이 쉽지 않습니다. 게다가 초등 시험의 목적은 아이들을 성적순으로 줄 세우는 것이 아니라 지금 배우고 있는 내용을 얼마나 잘 이해하고 있는지 파악하는 데 있기 때문에 전반적으로 시험 수준이 높지도 않죠. 조금만 예습과 복습을 잘하는 아이라면 100점을 맞는 것이 어렵지 않을 정도입니다. 그래서 학교 시험으로만 아이의 수준을 파악하고 계신 분이라면, 아이가 중등으로 올라가면 성적 때문에 깜짝 놀랄 일을 겪게 될 가능성이 높습니다. 누구나 조금만 노력하면 100점을 쉽게 맞을 수 있는 초등 시험과 달리 중등부터는 아이들 사이의 편차가 커지고, 초등 정도의 노력만으로는 절대 그 간격을 따라잡을 수 없기 때문입니다.

우리 아이 실력을 진단하는 방법

학교 시험 외에 우리 아이의 수준을 파악하는 용도로 교과서를 기준으로 '질문하기', 아는 내용을 모두 써보는 '백지 테스트' 등의 간접적인 방법을 사용해 볼 수도 있습니다. 그리고 이 방법으로 사회, 과학 같은 과목의 수준을 파악하는 것은 어느 정도 가능해요. 하지만 국어, 영어, 수학의 수준을 파악하는 데는 무리가 있습니다.

국어, 영어, 수학은 반드시 시험을 통해 실력을 확인해야 합니다. 시험이라고 해서 막막하게 생각하실 필요는 없습니다. 아이들이 푸는 문제집의 단원마다 제일 뒤에 있는 '단원 평가'도 시험이라면 시험이라고 할 수 있으니까요. 그 대신 그냥 평소처럼 푸는 것이 아니라 페이지 위에 쓰여 있는 권장 풀이 시간을 지키면서 '정말 시험 보듯이 푸는 것'이 포인트죠.

매년 학기 초에 출시되는 '진단 평가' 문제집으로 평가해 보시는 것도 또 다른 방법이고요. 현재 풀고 있는 문제집의 '정답률'로도 어느 정도는 수준을 추측할 수 있습니다. (기준은 어떤 문제집을 푸느냐가 아니라 정답률입니다.)

각종 경시 대회와 자격 시험으로도 실력 평가가 가능하니 고려해 보는 것도 괜찮습니다. 다만 수학 경시 대회나 영어 자격 시험은 그 목적이 현행 수준의 진단보다는 시험 자체에 있고, 각 시험을 대비하기 위해서는 현행 교과 내용 외에 별도의 준비가 필요해서 뚜렷한 목적 없이 섣불리 도전하는 것은 추천하지 않습니다.

우리 아이의 학습 역량을 파악하는 방법

매일 '자신이 주도하는 학습'의 성취감을 이어 가기 위해서는 당연히 각자 본인의 역량에 맞는 학습을 해야 합니다. 자신의 역량을 넘어선 공부는 애초에 실천이 불가능하기 때문이죠. 학습은 이 역량을 기준으로 계획되어야 하는데요, 우리는 보통 목표 달성 기한을 정하고 그 목표를 완성하기 위해 하루 얼마나 공부해야 하는지를 산정하는 방식으로 우리 아이를 목표에 끼워 맞추는 경향이 있습니다.

하지만 역량의 고려 없이 그런 방식으로 세운 공부 계획은 아무리 노력해도 도달하지 못하게 될 가능성이 큽니다. 결국 아이들은 공부에 대한 원동력을 잃고 '나는 이 정도밖에 하지 못하는 사람이구나.'라고 생각하며 무기력이 학습되는 악영향이 나타나게 되니까요. 이는 결국 관련 과목에 대한 학습 흥미를 잃는 가장 큰 원인 중 하나가 됩니다. 또한 도달할 수 없는 목표 앞에서 매번 실패하고, 좌절하다 보면 제대로 된 학습이 될 리가 없습니다. 그리고 재미도 없어져서 결과적으로는 성적 향상도 되지 않기 때문에 그 과목에 대한 막연한 거부감까지 들게 되죠.

우리 아이의 학습 역량을 파악하는 방법에 대해서 '영단어 학습 역량 파악 방법'을 예로 들어 설명해 드리겠습니다. 영단어 학습 역량은 학년별로 정해진 개수의 단어를 얼마의 시간 동안 완벽하게 외울 수 있는지를 파악하는 것입니다. 이 결과를 바탕으로 우리 아이의 영단어 공부 계획을 세우면 됽니다.

1. 학년별로 개수를 달리하여 모르는 단어를 공부합니다.

그리고 외운 단어를 확인하기 위해 공부하고 나서 1시간, 1일, 3일 후 시험을 보세요. 만일 각 시험에서 정답률이 80% 미만이라면 추가 공부를 해야 하고요. 최종 정답률이 80% 이상이 될 때까지 이 테스트를 반복합니다.

2. 그 후 공부한 총 시간을 합산하면 비로소 우리 아이의 영단어 학습 역량을 유추해 볼 수 있습니다.

이런 방식의 '학습 역량 파악'은 수학 학습에도 응용할 수 있습니다. 예를 들어, 수학 한 문제당 푸는 데 걸리는 평균 시간을 측정한 후, 두 페이지에 있는 열 문제를 푸는 데 걸리는 시간을 계산해서 수학의 하루 공부 시간을 정해 주는 것이죠.

아이의 학습 역량은 각자의 성향, 집중력, 성취 수준 등에 따라 모두 다릅니다. 그렇기 때문에 다른 아이와의 비교하거나 일반적인 수준이라는 객관적인 지표를 기준으로 하는 것은 의미가 없죠. 오직 우리 아이의 역량에 맞는 학습 계획만이 의미가 있습니다. 그리고 주의하실 것은 공부는 분량이 아닌 '집중할 수 있는 시간'을 기준으로 해야 하며, 집중력이 떨어지는 타이밍에는 과감하게 휴식할 수 있도록 여유를 주는 것이 좋습니다. 잘 쉬어야 공부도 더 잘할 수 있기 때문입니다.

학습 효율을 높이기 위한 과목 특성 파악하기

공부를 보다 효율적으로 하기 위해서는 각 과목의 특성을 이해해야 합니다. 특성이 다르면 그에 따라 서로 다른 학습적인 접근이 필요하지만 이런 중요한 사실을 이야기해 주는 사람은 없고 사실 인식도 없는 것이 현실이죠. 대표적으로 아이들의 학습에서 가장 중요한 과목 중 두 과목, 영어와 수학은 누가 보아도 너무나 다른 과목입니다. 이 두 과목은 무엇이 얼마나 다르고 그에 따라 얼마나 다른 학습 전략을 세워야 할까요?

먼저, 영어는 인풋(Input)의 양이 중요합니다. 많이 듣고 보고, 따라 하고 써보는 것이 중요하죠. 또한 내용의 80%만 알아도 공부를 마칠 수 있습니다. 구석구석까지 100%를 다 설명하기도 어려운 것이 언어의 특징이거든요. 그래서 사소한 것까지 너무 정확하고 완벽하게 알고 넘어가려고 하면 그건 가능하지도 않고 진행도 매우 더뎌집니다.

그래서 영어는 '본론부터 뛰어든다'는 학습 전략이 좋습니다. 영어 책을 읽을 때도 앞뒤 준비할 것, 이를테면 단어의 뜻을 미리 알아본다거나 하는 행동 등이 많으면 정작 읽을 여유는 부족해집니다.

준비만 하다가 지쳐버리는 것이죠. 우선 읽기 시작하면서 본론부터 집중한 후 중간중간 필요한 것을 보충하며 파고드는 방식의 학습이 더 좋습니다.

반면에 수학은 많이 보고 푸는 것도 중요하지만, 정확도를 높이는 방법을 택해야 합니다. 조금 느리더라도 급한 마음을 먹지 말고 90% 이상은 정확하게 알고 넘어가는 것이 좋아요. 그래서 보통 수학 문제집을 끝까지 완벽하게 풀었다는 기준을 정답률 90%라고 말씀드리는 것입니다. 수학에서는 정확도 없이 양만 늘리는 것은 의미가 없습니다. 그래서 수학 문제집 양치기를 권하지 않아요. 적은 분량이라도 정확하게 아는 것이 수학 공부의 핵심이기 때문입니다.

그리고 수학은 영어와는 달리 앞에서부터 순서대로 공부하는 것이 좋습니다. 순서와 위계가 강한 과목이기 때문에 지금 배우는 내용 전에, 연결된 내용을 정확하게 기억하고 있어야 새로 배운 내용을 또 연결하여 개념을 확장할 수 있거든요. 복습은 영어, 수학 다 중요하지만 영어보다는 수학에서 그 중요성이 더 큽니다. 복습이 다음 내용을 이해하는 데 도움이 되기 때문이죠.

이처럼 각 과목의 특성을 이해하고, 그 특성에 맞는 학습 전략을 짜는 것이 훨씬 효과적으로 공부하는 방법입니다. 지금 우리 아이가 각 과목 공부를 어떤 방식으로 하고 있는지 파악해 보세요. 혹시 모든 과목을 똑같은 방법으로 하고 있다면, 각 과목의 특성부터 파악해 보는 것이 우선입니다.

STEP 2. 목표 설정

공부해야 하는데 자꾸 미루기만 하는 아이가 많습니다. 그럴 때마다 보통은 아이들의 게으름을 탓하죠. 물론 그런 이유도 있겠지만 사실 '목표가 두루뭉술한 것'도 큰 이유 중의 하나입니다.

예를 들어, 영단어 실력이 부족한 아이가 '영단어 외우기'라는 목표를 세웠다고 해보겠습니다. 그런데 이 목표는 어디에 나오는 영단어를 어떻게 외우겠다는 것인지, 또 언제까지 하겠다는 것인지 그리고 최종적으로 어떤 목표에 다다르고 싶은지를 전혀 알 수가 없습니다. 이렇게 되면 시간이 지나도 그 목표를 달성할 가능성이 거의 없다고 볼 수 있요. 왜냐하면 공부할 때마다 '영단어 외워야지'라는 생각을 하긴 하지만 그마저도 시간이 없으면 빼먹기 일수가 되죠. 게다가 영어를 좋아하지 않는 아이라면 영단어 암기가 우선순위에서 엄청 밀려서 결국엔 정말로 시간이 넉넉할 때, 또는 공부할 것이 더는 없을 때가 아니면 영단어 외우기는 하지 않을 겁니다.

그런데 만약 목표를 '○○ 교재의 단어 600개를 매일 30분, 15개씩 외워서 2달 안에 모두 외우기'라고 세웠다면 영단어 공부의 도구 및 목표치(개수), 구체적인 실행 계획 그리고 목표 달성 기한 등이 명확해져서 목표 달성 가능성도 훨씬 더 커집니다.

달성 가능한 좋은 목표의 4가지 조건

'목표'란 그저 '○○을/를 하겠다'와 같은 이상적이지만 막연한 상태를 지칭하는 것이 아니라, 구체성을 비롯한 다음의 조건 4가지를 갖추었을 때 비로소 '달성 가능한' 좋은 목표가 됩니다.

1. 목표는 구체적이고 명확해야 합니다.

구체성을 갖출수록 그 목표가 가깝고 현실적으로 느껴지거든요. 한 가지 팁을 드리자면, 구체성을 위해 숫자를 적극 활용해 보세요. 예를 들어 40대 이상의 학부모님이라면 연초마다 운동 목표를 세울 때 굉장히 막연하게 '운동하기'보다는 '매일 30분씩 집 앞의 ○○초등학교 운동장 5바퀴 돌기'가 훨씬 더 현실적으로 느껴져서 실천하기가 좀 더 쉬워집니다.

2. 목표는 달성 가능한 현실적인 것이어야 합니다.

허황된 목표는 자기만족 그 이상도 이하도 아닙니다. 달성 가능성이 희박한 목표는 오히려 볼 때마다 마음만 불편해지죠. 아이의 현 상황과 역량 등을 충분히 고려한 현실적인 목표를 세우세요. 단, 장기 목표는 조금은 먼 현실을 지향해도 됩니다. 좀 더 자세한 내용은 바로 이어서 설명하겠습니다.

3. 목표는 달성 시기가 분명해야 합니다.

특히 학습 목표는 시작과 끝이 명확한 것이 좋습니다. 새 학기의 시작과 함께 문제집을 3개월 안에 끝낸다든지, 영단어 400개를 한 달 안에 외운다든지, 저의 책 《66일 문해력 실천 스터디》 처럼 66일 동안 매일 실천하는 학습 프로젝트에 참여해 봐도 좋지요. 그리고 목표를 달성했을 때, 아이에게 주어지는 '보상'이 아이의 성취감을 더 자라게 해줍니다. 물질적인 보상을 말씀드리는 것이 아니라요, 칭찬부터 사랑의 표현(뽀뽀, 포옹 등), 수료증, 목표 달성 도구의 전시 등 다양한 방법이 있어요. 예컨대 다 푼 문제집 표지를 아이 방 벽에 쭉 붙여주시는 것도 좋습니다. 이렇게 과정과 결과를 모두 격려해 줄 수 있는 방법을 고민해 보시기 바랍니다.

4. 시각화한 목표는 달성 가능성을 극적으로 높입니다.

구체적이고 현실적이며 기한 안에 해낼 목표라고 해도 사실 첫 시작은 누구나 어렵습니다. 그래서 목표를 잡고 구체적인 계획을 세웠다면 가능한 한 지체하지 말고 바로 시작하는 것이 좋죠. 하지만 그러지 못하는 경우가 생기기도 하고 그래서는 안 되지만, 마음이 갑자기 해이해지기도 합니다. 이를 방지하는 방법으로는 누군가에게 내 목표를 노출하고 공표, 곧 선언하는 것이 좋아요. 그때 가장 쉽고 효과적인 방법은 온 가족의 눈길이 자주 닿는 곳에 잘 보이도록 목표를 게시하고 시각화해 두는 것입니다. 어떤 방식이든 상관은 없지만 예를 들어, 현관문을 열면 바로 보이는 위치에 다음처럼 써 놓는 거죠.

(5/16까지) ○○이/가의 '영단어 600개 암기' 완료

(5/10까지) ○○이/가의 '□□수학 문제집 90% 정답률' 달성

이렇게 하는 게 별거 아닌 것 같아도 아이는 볼 때마다 '그래, 나 저 목표를 꼭 달성하고 말 거야.'라고 의지를 다지게 되죠. 특히, 목표 숫자와 기한이 명확하게 인식되어 목표 달성 가능성이 좀 더 커집니다.

열심히 노력해도 누구나 목표 달성에 실패할 수는 있습니다. 당연하죠. 하지만 때때로 그런 실패가 우리 아이의 자기 효능감에 손상을 입힌다면, 다시 회복하기까지 많은 시간이 걸릴 수도 있습니다. 그러니 우리 부모님께서 미리 '목표 실패'에 대비한 안전망을 준비해 주셨으면 합니다. 안전망이라고 해서 엄청난 것이 아니에요.

일차적으로는 세부 목표를 융통성 있게 잡는 것이 중요합니다. 아이의 공부 역량의 80%만 매일 발휘할 수 있는 정도로요. 예를 들어 하루 30분 동안 영단어 10개를 외울 수 있는 아이라면, 30분 동안 8개만 외우면 되도록 여유를 주는 거죠. 또한 아이의 게으름 때문이 아니라 피치 못할 사정에 의해 공부 목표를 달성할 수 없다면, 그 사정을 충분히 계획에 반영하고 목표를 수정해 주어야 합니다. 마지막으로, 목표는 반드시 달성해야 하는 것이지만, 아이의 노

력이 충분했다면, 다음을 기약해도 된다는 말을 아이에게 분명하게 해주실 필요가 있습니다.

최종 목표, 장기 목표를 세울 때 주의할 점

목표에는 지금껏 쌓아온 노력, 역량, 성과가 도달해야 할 최종 목적지인 '최종 목표'와 이 최종 목표에 이르는 과정에 있는 단계적 목표인 '과정 목표'가 있어요. 이것을 다른 표현으로 '최종 목표'는 '장기 목표', '과정 목표'는 단기 목표'라고 칭하기도 합니다. 과정 목표는 앞에서 설명한 '달성 가능성을 높이는' 목표를 세울 때 주의할 포인트 4가지를 참고하시면 되고요. 최종 목표는 이보다는 조금 더 크고 장기적인 관점의 목표이므로 앞의 조언과는 조금 배치되지만, '구체성'이 적을수록 좋습니다.

왜냐하면 과정 목표와 달리 최종 목표는 '꾸준함'과 '유연성'이 훨씬 더 중요하기 때문이에요. 이는 아이들의 꿈과 비슷합니다. 제가 앞에서 꿈은 명사가 아닌 '동사'로 설정하는 것이 좋다고 말씀드렸는데요, '초등학교 교사'보다는 '아이들을 가르치는 일'이라는 최종 목표가 선택 가능한 진로의 범위를 넓혀주고 최종 목표에 도달하는 다양한 방법도 고민해 볼 수 있게 합니다.

만일 최종 목표를 명사로 단정한다면 이를 이루기까지 겪는, 결국에는 도움이 되었던 '별도의 과정 목표'까지도 실패로 간주할 가능성이 높아져요. 지정했던 그 '명사'로 표현된 목표가 아니라는 이유로 말이죠. 장기 목표에는 결국 돌고 돌아서 최종적으로 도달하는 경우도 있습니다. 그러니 최종 목표는 최대한 융통성을 고려하여 세우는 것이 좋습니다.

물론 그렇다고 목표가 너무 추상적으로 변하지 않도록 항상 주의를 기울여야 합니다. '공부 열심히 하기'와 같은 추상적인 목표는 구체적인 과정 목표와 계획을 세우기가 어려워서 달성하기도 요원한 일이 되기 때문입니다.

STEP 3. 계획 세우기

아이의 현재 상황을 파악하고, 구체적인 목표를 세웠다면 이제 본격적인 공부 계획을 세워볼 차례입니다. 그러기 위해 우선 우리 아이는 하루 및 일주일을 어떻게 사용하고 있는지를 파악해 보는 것이 중요한데요. 의미 없이 보내는 시간이 너무 많거나 반대로 휴식 없이 너무 빡빡한 스케줄에 맞춰 공부하는 경우도 있고, 과목 간의 균형 학습이 중요함에도 특정 과목 공부에 너무 치중하는 등 시간을 잘못 쓰고 있는 경우가 많기 때문입니다.

세상에서 가장 효율적인 공부 계획 세우는 방법

아이들의 하루는 모두에게 공평합니다. 그러므로 그 시간을 효

	월	화	수	목	금	토	일
am 7:00							
8:00							
9:00							
10:00							
11:00							
pm 12:00							
1:00							
2:00							
3:00							
4:00							
5:00							
6:00							
7:00							
8:00							
9:00							
10:00							
11:00							
12:00							

과적으로 사용할수록 공부 효율이 극대화되고 아이는 에너지를 지나치게 빼앗기지 않게 됩니다.

우선, 표의 예시처럼 일주일간 우리 아이의 하루 일과를 빠짐 없이 모두 적어봅니다. 이때 시간도 비교적 정확하게 기입해 주세요.

만약 빈 시간에 우리 아이가 무엇을 하고 있는지 잘 모르시겠다면, 아이의 생활을 일주일간 자세히 관찰해 보시기 바랍니다.

아, 지금 설명드리는 이 활동은 엄마가 먼저 해주시는 겁니다. 이렇게 효율적인 시간 운용법을 연습한 아이는 자기주도적으로 계획을 세울 때, 그 방식을 그대로 활용할 겁니다. 이미 그런 생활 패턴이 몸에 뱄고 시간을 효율적으로 쓰는 것이 당연하다는 것을 무의식적으로 배웠기 때문이죠.

이런 파악은 학기 중과 방학 중에 각각 해보면 더 좋습니다. 그러고 나서는 두 단계를 거쳐야 하는데요,

첫 번째 단계는 중요도와 긴급도의 높고 낮음을 네 공간으로 나눈 다음 페이지의 양식에 일주일 동안 아이가 하는 일들을 넣어 보는 거예요.

지금 당장 해야 할 만큼 중요도와 긴급도가 높은 일부터 시간이 나면 해도 되고 안 해도 되는, 상대적으로 중요도와 긴급도가 낮은 일까지요.

이렇게 작성하다 보면 우리 아이가 긴급하고 중요하게 해야 할 일이 너무 많아서 휴식이 뒷전으로 밀리는 것은 아닌지, 여유 시간을 주려면 어떤 것부터 그만두게 해야 하는지 등으로 일의 우선순위를 파악할 수 있게 됩니다. (p.152에서 더 자세하게 소개합니다.)

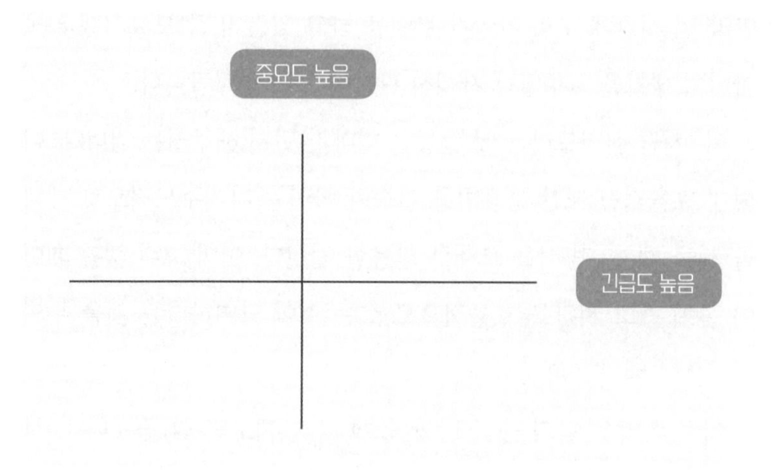

두 번째 단계는 하루 일과의 각 소요 시간을 계산해 봅니다.

예를 들어 잠 8시간, 식사 2시간, 놀기 4시간, 수학 공부 2시간, 영어 공부 1시간 반 이런 식으로요. 더 세세하게 화장실을 몇 번 가는지, 누워 있는 건 몇 번인지를 알아보는 것도 가능합니다. 그리고 그때의 우리 아이의 태도, 심리 상태 등도 다 꼼꼼하게 기록하세요. 또한 시간대별로 아이의 집중도와 엄마의 평가(감상)도 적어 보세요.

예를 들면 '우리 아이는 아침잠이 없어서 아침에 단어 외우기나 심화 10분 풀이 같은 집중 학습이 잘된다', 또는 '잠들기 전 책 읽는 것을 좋아해서 책 읽는 습관은 잠들기 전 30분 동안 하는 게 좋을 것 같다'처럼요. 이렇게 하면 우리 아이의 일주일이 엄마의 기록에 모두 담깁니다.

이런 작업을 통해 아이의 공부 계획은 어떻게 달라질 수 있을까요? 각 과목 공부를 가장 효율적인 방법과 시간에 할 수 있습니다.

예를 들어, 여기에 수학 공부를 하루에 2시간 하기로 한 학생이 있습니다. 처음 30분은 집중을 잘하는데 나머지 시간에는 집중하지 못하는 아이예요. 그래서 엄마는 다음 날 수학 집중력이 최고조에 달하는 30분이 지나고 나면 수학을 계속 공부하게 하는 것이 아니라 영어 공부를 하도록 스케줄을 바꿔줬습니다. 그랬더니 집중력이 끝나 버리지 않고, 영어 공부를 하면서 30분을 더 집중하게 되었죠. 결과적으로 이 아이는 1시간 동안이나 연속해서 집중 공부를 한 셈이 되었습니다.

그렇다면 이 아이는 앞으로 공부 계획을 어떻게 세워야 할까요? 당연히 30분마다 과목을 바꾸는 식으로 하는 해야 합니다. 그러고 두 과목의 공부가 끝난 1시간 후에는 15분간의 휴식 시간을 반드시 줘야 하고요.

이처럼 실제로 과목을 바꿔서 공부하는 것은 집중력을 이어 가는 데 큰 도움이 됩니다. 하루 2시간 수학 공부를 꼭 해야 하는 아이라면, 나머지 1시간 30분은 30분 단위로 쪼개서 학습 계획을 잡아주세요. 그럼 한 번 공부할 때마다 집중력을 극대화할 수 있고,

목표한 공부 시간과 분량도 달성할 수 있습니다.

시험 기간 공부 계획 세우는 법

학기 중인 평상시와 시험 기간의 학습 계획은 달라야 합니다. 평상시에는 오늘 학교 수업이 있었던 과목과 오늘 학원 수업을 받은 과목 그리고 매일 꾸준히 하는 데일리 학습 과목을 중심으로 계획을 세우면 됩니다. 반면 대략 2주간인 시험 기간에는 발표된 시험 시간표를 기준으로 미리 공부해야 할 과목, 시험에 임박해서 해야 할 과목을 구분하고 전략을 짜야 합니다.

예를 들어, D-14부터 D-7까지는 국어, 영어, 수학 등 평소 예습과 복습이 중요한 과목부터 학습하고요, 일주일 전부터는 주요 과목의 비중을 조금 낮추고 암기 과목의 요약 정리를 시작합니다. 그리고 D-3부터는 암기 과목의 암기를 중심으로 공부하고 각 과목 시험의 D-1에는 해당 과목 준비만 중점적으로 하는 식이죠.

그리고 평상시 공부는 공부의 목적을 '내용 이해'에 두어 개념 이해에 많은 시간을 할애하고 그 개념을 적용한 기본 문제 위주로 풀이하면서 이해 정도를 확인하는 것이 좋습니다. 하지만 이와 달리 시험 공부는 응용, 심화, 실전 문제들을 소화하면서 시험 상황을 미리 상상하고 대비하는 연습이 필요합니다. 이렇게 평상시와 시험 대비 시에 공부의 목적을 달리해야 어느 한 과목도 균형이 무너지지 않습니다. 평소에 공부를 하나도 안 하다가 시험 대비 기간에 이

해부터 하려고 하면, 시간에 비해 해야 할 것이 너무 많아서 포기해야 하는 것이 반드시 생기기 때문입니다.

초등 때는 시험 기간이라는 것이 따로 없기 때문에 이 두 가지를 분리하는 것이 의미가 없습니다. 그 대신 평상시에 개념 이해와 기본 문제 풀이, 단원이 끝날 때마다 자체 시험을 보기 위해 실전 연습을 동시에 하고, 가능하면 학기 중에 현행 심화를 끝내는 것을 목표로 하도록 지도하세요.

공부 계획의 필수 도구, 문제집 고르는 법

공부 계획을 세우다 보면 어떤 도구로 공부해야 할지를 고민하게 됩니다. 그런데 이때 가장 대표적인 학습 도구가 문제집이죠. 문제집은 과목마다 푸는 목적에 따라서 다다익선이 도움이 되기도 하고 그렇지 않은 경우도 있는데요.

영어 문제집

우선, 영어 문제집 선택은 특히 초등 때 더욱 어렵습니다. 선택지가 많기 때문이기도 하고 시기별로 그 선택이 달라야 하기 때문이에요. 인터넷 서점에서 초등 영어 문제집으로 인기순 검색을 하게 되면 영어 교과서 자습서 및 평가문제집이 많이 나옵니다. 학교 영어 공부를 잘 따라갈 수 있도록 도와주는 보조적 성격의 교재죠. 학부모님의 입장에서는 아이가 학교 영어 공부를 제대로 따라가고 있는지 가정에서 확인해 볼 수 있는 교재로서 활용할 수 있습니다.

초등 영어 문제집의 상당수는 문법 관련 교재인데요, 준비가 안 된 저학년은 시작하지 말라고 제가 누차 저희 <교집합 스튜디오> 영상을 통해 조언해 드렸었죠? 영어 문법 교재 학습은 빠르면 4학년, 보통은 5학년부터 시작하는 것이 좋습니다. 하지만 그때도 어법 문제만 단순히 나열되어 있는 문제집은 피하세요. 어법 문제가 있다 해도 난도가 높지 않은 교재는 마찬가지로 추천하지 않습니다. 그냥 어법 문제만 있는 문법책 말고, 꼭 읽기 또는 쓰기와 연계된 책을 선택하셔야 합니다. 초등 고학년 시기의 문법은 좀 더 정확하게 읽는 능력과 쓰기를 위한 기초 체력이 필요하기 때문이죠.

단기간에 정확한 영어 듣기 실력을 키우고 싶다면 초등 듣기 문제집도 활용해 볼 수 있습니다. 듣기 문제집을 고를 때에는 단순히 답을 고르는 방식의 교재보다는 일부분이라도 딕테이션, 즉 받아쓰기가 가능한 교재가 좋아요. 딕테이션은 짧은 시간에 듣기 실력을 크게 키울 수 있는 효과적인 방법이고 동시에 단어와 문장을 써보는 연습도 됩니다. 다만 파닉스를 거쳐 최소 단어를 쓸 줄 아는 단계라면 그 수준에 맞는 교재를 선택해야 합니다. 가급적 아이 수준보다 쉬운 문제집을 선택해서 시작하는 것이 좋습니다.

초등 고학년 때 꼭 경험해야 하는 영어 문제집은 바로 독해 문제집입니다. 무엇보다 중등 대비를 위해 지문과 문제 형식을 경험해 보는 것이 좋기 때문입니다. 그리고 독해 문제집을 경험하면서 현재 아이의 독해 수준과 취약한 부분을 어느 정도 객관적으로 파악할 수 있습니다. 독후 활동이 곧 책의 문제 문항이기 때문에 영어 지문을 읽고 따로 독후 활동을 준비할 필요는 없죠. 독해 문제집은 비문학 중심의 배경지식을 쌓는 데도 도움이 됩니다. 지금 5, 6학년 아이라면 수준에 맞는 독해 문제집 한 권쯤은 늦어도 겨울방학 때다 풀어 보고 중학교에 진학하는 것이 좋습니다.

문제집 선택보다 중요한 것은 바로 문제집을 어떻게 활용하느냐겠죠. 우선 자기주도 또는 엄마표 영어라면 채점은 무조건 부모님이 해주시기 바랍니다. 아이가 직접 하는 것보다 학습에 훨씬 더 유익한 점이 있기 때문이에요. 아이가 채점을 하면 틀린 문제의 답을 알아버립니다. 답을 보는 순간 '아, 이건 줄 알았어.' 하면서 그냥 실수로 치부하며 대강 넘어가기 쉽죠. 객관식 답만 맞추면 '알고 있다'고 믿는 습관은 영어 문제를 풀 때 특히 치명적인 실패로 이어집니다. 이것이 바로 부모님이 채점을 해 주셔야 하는 이유이죠.

채점을 하면서 진짜 정답을 풀어서 맞춘 것인지 찍어서 맞춘 것인지를 가벼운 질문을 통해서 파악해 보세요. 특히 리딩과 리스닝에서 지문이나 대화의 '주제'를 파악하는 능력이 가장 핵심적인 역량인데요, 아이에게 지금 읽거나 들은 지문과 대화의 주제를 간단하게 설명해 보라고 하면 대략 파악을 할 수가 있죠. 만일 설명하지 못한다면 당연히 제대로 풀었다고 볼 수 없습니다.

영어에서 답을 맞추는 것은 중요하지 않습니다. 틀린 문제가 선생님이거든요. 틀린 선지 하나를 지우고 새로 시작해서 남은 선지 4개 중 스스로 답을 찾아가는 과정을 다시 경험하는 것 그 자체도 공부입니다. 그러니 채점은 도와주시는 것이 좋지 않을까요?

영어 문제집은 영어를 좀 더 체계적으로 학습하게 도와주는 수단이자 도구입니다. 그래서 평상시 영어 공부보다 좀 더 재미는 없습니다. 그러니 아직 실력이 부족한 아이이거나 영어 공부 습관이 많이 부족한 아이에게 수준에 맞지 않는 영어 문제집을 많이 풀라고 다그치는 것은 오히려 영어 공부를 싫어하고 피하게 만드는 부작용이 훨씬 더 크게 나타날 수 있습니다. 부모님이 해 주셔야 할 가장 중요한 역할은 아이 수준에서 어렵지 않은 쉬운 문제집을 찾아주시는 것, 그런 교재로 엄마표나 학원에서 공부하는 환경을 제대로 만들어주는 것입니다.

수학 문제집

수학 공부는 문제 풀이가 절대적인 비중을 차지합니다. 그리고 어떤 문제를 어떻게 푸느냐에 따라 아이의 수학 성적이 판가름 나기도 하고요. 학부모님들이 아이들 수학 문제집에 대해 저에게 가장 많이 하시는 질문은 다음과 같이 크게 두 가지인데요.

1. 무슨 문제집이 좋아요? (유사 질문으로) 이 문제집 어때요?
2. 한 학기에 문제집 몇 권이나 풀게 하는 게 좋아요?

사실 문제집을 '고르는 과정'이 문제집 관련 질문의 90% 이상을 차지합니다. 그런데 그렇게 고른 문제집들을 잘 풀게 하면 참 좋은데, 그렇지 못한 경우가 많아서 저는 항상 안타깝더라고요.

대표적인 사례는 아이 수준에 맞지 않는 문제집을 풀게 해서 대재앙(급격한 성적 하락, 수학 공부 거부, 수학 포기)을 당하거나, '풀어라, 싫다' 실랑이하며 싸우다가 그냥 공부 자체를 멈추는 경우도 있어요. 반대로 너무 쉬운 문제만 습관적으로 풀게 하는 경우도 있고요. 오답은 해결되지 않고 문제집 권수만 늘어나서 아이는 틀린 문제는 매번 틀리고, 계속 만나는 문제는 거의 외우는 경지에 이르기도 합니다.

그래서 제가 추천하는 수학 문제집 선택 기준은 크게 2가지입니다.

1. 대중적인 문제집 중에서 고르세요.

문제의 퀄리티가 어느 정도 보장되어 있기 때문입니다.

2. 아이가 풀었을 때 정답률이 70% 정도 되는 문제집을 고르세요.

우리 아이의 수준에 딱 맞는 문제집입니다. 서점에서 한 페이지 정도 아이에게 눈으로 한번 풀게 해보셔도 돼요. 정답률 70% 수준이어야 아이도 이 문제집을 '풀 만하다'고 느끼고, 모르는 문제들만 집중해서 정복할 수 있는 여건이 만들어집니다. 그러니 70%의 법칙을 꼭 기억하세요.

이것 외에 또 많이 하는 질문의 답도 추가로 말씀드릴게요.

시중에는 유명한 출판사의 좋은 교재가 정말 많으니 문제집 브랜드는 학기마다 돌아가며 선택하는 것이 좋습니다. 예를 들어 아이가 A 출판사 문제집을 좋아한다 또는 학부모님이 좋아하신다고 A 출판사 문제집만 주구장창 풀게 하면, 아이는 익숙해서 좋겠지만 문제의 다양성이나 구성의 다양성에 적응할 기회를 놓쳐버릴 수도 있어요. 그러니 수준이 비슷한 두세 출판사의 문제집을 학기마다 돌아가며 선택하시는 것이 좋습니다.

학기마다 풀어야 하는 수학 문제집의 추천 권수를 묻는 질문도 많이 받았습니다. 제가 추천하는 권수는 교과 문제집 한 권을 기본으로 연산서는 저학년이거나 고학년이라도 습관적인 연산 학습이 필요한 경우라면 추가해 주세요. 이렇게 많아야 두 권을 기본으로 하시고요. 아이가 지금 푸는 교과 문제집을 어려움 없이 잘 푼다면 그것보다 한 단계 높은 문제집을 한 권 더 추가하는 것, 이 정도가 가장 적당합니다.

사고력, 심화 문제집, 도형 문제집, 문장제/서술형 문제집 이런 것은 이 기본 교과 문제집을 충분히 소화했고 수학 공부를 할 시간이 더 있을 때, 또는 부족한 부분을 보강할 때 추가하는 겁니다.

또 추가한 문제집의 모든 문제를 무조건 다 풀려야 한다고 생각하지 마시고, 필요한 부분만 발췌해서 풀게 하는 것이 좋습니다. 아이가 '잘 못하는 부분' 또는 잘하기 때문에 보강해서 더 잘하게 하고 싶은 영역 및 단원, 혹은 쉬운 문제는 건너뛰고 각 단원의 제일 끝에 있는 가장 높은 단계의 문제만 풀게 하고 싶다면 그렇게, 자유롭게 하셔도 된다는 것이죠. 항상 문제집을 구매하면 처음부터 끝까지 다 풀어야 한다는 생각을 버리세요. 아는 문제를 계속 반복해서 푸는 것, 굉장한 시간 낭비입니다. 아이가 수학 문제집만 푸는 것은 아니잖아요. 다른 공부도 해야 하니까, 과목 간의 균형을 잘 잡아주세요. 세상에는 꼭 풀게 해야 하는 문제집이란 없습니다.

수학 문제집 한 권을 여러 번 알짜로 푸는 방법은 제가 예전에 유튜브 <교집합 스튜디오>에서 자세히 설명해 놓은 영상이 있으니 참고하시면 좋겠습니다.

문제집을 다 푼 후, 오답까지 다시 반복해서 풀 때, 결과적으로 문제 90% 이상을 혼자 힘으로 풀게 되었을 때야 비로소 다음 레벨의 문제집 또는 다음 학기 선행으로 넘어가야 합니다. 이 기준도 굉장히 많이 물어보시더라고요. 제가 90%라고 말씀을 드렸지만 목표는 100%여야 합니다. 하지만 현실적으로 쉽지 않으니 90%, 즉 그 문제집에 나온 문제가 시험에 출제되었을 때 90%는 무조건 정답을 낼 수 있을 정도로 소화하는 것이 가장 이상적입니다. 여러 권을 대충 푸는 것보다 한 권이라도 정말 제대로 소화하는 것이 훨씬 더 좋은 공부법입니다.

수학 문제집의 채점은 원칙이 있습니다. 반드시 문제를 푼 당일에 채점해야 하고요, 바로 이어서 1차 오답 풀이를 해야 합니다. 워킹맘은 주말에 몰아서 채점해 주시는 경우가 있는데요, 상황은 이해합니다만 아이 수학 공부의 연속성 측면에서는 좋은 방법이 아닙니다. 되도록이면 당일 늦게라도 꼭 채점해 주시고, 부모님의 여건이 안 되신다면 아이가 스스로 하도록 훈련시켜 주시는 게 좋아요.

단, 바로 아이에게 채점해 보라고 맡기지는 마시고, 해설지의 진짜 활용 이유에 대해서 잘 설명해주시기 바랍니다. 만일 답을 베끼고 싶은 충동을 이기지 못할 아이라고 생각되신다면 빠른 정답만 주시고요. 정답지를 주는 대신에 문제마다 반드시 풀이 과정도 적어야 문제를 풀었다는 것은 인정한다는 원칙을 정해 주셔야 합니다. 그리고 빠른 정답지로 채점을 본인이 하는 아이라도, 해설지는 2차 오답 이후에 볼 수 있다는 규칙을 만드세요. 2차 오답까지는 본인의 힘으로 열심히 고민해서 문제를 풀려는 노력을 해봐야 합니다.

그리고 간혹 아이가 수학 공부를 할 때, 학부모님이 바로 앞에 앉아서 한 문제를 풀 때마다 바로 채점하시는 경우가 있는데요, 아이에 따라서는 이렇게 바로바로 나오는 결과 하나하나에 심적으로 크게 영향을 받는 경우가 있습니다. 저는 그때그때 받는 피드백이 생각을 확장하고 집중할 수 있게 한다는 측면에서 좋다고 생각하는 편이지만 모든 아이에게 좋은 것은 아니니 주의하시기 바랍니다.

공부 환경 점검하기

우리 아이는 어디에서 가장 공부가 잘될까요? 인기리에 방송되었던 드라마 <스카이 캐슬>(와, 시간 빠르네요)에서처럼 공부하는 환경을 온도, 습도, 조도까지 다 조정할 필요는 없습니다. 오히려 대부분의 중요 시험을 치루는 '교실' 환경과 너무 다른 곳에서의 학습은 실제 공부나 시험 적응력을 떨어뜨릴 우려도 있죠.

고등학생이 되면 일단 교실에서 공부하는 연습을 하는 것이 가장 좋습니다. 아이들에게 중요한 시험은 모두 교실 같은 환경에서 치뤄지니까요. 하지만 어릴 때는 교실 외에도 본인이 집중할 수 있는 나만의 환경을 찾아 그곳에서 효율을 내는 것도 괜찮습니다.

우선은 현재 우리 아이의 공부 환경을 체크해 보세요. 개인에 따라서 몰입할 수 있는 환경은 약간씩 다른데요, 앞에서도 언급했듯이 공부 환경과 집중력은 높은 상관관계가 있기 때문에 만약 특정 환경에서 집중이 잘 안된다면 학습하는 공간을 조금씩 바꿔보는 것도 도움이 됩니다.

이 변화는 공간 자체일 수도 있고요, 공간의 분위기, 소음 정도, 아이의 공부 자세 등 다양한 변수가 있을 수 있으니까 무조건 공부는 똑바로 앉아서 해야 한다는 편견만 갖지 않으신다면 우리 아이에게 최적인 학습 환경을 찾으실 수 있을 겁니다.

공부 환경 중 학습에 가장 큰 영향을 미치는 것이 아마 우리 아이가 매일 쓰는 책상일 겁니다. 지금 바로 아이 방으로 가셔서 책상 위, 앞, 옆을 한번 봐주시겠어요? 학부모님이 우리 아이라면 그 환경에서 집중이 잘될지 한번 생각해 보시기 바랍니다. '눈앞에 아무

것도 시선을 끄는 것이 없어야 한다. 책상 위에 아무것도 없어야 한다.' 같은 법칙은 없습니다. 다만 아이가 산만하고 집중을 잘 못하는 아이라면 컴퓨터, 게임기, 만화책 등 그 어떤 것이든 눈길을 끄는 것은 치우는 편이 낫겠죠. 하지만 집중을 못 하던 아이가 그런 것을 치운다고 해서 바로 집중을 잘하지는 않습니다. 천장에 찍힌 점 하나, 날아가는 파리 한 마리를 보면서 멍을 때릴 수도 있는 거니까요. 환경도 중요하지만 앞에서 자세히 설명한 집중력 향상 방법을 병행하시면 보다 쉽게 집중력을 높일 수 있을 것입니다.

STEP 4. 실행하기

이 책을 잘 따라오신 학부모님은 자기주도학습의 세 번째 단계인 '계획하기' 부분을 참고하여 우리 아이의 일상과 공부 시간을 점검하고 가장 효율적인 학습이 가능하도록 계획을 세우셨지요? 그리고 적절한 학습 도구를 선정하여 우리 아이만의 쾌적한 학습 환경에서 공부할 준비를 모두 마쳤을 겁니다.

이제는 그렇게 세운 계획을 구체적으로 실행할 단계인데요. 이 단계에서는 공부를 '어떻게' 해야 하는지를 알고 하는 것이 굉장히 중요합니다. 효과적이지 않은 공부법으로는 시간 낭비만 할 수 있으니까요. 우리는 보통 그 어떻게를 '공부법'이라고 칭합니다.

100명의 아이가 있다면 공부법도 100가지가 있을 만큼 사람이 다르면 공부법도 달라야 합니다. 이 말은 곧 아무리 좋은 공부법이고 성공한 사람의 사례라고 하더라도 우리 아이에게는 맞지 않을 수도 있다는 이야기인데요. 맞지 않는 공부법이라면 최대한 빠르게 기존의 공부법을 버리고 새로운 방식의 학습법을 찾아서 적용해야 합니다.

그럼에도 불구하고 가장 많은 사람이 공통적으로 하는 공부 방법이자 효율성 측면에서도 효과적인 공부법이 있습니다. 여기에서는 그중 초등 아이들에게 접목하기 쉬운 공부법 3가지를 소개하고, 각각 아이들의 특성에 맞는 세부 지도 방법을 말씀드리겠습니다.

목차 공부법

목차 공부법은 아이들의 '메타인지력'을 극대화해 주는 좋은 방법입니다. 목차에 맞춰 세부 내용을 기술하다 보면, 내가 무엇을 알고 무엇을 모르는지를 파악하기 쉬워지니까요. 보통 아이들의 인식 기능의 차이를 '숲 또는 나무를 보는 아이', '귀납적 또는 연역적 사고를 하는 아이' 등 다양한 표현을 써서 구분합니다. 전체적인 틀을 먼저 보는 성향과 디테일한 세부 내용을 먼저 인식하는 성향이죠. 이 성향들은 능력적인 측면에서는 둘다 장단점이 있지만 학습에서만큼은 먼저 큰 틀을 이해하고 세부적인 부분을 꼼꼼하게 챙기는 자세가 필요합니다. 결국 두 성향을 가진 아이들이 각자의 장점을 살리고 단점을 보완해야만 하는 것이죠.

앞서 언급한 '숲'과 '연역적 사고'는 대부분의 학습에서 '목차'로 표현됩니다. 그리고 논리적이고 유기적인 학습이 필요할수록 이 목차의 중요성은 점점 더 커집니다. 우선 목차는 내용의 흐름을 보다 잘 이해할 수 있도록 도와줍니다.

예를 들어 한국사나 세계사처럼 큰 흐름과 많은 내용을 머릿속에 차곡차곡 정리해야 하는 과목일 때, 큰 목차와 작은 목차를 먼저 보고 그 안의 내용을 디테일하게 살펴보면 전체적인 내용이 스토리로 쉽게 정리가 됩니다. 또 목차는 앞에서도 언급한 메타인지력, 즉 내가 아는 것과 모르는 것을 쉽게 확인해 볼 수 있는 기준이 됩니다. 그러므로 목차를 다 외우지는 못해도 일단 큰 목차 위주로 적은 후에 그 안의 세부적인 내용을 채워가는 셀프 테스트를 통해서 빈 구멍, 곧 내가 알지 못하는 것이 무엇인지를 쉽게 파악할 수 있습니다.

숲을 보는 아이들은 디테일에 약하기 때문에 목차 공부법을 꾸준하게 연습할 필요가 있습니다. 단, 반복을 좋아하지 않고 변화와 다양성을 중요시하는 경향이 있어서 목차 공부법을 다양하게 할 수 있는 방법을 알려주시면 좋아요. 가장 쉬운 첫 번째 방법은 백지에 큰 목차를 일정 간격을 두고 작성한 후에 그 아래 세부 목차 및 내용을 적는 방법이 있습니다. (큰 목차를 적을 때는 외워서 써도 좋고, 오픈북이어도 좋습니다.) 두 번째 방법은 큰 목차를 포함한 모든 목차의 키워드 자리에 빈칸을 만들어 넣고 채우는 방식이 있고요. 세 번째 방법으로, 종이의 정 가운데 위치에 단원의 핵심 키워드를 적어놓고, 마인드맵과 같은 시각화 방식으로 내용을 자유롭게 기술하게 할 수도 있습니다.

이번에 반대로 나무를 보는 아이들, 디테일에 강한 아이들은 학습할 때 큰 틀에서 바라보는 연습이 잘되어 있지 않아서 공부한 내용 중에 무엇이 더 중요하고 중요하지 않은지를 쉽게 파악하지 못합니다. 이럴 때에도 목차를 보는 연습을 하면 우선 내용 간의 위계(큰 목차와 작은 목차의 구분)를 알게 되고요. 중요하지 않은 작은 것에 집중하느라 큰 것을 놓치는 실수를 하지 않게 됩니다.

이 아이들에게는 본인들이 잘하는 디테일에서 키워드를 뽑아 거꾸로 상위 목차를 만드는 연습을 시켜주세요. 빈칸 퀴즈처럼 간단하게 해도 좋고요, 토너먼트 형태처럼 하위 목차에서 상위 목차로 올라가며 전체 단원의 핵심 키워드를 찾는 연습을 하도록 하셔도 좋습니다. 이 유형의 아이들은 반복되는 경험을 통해서 자신만의 목차 공부법을 정립해 나갈 가능성이 크고 단기 목표를 달성하는 능력이 뛰어납니다. 우리 아이가 어떤 성향인지 파악하신 후 적당한 방법으로 목차 공부법을 훈련하시기 바랍니다.

노트 정리법

자기주도학습을 하는 데 있어 노트 정리가 필수는 아니지만 노트 정리 습관은 여러 모로 유익합니다. 그동안 공부했던 내용을 요약하고 구조화할 수 있어서 암기와 지식 활용에 큰 효과가 있죠.

많은 학생을 지도하다 보니 자신만의 노트 정리법을 가진 아이도 있지만 노트 정리의 기본 원칙을 모르는 경우도 많았습니다. 하지만 '자신의 스타일 대로 정리'하는 아이들도 처음에는 기본 원칙을 배우고 연습하다가 자신이 좋아하는 방식, 더 효율적인 방식을 찾아냈을 겁니다. 그런 의미에서 노트 정리를 하는 기본적인 방법은 누구나 어릴 때 꼭 한 번쯤은 제대로 배워 둬야 할 공부법이 아닐까 싶습니다.

노트 정리의 시작은 수업 시간의 필기입니다. 선생님이 강조하시는 중요한 내용을 잘 듣고 핵심을 놓치지 않고 기록해야 하죠. 그래서 필기를 잘하기 위해서는 선생님의 말씀을 싹 다 받아 적을 만큼의 빠른 필기 속도가 필수이고, 또 나중에 읽을 때 최소한 알아볼 수 있을 정도로 글씨도 잘 써야 한다고 생각합니다.

하지만 사실 더 중요한 것은 '어디에, 어떻게' 필기하느냐인데요, 당연히 선생님의 말씀을 전부 다 받아 적는 것은 불가능합니다. 게다가 처음에는 어떤 내용이 중요한지, 아닌지를 판단하지 못하는 경우가 대부분이죠. 그래서 수업 중 필기는 내용의 중요도를 순간적으로 파악하고, 짧은 시간에 내가 이해한 것을 요약적으로 표현하는 연습이 자동으로 되는 장점이 있습니다. 물론 그런 장점까지 얻기 위해서는 많은 시행착오를 겪어야 하지만요.

수업 중 필기는 반드시 교과서에 해야 합니다. 그리고 아무거로나 쓰기보다는 무조건 '형광펜과 샤프 또는 연필'의 도움을 받아야 해요. 형광펜의 용도는 짐작하실 테고, 볼펜이 아닌 샤프나 연필을 써야 하는 이유는 아이가 선생님의 설명을 잘못 이해하고 작성할 가능성이 있기 때문입니다. 교과서에 볼펜으로 틀린 내용을 써 놓으면 다음에 복습하거나 시험 대비를 할 때, 그 부분을 오해할 가능성이 있기 때문에 깨끗하게 지울 수 있는 필기구를 사용해야 합니다.

아무튼 필기를 교과서에 하는 데는 두 가지 목적이 있습니다. '강조'와 '보충'이 그것인데요, 형광펜으로는 수업의 핵심 키워드들과 선생님이 강조하는 부분을 표시합니다. 문장은 형광펜으로 모두 긋기에는 너무 시선을 빼앗는 단점이 있어서 문장의 처음과 끝에 괄호를 표시하는 것으로 대체하면 좋아요. 그리고 교과서의 여백에 연필로 교과서에 나온 내용 외에 선생님이 부연 설명한 내용을 요약 정리해서 적습니다. 선생님의 말을 토시 하나도 틀리지 않고 옮겨 적으려고 노력하면 자연스럽게 집중이 된다는 장점이 있긴 하지만, 아이들이 그 정도로 집중해서 필기를 하지 않을 테니 현실적으로 듣고 이해한 만큼 글이나 그림 등으로 자유롭게 쓰도록 지도하시면 됩니다.

필기는 여기에서 끝나지 않습니다. 수업 중에 작성한 교과서 필기는 수업이 끝난 후 복습 과정에서 노트 정리로 변신을 하게 되거든요. 효율적인 노트 정리 양식 중 하나로 보통 코넬식 노트를 추천합니다만, 이 방식은 노트 정리가 익숙하고 쓰는 것을 좋아하는 아이에게는 효과적이지만 그렇지 않은 아이에게는 상당한 고역입니다.

현실적으로 그런 양식에 맞춰 작성하는 것보다는 A5 사이즈보다 작은 크기의 얇은 과목별 노트를 마련해서 자신만의 방식으로 자유롭게 교과 일기를 쓰는 편이 훨씬 낫습니다. 그 대신에 너무 많은 내용을 옮겨 적기보다는 형광펜으로 강조 표시한 부분과 연필로 쓴 선생님의 추가 설명만 옮겨 적으면 돼요. 그런데 이때 표시하고 필기한 부분들을 포함해 교과서를 한두 번 읽고 순간 암기력으로 중얼거리면서 (테스트하듯이) 보지 않고 노트에 기록하면 단 10분만에 오늘 그 과목 복습은 끝입니다. 짧은 시간 동안 백지 테스트를 실행한 셈이죠. 매일 반복할 수 있다면 굉장히 사소한 루틴이지만 효과는 상상 그 이상일 것입니다.

제가 간단하게 소개한 방법 외에도 3색 펜, 플래그, 포스트잇 등 준비물을 훨씬 더 갖추고 하는 단권화, 시험 대비 원 페이지 정리법 등 다양한 노트 정리 방법이 있습니다. 하지만 그런 디테일한 공부법은 아이들이 각자 필요에 따라서 중고등학교 때 보충하면 되고요. 우리 아이가 초등학생이라면 제가 말씀드린 정도의 기본만 숙달해도 기본적인 노트 정리 방법을 충분히 익힌 셈입니다.

만약 우리 아이가 조직화와 구조화에 능한 계획 성향을 지녔다면 이 기본 노트 정리 방식을 기반으로 자신만의 노하우를 쌓아갈 수 있도록 응원해 주시면 좋겠어요. 또 학습에 있어서도 유연한 방식과 융통성을 발휘하는 아이들은 노트 정리의 기본 목적인 '강조'와 '보충'만 놓치지 않는다면 꼭 '쓰는 방식'이 아니어도 내용을 정리하고 복습할 수 있는 어떤 방식(설명하기 추천)이든 괜찮다는 점을 알아 두셨으면 좋겠습니다. 쓰기를 싫어하는 아이에게 굳이 노트 필기 방식을 강요하지는 마시라는 이야기입니다.

회독 공부법

회독 공부법이란 원래 몇 천 쪽짜리 (더 적은 경우도 있지만) 책을 반복해서 여러 번 읽는 공부 방법을 말하는데요, 상식적으로만 생각해도 특정 책을 여러 번 꼼꼼하게 읽는다면 당연히 해당 시험을 잘 볼 수밖에 없습니다. 그래서인지 이 회독 공부법은 특히 예전에 사법고시를 비롯해 암기해야 할 양이 엄청나게 방대한 시험에서 매해 신화를 만들어 냈었죠.

그런데 가만히 생각해 보면, 열 번이나 회독을 한다고 했을 때, 정말 열 번을 처음부터 끝까지 다 한결같이 꼼꼼하게 읽는지가 궁금해집니다. 그렇게 하려면 시간이 엄청나게 소요될 텐데 말이죠. 회독 공부법을 적용하려면 시간은 얼마나 투자해야 하고, 과연 확실하게 성과를 낼 수 있을지도 의문이고요. 하지만 성공 사례들을 여러 번 듣다 보니 회독 공부법은 어떤 장점이 있고, 우리 아이의 공부에 어떻게 접목하면 좋을지 궁금해집니다.

회독 공부법은 사실 이렇게 하는 겁니다. 열 번을 읽는다고 해도 처음에는 천천히 이해하면서 읽지만, 두 번째는 이해했던 내용을 확인만 하고 잘 몰랐던 것 위주로 다시 자세히 읽습니다. 세 번째는 두번째와 비슷하게 이해한 내용은 확인만 하되 더 안 봐도 되는 것은 따로 빼놓고, 봐야 할 나머지만 다시 읽는 식으로 하는 것이죠. 바로 '누적 반복 복습의 원리'가 숨어 있는 공부법입니다.

이런 방식이면 열 번째 읽을 때는 몇 천 쪽짜리 책도 1~2시간이면 다 볼 수 있습니다. 아홉 번째까지 여러 번 봐서 다시 보지 않아도 될 부분은 제외시켰고, 이 열 번째에는 그 나머지 부분만 다시 읽으면 되거든요. 열 번째 읽어야 하는 분량을 제외하고는 여러 번 읽어서 이미 다 아는 내용인 거죠. 그래서 시험장에서는 열 번을 반복하면서 계속 누적 복습한, 아는 내용을 끄집어 내어 답지에 써 내기만 하면 되는 됩니다.

이런 방식으로 공부하면 회독이 많아질수록 중요한 것과 중요하지 않은 것을 구분할 수 있게 되고, 내가 아는 것과 모르는 것을 판단하는 것도 쉬워집니다. 계획한 대로 그리고 꼼꼼하게 보면서 정말 자세히 공부한다면, 사실 이런 회독 공부법으로 통과 못 할 시험은 없는 셈이죠.

아이들의 공부도 이런 원리를 이용할 수 있습니다. 누적 반복 복습은 암기력을 극대화하는 방식으로 저도 여러 번 강조했는데요, 특히 영단어 공부에 대해서 할 말이 많습니다.

사실 90% 정도의 아이들은 영단어 공부에 헛수고를 하고 있습니다. 심한 경우에는 이틀 만에 단어 100개씩을 외우고 시험 보기가 반복되죠. 일반적으로 시험은 통과 기준이 있어서 아이들은 그 기준을 넘어서기 위해 시험 직전에 순간 집중력과 암기력을 짜내서 겨우 시험을 통과합니다. 앞에서도 여러 번 설명했듯이 단기 기억이 모두 장기 기억으로 전환되는 것이 아니다 보니까 이런 식으로 암기한 것은 시험을 치르고 나면 거의 다 잊어버리는 일이 반복돼요. 시간과 에너지, 노력을 전부 투자했는데도 남는 것이 없다면 이것만큼 헛수고가 없겠죠.

제대로 된 영단어 학습의 핵심은 '누적 반복 복습'입니다. 우리 아이가 영단어 공부를 잘하고 있는지 궁금하신가요? 그렇다면 한 달 전, 세 달 전에 공부했던 영단어를 한번 무작위로 물어보세요. 제대로 대답하지 못한다면 영단어 공부에 헛수고를 하고 있는 것이 맞습니다.

누적 반복 복습을 하기 위해서는 횟수와 기간, 성과 등을 체계적으로 표시할 수 있는 계획표가 있어야 해요. 이 계획표를 가지고 영단어 교재 한 권을 최소 4회독은 학습하기를 권장합니다. 앞에서도 말했듯이 회독 수가 많아지면 한 권 전체를 보는 데 하루도 안 걸립니다. 제대로 된 영단어 학습을 하려거든 누적 반복 복습의 원리를 적용해야 한다는 것을 꼭 기억하세요.

STEP 5. 피드백

문제를 풀 때, 푸는 과정과 점수보다 훨씬 더 중요한 것은 채점 후에 시작됩니다. 그때부터 진짜 공부가 시작되기 때문이죠. 그 공부의 대상은 바로 '오답'인데요.

영어 오답을 대하는 자세

오답 풀이가 정말 중요하게 취급되는 수학 못지않게 영어에서의 오답도 매우 중요한 학습 지표가 됩니다.

예를 들어 리딩 문제집에서 대의, 즉 '주제'를 묻는 문제 위주로 틀리는 아이라면 문장 위주로만 해석하는 데 급급하고 단락 단위로 독해를 못 하고 있다는 것을 파악할 수 있습니다. 아이 수준에 안 맞는 문제집을 풀고 있거나 독해 습관이 매우 잘못되었다는 것을 알 수 있는 증거이기도 하죠. 이런 일이 반복된다면 필요 조치가 취해져야 합니다.

또한 글 속에서 팩트 등의 정보를 묻는 문제를 자주 틀리는 아이라면 글을 성급하게 읽거나 집중을 안 하면서 읽거나, 어휘가 부족한 상태라는 증거예요. 마찬가지로 이 아이의 상황에 맞는 조치가 필요하겠죠.

영어에서의 오답 문제 처리는 수학처럼 그 문제나 문항 자체가 아니라 해당 지문에 대한 '이해'가 중요합니다. 즉 문제 자체에는 집착할 필요가 없다는 것이죠. 어차피 지문만 잘 이해되면 문제야 다 해결되기 때문입니다.

영어 문제집으로 공부한다는 것은 그 속에 나온 지문과 문장들을 잘 독해하는 연습을 하는 것입니다. 그래서 문제집을 복습하는 경우에 문제를 다시 보는 것은 큰 의미가 없죠. 지문 또는 문장 해석이 매끄럽게 잘되는지, 듣기 문제라면 잘 들리는지 위주로 빠르게 복습하면 됩니다. 문법 교재도 마찬가지이죠.

수학 오답을 대하는 자세

초등 3학년이 되면 아이들 수학이 많이 바뀝니다. 이제 산수가 아니라 수학으로, 약간 추상적인 개념을 본격적으로 배우기 시작하거든요. 그래서 틀리는 문제, 즉 오답도 많이 생겨나기 시작합니다. 그런데 이 수학 오답, 해결해야 하는 건 알지만 끝도 없어서 아이와 엄마를 지치게 만드는 주범입니다. 수학 공부의 가장 대표적인 공부법인 '문제 풀기'와 이 '오답'이 한 몸인 탓입니다.

'진짜 수학 공부'는 문제를 풀고 난 후, 오답을 풀면서 시작됩니다. 물론 오답이 나오기 위해서는 문제를 풀어 봐야만 하죠. 문제 풀이는 내가 지금 어느 정도 수준으로 수학 학습을 하고 있는지를 파악하는 수단이기도 하고요. 그냥 개념 공부만으로 이해가 안 가던 부분이 문제를 풀면서 더 이해될 수 있도록 하는 공부 방법이기도 합니다. 하지만 문제 풀이에 집중한 나머지 우리는 이 오답의 이

점에 대해 별로 생각하고 있지 않아요. 그냥 오답이 생기면 '다시 풀지 뭐.'라는 생각 외에 다른 전략이 별로 없죠. 근데 정말 오답을 제대로만 해결해 내면 '찐' 수학 공부를 하는 건데도, 오답을 제대로 해결하는 게 너무너무 어렵습니다. 아무리 오답 관리 잘해 준다는 학원도 한계는 있을 수밖에 없습니다.

아이들이 틀린 문제는 모두 몰라서 틀린 문제일까요? 일부는 답을 아는 데도 실수로 틀리기도 하고, 일부는 찍어서 맞추기도 할 겁니다. 그런데 제대로 오답을 해결하기 위해서는 '진짜 이유가 있어서 틀린 문제'를 잘 골라내야 합니다. 실수도 이유일 수 있겠지만 근본적인 수학 실력과는 상관이 없고, 우연히 찍어서 맞은 문제를 그냥 넘어가면 그 문제가 다시 나왔을 때, 또 그런 행운이 있으리라는 보장이 없기 때문이죠. 결과적으로 그 문제를 제대로 풀고 오답 풀이를 할 기회까지 얻지 못하기 때문에 우리 아이에게는 오히려 손해입니다.

그래서 아이들이 문제를 풀 때에는 각 문제를 잘 알고 푼 것인지, 찍은 것인지, 아예 모르는 것인지를 동그라미, 세모, 엑스로 표시하게 해야 합니다. 그리고 이런 방식이 진짜 효과가 있으려면 아이들이 문제를 풀 때마다 솔직해져야 해요. 그런데 문제를 틀리는 것에 일일이 반응하는 부모 또는 잘 푼다고 칭찬하는 부모 앞에서 사실 아이들이 솔직해지기는 쉽지 않습니다. 상황이 이렇다 보니 문제를 풀 때 솔직하는 않은 태도를 보이는 것을 두고 아이를 탓을 하는 것은 문제가 있죠. 이처럼 어른의 반응으로 인한 아이의 솔직하지 못한 태도가 진짜 수학 공부를 할 기회를 앗아갑니다. 그러니 학부모님께서는 쉽지 않을 수도 있지만 수학을 잘하지는 못해도 포기하지 않고 싫어하지 않는 아이로 키우기 위해서는 눈 딱 감고 '오답? 그까짓 것, 틀리면 좀 어때? 그게 진짜 공부지!!'라는 생각을 먼저 하시고 그런 생각을 가진 아이로 키우셔야 합니다. 그러기 위해서는 일단 아이 수준에 맞는 문제를 풀게 하셔야 하고요. 또 너무 많은 오답으로 숨 막히게 만들지 않으셔야 합니다.

수학 오답 풀이는 1차는 채점 직후, 2차는 문제를 푼 다음 날, 3차는 5일 안에 하면 가장 좋습니다. 1차 오답 풀이는 오답노트 또는 봉투까지 만들 필요는 없어요. 아이들이 문제를 틀릴 때는 때때로 문제를 잘못 읽어서, 계산을 실수해서 틀리는 경우도 있거든요. 그래서 그런 문제는 1차 오답에서 다 해결하도록 지도하시는 거죠. 하지만 1차 때도 못 푼 2차 오답은 다음 날 한 번 더 기회를 주되, 혼자 힘으로 못 풀면 그때 비로소 해설지를 볼 수 있게 해야 합니다. 해설지를 보고 끝이 아니라 해설지를 보고 푼 문제는 바로 오답노트에 옮겨 적거나 오답 봉투로 들어가야 합니다. 오답노트는 알겠는데, 봉투는 뭔지 모르시겠다고요?

오답 봉투는 제가 아이들이 지도해 온 수년 전부터 밀고 있는 오답 공부법인데요, 오답 노트에 비해 만들기 쉽고 편리하며 효과적인 방법입니다. 오답 노트의 고질적인 단점인 시간 투자와 휴대성,

오답 순서로 인한 정답 연상 효과를 차단한 신박한 방법이죠.

우선 서류 봉투나 빈 상자를 준비하세요. 그리고 틀린 문제는 오려서 봉투 안에 넣습니다. 이때 주의할 점은 두 가지예요. 첫째는 봉투의 내용물이 너무 많으면 아이의 학습 의욕이 꺾일 수 있기 때문에 2~3단원씩 끊어서 따로 봉투를 만드시는 것이 좋고요. 둘째는 잘라 넣은 문제 뒤에 어떤 문제집의 몇 페이지 문제인지 정확하게 출처를 표기를 해야 채점이 가능합니다.

이렇게 봉투 안에 넣은 오답 문제들은 흔들리는 봉투 안에서 무작위로 섞이고, 그로 인해 문제의 완전한 독립이 가능해졌습니다. 아이들은 문제의 답을 연상할 수 있는 실마리를 잃은 상태에서 낯선 문제를 꺼내 고스란히 다시 풀어야 하는 상황이 됐어요. 봉투 속에서 뽑아 푼 문제는 채점 후 맞았으면 그 자리에서 찢어버리고, 틀렸으면 다시 봉투 안으로 넣습니다. 찢긴 문제는 그 순간 아이에게 성취감을 선사하고, 봉투로 다시 들어간 오답은 아이에게 다음에 다시 풀 기회를 부여하죠. 간단하지만 효과적인 방법이지요?

게다가 아이들이 오답 풀이를 즐겁게 느낀다는 것은 덤입니다. 수학 문제를 푼다는 것이 당연히 즐겁지만은 않겠지만 봉투에서 문제를 뽑는 그 순간만큼은 어떤 문제를 뽑을지 몰라서 두근대는 마음이 생길 거고요. 풀어내면 그 자리에서 오답 문제를 찢어서 없애버리는 기쁨도 누릴 수 있죠. 마치 게임에서 미션 클리어하는 느낌을 수학 오답 풀이 과정에서 느낍니다. 이는 앞서서 소개한 우등생의 '싫어하는 과목에서 좋아하는 점 찾기'의 한 방법이기도 합니다.

오답 봉투는 제가 정말 오랫동안 소개한 방법이어서 많은 분들이 직접 실천하고 계십니다. 가끔 "오답 봉투를 아이가 참 좋아한다."라는 댓글을 남겨주시는 분들을 볼 때마다 '아! 참 잘하고 계신다.'라는 생각에 기쁘기도 하지요. 하지만 이런 방식이라도 실제 효과가 있으려면 아이가 오답을 해결해야겠다는 의지가 있어야 합니다. 즉, 거부감은 별로 없지만 오답을 효과적으로 해결할 방법을 잘 모를 때 이 방법을 쓰셔야 한다는 거예요. 아이가 하기 싫어하는데도 시킨다면 꾸역꾸역 어떻게든 해내겠지만 그러다가는 체할까 봐 걱정됩니다. 더 극적인 효과를 위해서라도 그 밑바탕에는 아이들이 오답을 해결하겠다는 의지가 있는 게 중요함을 잊지 마세요.

시험 피드백

시험은 언제나 피드백이 있어야 발전이 있습니다. 피드백을 해야 지나온 실수를 반복하지 않고, 시험 준비 과정에서 세웠던 목표, 계획 그리고 실행 과정에서 채택했던 공부법까지 모두를 되돌아볼 수 있어요.

우선 가장 기본적인 피드백은 '목표가 적당했는지'를 체크해 보는 것입니다. 목표가 구체적이었는지 그리고 실현 가능한 목표였는지를 판단해 보는 것이 핵심이죠. 그 후에는 세부 계획, 곧 공부 시간, 공부 순서 등이 충분했는지, 효과적이었는지 그리고 다른 과목 공부에 지장을 주지는 않았는지, 무엇보다 자신이 그 세부 계획을 온전히 달성했는지 여부도 중요합니다. 마지막으로, 결과를 만든 가장 큰 원인인 공부법에 대한 피드백도 해야 해요. 이번에 과목별로 시도한 공부 방법이 실제 시험에서 얼마나 도움이 되었는지, 그 과정에서 채택한 학습 도구는 적당했는지도 피드백의 대상이 됩니다.

예를 들어 설명해 볼게요.

> 지난 국어 시험은 학교에서 배부한 인쇄물을 외우는 공부 전략으로 85점을 받았습니다. 그리고 교과서 문제와 유형 문제집 풀이 위주로 학습한 수학은 90점이었어요. 영어는 교과서 본문을 외웠는데 100점을 받았습니다.

지지난 시험 성적과 비교해 보니, 100점짜리 영어를 제외한 나머지 과목의 성적은 목표치에 미치지 못했고 오히려 떨어진 과목도 있습니다. 그렇다면 해당 과목은 반드시 공부 전략을 수정해야 합니다. 똑같은 방식으로 공부했다가는 다음에도 비슷한 결과를 얻을 가능성이 높기 때문이죠.

이처럼 한 번의 시험이 지나고 나면 그 시험이 어떤 것이든 다음을 기약하기 위해서라도 피드백은 반드시 필요합니다. 하지만 아이들 대부분은 시험이 끝났다는 해방감에 젖어 이런 피드백의 기회를 그냥 날려버리고 다음 시험에서 또 아쉬운 성과를 얻게 되죠.

우리 아이의 공식적인 첫 시험이 지났을 때, 학부모님이 시험 후에는 이런 식의 피드백을 반드시 해야 한다는 것을 몸소 보여주시고, 그 피드백이 다음 시험 준비를 더 효과적으로 할 수 있는 소중한 도구라는 것을 알려주셔야 합니다. 그래야 공부 독립을 이룬 아이가 앞으로도 다양한 측면에서의 피드백을 통해 계속해서 스스로 성장할 수 있기 때문입니다.

자기주도학습이 성공하려면

초등 고학년 때부터 자기주도학습을 시작하기 위해서는 그 이전에 엄마주도학습이 필수라는 말씀을 드렸습니다. '공부란 무엇인지, 왜 공부를 해야하는지'에 대한 심오한 생각은 중고등 시기를 거치며 차차 하더라도 초등 때부터 해야 하는 공부를 어떻게 하는지는 아이들이 스스로 알기에 너무 많은 시간이 소요되기 때문입니다. 누군가의 도움 없이는 공부의 해답을 찾지 못해서 스스로 공부를 포기하는 안타까운 아이도 실제 많으니까요.

하지만 아이가 자기주도를 시작했더라도, 엄마의 역할은 끝난 것이 아닙니다. 아니 그때부터 역할을 자기주도학습 코치로 바꿔야만 합니다.

무엇이든 스스로 하는 셀프 키드로 키워라

사실 아이가 자신의 의지대로 문제집을 고르고, 공부할 시간을 정하기 시작해도 엄마는 불안한 마음이 들 수밖에 없습니다. 아니 정확하게 말하면 '마음에 안 들죠!'

'저렇게 하면 안 되는데… 아니 다른 애들은 열심히 하는데 왜 저것밖에 공부를 안 하는 거야? 저렇게 하지 말라니까 그러네!'

하지만 그럼에도 불구하고 절대 아이를 다그치거나 엄마가 할 테니 저리 비키라는 식의 내색을 하시면 절대 안 됩니다. 이런 상황이 반복될 것이 눈에 뻔하니, 아마도 '자기주도학습 코치'는 도를 닦는 사람일지도 모르겠습니다. (힘내세요!)

우리 아이를 '셀프 키드(self kid)'로 키우셔야 합니다.

공부뿐만 아니라 '모든 것'에서요. 지금까지는 아이가 방법을 잘 모르니까(알려주려고), 답답하니까(시간이 없으니까) 등의 이유로 '그냥 내가 해주는 것이 낫다.'라고 생각하셨던 분들도 아이가 자기주도학습을 하기 시작하면 기존의 그런 행동을 모두 멈추셔야 합니다. 왜냐하면 학습과 생활은 하나이기 때문이에요. 아이가 자기주도학습을 하도록 지도하는 것도 양육의 일환입니다. 양육의 가장 기본 원칙은 '일관성'이 아니었던가요?

아침에 일어나 이부자리를 정리하는 것부터 책가방을 싸는 것, (가정에 따라 다르지만) 식사가 끝나면 자신이 사용한 식기는 개수대에 가져다 놓는 것 등 자신이 하는 모든 행동을 '셀프'로 하는 아이로 조금씩 훈육하셔야 합니다.

순서를 정확하게 말씀드리자면, 학습 이전에 생활부터 바뀌어야 합니다. 집에서 스스로 자신의 것을 챙기고 또 아이가 자신만의 역할을 부여 받기 시작하면 공부도 스스로 하는 영역으로 자연스럽게 받아들이게 되거든요.

혹시 지금 우리 아이가 집에서 담당하고 있는 일이 있나요? 없다면 이 기회에 하나 지정해 주세요. 아주 간단한 것이어도 좋습니다. 집에서 키우는 동식물에게 밥을 주거나 물을 주는 것이어도 좋고요. 현관의 신발을 (볼 때마다) 나란히 정리하는 역할을 주어도 좋습니다. 그리고 이 역할은 말 그대로 '내가 책임지고 할 일'로서 보상의 영역이 되어서는 절대 안 됩니다. 간혹 가정에서 부모님을 도와 간단한 일을 하면 금전적인 보상으로 용돈을 주시는 가정이 있는데요, 이 담당 업무는 그것과는 별개로 가족 구성원으로서 '내가 담당한 일'이라는 '의무'를 주시는 겁니다.

모든 의무에는 그것에 합당한 책임이 따릅니다. 그 사실을 아이에게 알려주세요. 그리고 자연스럽게 아이가 집 밖에서는 '학생'이라는 역할로서 의무를 가지고 있다는 것도 일러주세요. 학생의 의무와 책임이 무엇인지는 부모님께서 생각하시는 범위 안에서 잘 설명해 주시면 됩니다. 물론 '공부'를 빼 놓으면 안 되겠죠.

자기주도학습의 선순환 루틴 만들기

'집중력' 파트에서 이미 감정적 동요 없이 공부에 바로 집중하기 위한 방법으로 '루틴'을 꼭 만들어보라는 조언을 드렸습니다. 익숙하게 훈련해서 의식하지 않아도 저절로 공부하게 되는 습관이 생기면 아이도 공부 하기 싫은 마음과 매번 싸우지 않아도 되고, 부모도 쓸데없는 잔소리를 하지 않아도 되어서 공부 시작 문제로 서로 얼굴을 찌푸릴 일이 생기지 않는다고 설명했었죠.

자기주도학습에서도 이 루틴의 힘은 꼭 필요합니다. 앞에서 자기주도학습의 5단계를 설명해 드렸죠? 바로 점검-목표-계획-실행-피드백 순이었는데요, 어느 단계든 적절한 루틴만 만들어진다면 다음 단계의 행동을 이끄는 마중물이 되어 자기주도학습의 선순환이 이뤄질 수 있습니다.

예를 들어 다음과 같이요.

1. 한 달에 한 번, 자신의 공부 상태를 점검하는 루틴을 만든다면,

이후 학습 목표의 수정 및 보완이 가능하고요.

2. 한 달에 한 번이나 분기별로 장기 목표나 단기 목표를 점검하면, 계획 단계의 세부 일정을 조정할 수 있습니다.

3. 매일 밤 잠들기 전 당일 계획 달성 정도(%)를 파악하고, 이를 반영하여 다음 날 해야 할 공부 계획의 우선순위와 집중 간격 등을 조절한다면 매일 조금씩 공부 실행 달성도를 높일 수 있지요.

4. 특정 과목의 공부법이 제대로 된 것인지, 성과를 내고 있는 것인지를 주기적으로 테스트하는 루틴을 만든다면 자연스러운 피드백이 됩니다.

5. 피드백은 결국 내 자신의 공부 상태를 점검하는 것이죠? 피드백의 결과를 통해 우리 아이는 자기주도학습의 선순환을 지속할 수 있습니다.

루틴은 각 부분에 필요한, 해야 할 행동 기준을 명확하게 만들어 놓고 그것을 시작하게 만드는 행위입니다. 루틴을 확실하게 습관으로 자리 잡게 하려면 반드시 지킬 수밖에 없는 '상황적 강제'와 크게 에너지를 쓰지 않아도 행동할 수 있는 '간결함'이 있어야 해요.

앞에서 예로 소개한 자기주도학습의 단계별 루틴은 처음부터 너무 급한 마음으로 '모두 해야지.'라고 마음먹기보다는 '완벽한 자기주도학습'을 지향하는 단계에서 하나씩 보완해 가면 됩니다. 다만 지금 초등학생인 우리 아이에게는 간단한 루틴을 몸소 실천하게 하여 루틴이 공부를 시작하고 지속하는 데 얼마나 강력한 힘을 발휘하는지만 느끼게 해 주시면 됩니다.

그래서 오늘부터 우리 아이가 꼭 했으면 하는 행위를 딱 1개만 정해서 내일부터 반드시 하는 루틴으로 만들어 보셨으면 좋겠습니다. 제가 추천하는 루틴은 다음과 같아요.

1. 학교에 다녀와서 바로 책가방을 열어 오늘 공부한 책을 꺼내 놓는 것 (단, 교과서가 학교 사물함에 있다면, 집에 있는 자습서, 문제집을 오늘 수업 시간 순서대로 가져와 책상에 올려놓는 것)

2. 학교에 다녀와서 오늘 공부한 내용을 기억해 내어 '오늘 공부 노트'에 한 줄씩 기록하는 것

3. 잠들기 전에 다음 날 학교 준비물과 교과서, 노트 등을 챙겨서 준비해 놓는 것

4. 잠들기 전에 오늘 공부한 것(학교, 학원, 학습지 등)을 하나씩 떠올

리며 엄마에게 말해 보는 것

이 정도입니다. 아이가 학교에 다녀오면 바로 손부터 씻고, 식사를 하면 바로 양치질을 하는 것처럼 당연한 우리 집의 루틴 중 하나로 위의 루틴을 하나씩 적용해 보시면 좋겠습니다. 결국 자기주도학습이라는 것은 아이의 일상 속에서 주도력이 점점 늘어나면 그 영향이 학습에까지 자연스럽게 스며들어야 하는 것이니까요.

나오는 말

아무도 신경 써주지 않지만
가장 중요한 공부 독립,
부모만이 만들어줄 수 있습니다

아이들을 양육하고 교육할 때 처음엔 이렇게 다짐합니다.

"따뜻하고 긍정적인 엄마가 되어야지."
"우리 아이가 힘들 때 믿고 의지할 수 있는 엄마가 되어야지."
"항상 아이 옆에서 기다려 주고 응원해 주는 엄마가 되어야지."

그런데 이와 다른 행동을 하는 경우가 많습니다. 아이가 더 잘되었으면 하는 마음에, 더 좋은 것을 누리게 하고 싶은 마음에, 부모인 이상 순간순간 욕심이 생기는 것은 어찌 보면 당연할지도 모르죠. 그래서 때로는 아이가 하고 싶어 하지 않는 것을 시키기도 하고, 힘들어하는데도 몰아붙이는 상황이 생기기도 합니다. 그 과정에서 아이와의 관계에 문제가 생겨도, 그 상황이 아이에게 생채기를 남겨도 아이를 위한다는 생각으로 '악역'을 자처하기도 하죠.

그런데 그런 엄마의 마음을 아이들은 이해하기보다는 그렇지 못하는 경우가 더 많습니다. 여러 가지 이유가 있겠지만, 아직 엄마의 마음을 이해하기에는 어리기도 하고, 사랑은 내리사랑이니까요. 하지만 그렇게 자라난 아이들이 나중에 엄마인 나를 과연 몇 점짜리 엄마로 생각해 줄까요?

물론 100점 엄마를 목표로 하셔야 한다고, 아이에게 높은 평가를 받으시라고 하는 얘기가 아닙니다. 이 분야의 전문가는 60점짜리 엄마도 충분히 잘하고 계신 거라고 강조했어요. 다만 앞으로 수없이 만날 교육적 선택의 갈림길에서 '초심'을 항상 생각하셔야 한다는 이야기를 드리고 싶었습니다. 무엇이 우리 아이를 잘 자라나게 할지, 나는 어떤 엄마가 되고 싶었는지 말이죠.

부모와 아이는 '공부'라는 목표 지점을 향해 같이 뛸 때, 2인3각처럼 한마음으로 뛰기는 힘든 경우가 많습니다. 경기를 할 때 두 사람의 속도와 방향이 다르다면 결국엔 둘 중 한 사람이 맞춰야만 완주할 수 있는 것처럼 아이들의 교육도 마찬가지입니다.

부모는 멈추어 서서 아이의 상태를 돌보고 정비해서 결국엔 아이의 속도와 방향에 맞춰야 합니다. 당연하잖아요. 공부를 하는 주체는 아이이므로, 부모가 빨리 뛴다고 해서 이제 겨우 걷는 아이가 바로 뛸 수는 없으니까요. 그런데 이렇게 쉬운 명제를 때때로 잊어버리는 분이 많아서 드리는 말씀입니다.

초중고등학생 아이를 둔 부모의 역할은 가르치는 사람이 아니라 이끄는 사람입니다. 공부 독립이 되지 않은 아이가 중고등학생이 되면, 해야 하는 것들의 홍수에 빠져 허우적대다가 눈 앞의 과제 위주로 하루살이 공부를 하게 됩니다. 결국 좋은 입시 결과를 얻지 못하죠. 제가 이 책에서 말씀드린 핵심 역량 5가지를 자녀가 초등과 중등을 거쳐 잘 장착해 갈 수 있도록 도움을 주는 부모의 역할이 절실한 이유입니다.

학부모님은 이 책을 기본서로 삼아 코치로서 아이가 스스로 잘 하고 있는지, 또 도와줄 부분은 없는지를 살피고 러닝메이트로서 격려해 주시는 역할을 하시면 됩니다.

이 책에서 소개한 '공부 마음, 집중력, 암기력, 문해력, 자기주도력'은 아이들이 자신의 속도로, 자신이 원하는 방향의 삶을 살 수 있도록 아이 초등 때 꼭 길러주셔야 하는 필수 역량입니다. 우선 '공부 독립'을 목표로 지도하시면 아이들은 결국 그것을 넘어 진정한 자아 독립을 이룰 겁니다. 이 책이 아이들이 마음껏 꿈을 꿀 수 있고, 무엇이든 할 수 있는 사람이 되는 데 소중한 자양분이 되기를 소망합니다.

초등 때 안 해 놓으면 무조건 후회하는

공부 독립

초판 1쇄 발행 2022년 12월 19일
초판 3쇄 발행 2024년 3월 1일

지은이 주단, 권태형
펴낸이 김혜영
펴낸곳 북북북
디자인 얼앤똘비악

출판등록 제2021-000064호
주소 서울특별시 송파구 중대로 197, 305
전화 (02) 855-2788
이메일 vukvukvuk@naver.com

ISBN 979-11-977485-1-6(13590)

책 값은 뒤표지에 있습니다.
잘못된 책은 구입하신 구입처에서 바꾸어 드립니다.